智能系统与技术丛书

Building Computer Vision Ap
Using Artificial Neural Networks
With Step-by-Step Examples in OpenCV and TensorFlow with Python

计算机视觉应用构建

OpenCV与TensorFlow实例

[美] 沙姆沙德 · 安萨里 (Shamshad Ansari) 著
肖启阳 袁科 译

图书在版编目（CIP）数据

计算机视觉应用构建：OpenCV 与 TensorFlow 实例 /（美）沙姆沙德 · 安萨里（Shamshad Ansari）著；肖启阳，袁科译．-- 北京：机械工业出版社，2022.6
（智能系统与技术丛书）
书名原文：Building Computer Vision Applications Using Artificial Neural Networks: With Step-by-Step Examples in OpenCV and TensorFlow with Python
ISBN 978-7-111-70876-6

I. ①计… II. ①沙… ②肖… ③袁… III. ①图像处理软件 - 程序设计 ②人工智能 - 算法 IV. ① TP391.413 ② TP18

中国版本图书馆 CIP 数据核字（2022）第 092065 号

北京市版权局著作权合同登记　图字：01-2021-0918 号。

计算机视觉应用构建：OpenCV 与 TensorFlow 实例

出版发行：机械工业出版社（北京市西城区百万庄大街 22 号　邮政编码：100037）
责任编辑：张秀华　　责任校对：马荣敏
印　　刷：河北宝昌佳彩印刷有限公司　　版　　次：2022 年 8 月第 1 版第 1 次印刷
开　　本：186mm×240mm　1/16　　印　　张：18.5
书　　号：ISBN 978-7-111-70876-6　　定　　价：99.00 元

客服电话：（010）88361066　88379833　68326294　　投稿热线：（010）88379604
华章网站：www.hzbook.com　　读者信箱：hzjsj@hzbook.com

The Translators' Words 译者序

人工神经网络是采用多层神经网络数据层表示的机器学习方法。随着海量带标签数据集的出现以及高性能 GPU 硬件的发展，人工神经网络成为风靡全球的技术。目前，神经网络已经在人脸识别、目标跟踪、自动驾驶、机器翻译等领域取得了广泛的成功。为此，国内外科技公司（如百度、腾讯、谷歌、Facebook 等）都在人工神经网络技术方面投入大量的资金和人力，以便抢占相关核心技术的制高点。

计算机视觉（Computer Vision，CV）是计算机捕获和分析图像并对其进行解释与决策的技术。计算机视觉技术具有速度快、过程简单、准确度高等优点，目前在医学诊断、过程控制、质量检测、导航等领域获得了广泛应用。在计算机视觉应用中，计算机被预编程以解决特定的任务，基于机器学习的视觉方法现在正变得越来越普遍，尤其是利用人工神经网络解决现实世界中的计算机视觉问题已成为研究热点。

本书主要涉及微积分、线性代数、最优化以及概率论等方面的数学知识，这些往往让初学者望而却步。为此，本书绕开复杂的数学推导，利用深度学习框架 TensorFlow 对深度学习的基本概念、计算机视觉处理相关知识进行了深入浅出的讲解，并列举了大量示例和代码。即便数学基础不好的读者，也可以通过代码和示例轻松掌握相关知识。

本书首先介绍了图像处理的基础知识，以及如何构建计算机视觉系统、深度学习与人工神经网络，然后重点阐述了深度学习在图像识别及目标检测中的应用。最后，本书通过多个案例介绍了深度学习在计算机视觉方面的应用，同时探讨了云上计算机视觉建模。特别是，本书通过设问及循序渐进的学习目标，让读者深刻领会如何利用深度学习技术解决计算机视觉问题。不同于市面上其他深度学习书籍，本书对深度学习在计算机视觉方面的应用进行了系统的介绍。

本书的作者 Shamshad Ansari 是 Accure 公司的创始人、总裁兼首席执行官，专注于计算机视觉、机器学习、人工智能等领域多年，具有深厚的理论功底和丰富的实践经验，这为本书的写作打下了良好的基础。

本书由河南大学肖启阳和袁科两位老师主译。在翻译过程中，河南大学迈阿密学院张润楷和高清芳两位同学在翻译和校对方面提供了很多帮助，河南大学计算机与信息工程学院杨伟老师也给予了大力支持。机械工业出版社华章分社的刘锋编辑在翻译过程中提供了很多帮助。在此，对他们表示衷心的感谢。译文虽经反复修改和校对，但由于译者水平有限，书中难免有欠妥和纰漏之处，我们真诚地欢迎广大读者批评指正。

译者
2021 年 10 月

Preface 前　　言

20 多年来，我有幸与一些伟大的数据科学家和计算机视觉专家一起合作。一路上我学到了很多，尤其是构建大规模计算机视觉系统的最佳实践。在本书中，我介绍了从我自己的个人经历和我有机会与之共事的人的经历中学到的知识。我还介绍了计算机视觉领域一些伟大的贡献者和思想领袖的成果——尽管我还没有机会与他们合作，并在适当的地方引用了他们的作品。

当雇用新的工程师和科学家时，我面临的最大挑战之一是为他们提供系统的培训，以便他们能够在尽可能短的时间内开始在视觉系统开发方面做出贡献。网络上有大量与计算机视觉相关的在线资源和书籍，但鉴于计算机视觉领域广阔而复杂，人们很容易在这些资源和书籍所呈现的成堆信息中迷失。在本书中，我试图用一种结构化和系统化的方法来构建关键概念，并通过示例代码介绍如何开发真实的计算机视觉系统。我希望这可以帮助读者在阅读各章时将要点联系起来。我的目标是让这本书尽可能实用、尽可能便于读者上手。

本书首先介绍了计算机视觉的核心概念，并提供了辅助学习的代码示例。本书前半部分的代码示例主要是用 OpenCV 和 Python 编写的。

本书还介绍了机器学习的基本概念，并逐步展示了人工神经网络或深度学习的高级概念。每个概念都辅以实际用例的代码示例。所有与机器学习相关的代码示例都是用 Python 的 TensorFlow 编写的。

本书还给出了 8 个带有代码的计算机视觉实践案例。这些案例来自不同的行业，如医疗保健、安全、监视和制造业。我逐行解释了代码以帮助读者理解代码。本书有 3 章（第 7 ～ 9 章）专门讨论实际案例。这几章演示了如何从头开始构建视觉系统，包括从图像 / 视频采集到数据管道构建、模型培训和部署的过程。

训练最先进的计算机视觉模型需要大量的硬件资源，建议在云基础设施上利用最新的硬件资源（如 GPU）和即用即付方式训练计算机视觉模型，这在经济上具有优势。最后一章，即第 10 章，介绍了在 3 个流行的云基础设施（GCP、AWS 和微软 Azure）上逐步构建基于机器学习的计算机视觉应用的方法。

虽然本书从基础概念一直介绍到在云上训练模型，但它有一定的先决条件，即具备 Python 编程语言的基础知识。本书旨在帮助在职专业人士、程序员、数据科学家以及本科生和研究生获得使用人工神经网络构建计算机视觉应用程序的实践知识。

Acknowledgements 致 谢

之所以决定写这本书是因为我想实现两个目标：构建从基础到高级的计算机视觉概念，并为在构建真实的视觉系统中应用这些概念提供指导。我将用示例和代码演示每个概念，对相关主题进行一定的组织，将内容与实际的案例联系起来，并确保代码能正常工作且经过充分测试。这一切都需要我全身心投入，没有家人的支持，我是不可能做到的。我非常感谢我的妻子，她在我忙着写这本书的时候照顾着我们的两个女儿，她们忙得不可开交。她把这变成了她们和我的一次积极的经历：孩子们开始跟踪我的进步，并在我每完成一节或一章时庆祝。反过来，这给了我巨大的能量和动力，使我在编写本书时非常享受。我只是不知道我妻子用了什么魔法！

感谢 Anumati Bhagi 和 Ashok Bhagi，他们对我来说不亚于父母，他们的爱和支持总是激励着我。

本书囊括了我在与一些伟大的工程师、数据科学家和商业专业人士合作中获得的人生经验。感谢 Accure 的所有同事以及我过去工作过的所有公司。真诚地感谢所有用知识和智慧启发我的老师、教授和导师。

与 Apress 编辑团队合作是一次很棒的经历。协调编辑 Aditee Marashi 对我提出的任何问题都给予了及时的答复，她还在跟踪日程安排方面发挥了重要作用，在此向她致敬。与策划编辑 Mathew Moodie 合作真是太棒了。感谢 Aditee 和 Matt！

特别感谢资深编辑 John Celestine，他是一位体贴周到、反应迅速的决策者。感谢 John Celestine 对我的信任。感谢 Apress 出版了这本书。

James Baldo 教授是这本书最重要的贡献者。作为一名技术审校者，他执行了每一行代码并确保它们都能正常工作，他审阅了本书的每一个字，反复核对参考资料，给出了一些关键建议，使这本书比我想象的更有价值。在此感谢 James Baldo 教授！

最后，感谢本书的读者。我很想听听你们的意见，请将你们的意见、建议和问题发送至 ansarisam@gmail.com。随着技术的发展，本书的一些代码示例可能需要更新。我将尽最大努力使本书的 GitHub 站点上的所有代码保持最新。我期待着你们的回音。

目　录 Contents

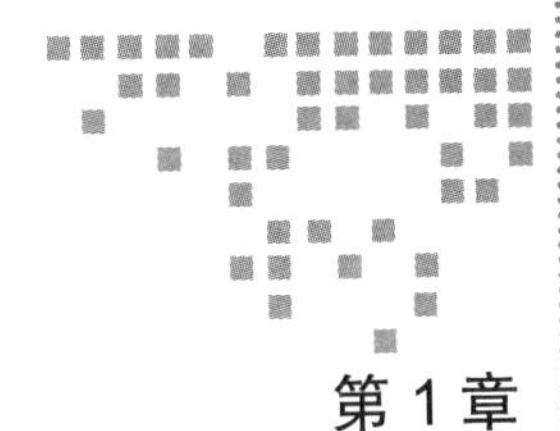

第 1 章 Chapter 1

前提条件和软件安装

这是一本实践书，介绍如何用 Python 编程语言开发计算机视觉应用程序。在本书中，你将学习如何利用 OpenCV 操作图像，并使用 TensorFlow 构建机器学习模型。

OpenCV 最初由英特尔开发，是用 C++ 编写的、开源的计算机视觉和机器学习库，包含 2 500 多个处理图像和视频的优化算法。TensorFlow 是一个用于高性能数值计算和大规模机器学习的开源框架，它是用 C++ 编写的，可为 GPU 提供本地支持。Python 是开发机器学习应用程序使用最广泛的编程语言，它被设计成与 C++ 一起通过 Python 接口对 TensorFlow 和 OpenCV 的底层功能进行访问。虽然 TensorFlow 和 OpenCV 提供了其他编程语言（如 Java、C++ 和 MATLAB）的接口，但是我们使用 Python 作为主要语言，因为 Python 语言简单易用并且具有庞大的支持社区。

阅读本书的前提条件是具有 Python 的实用知识并熟悉 NumPy 和 Pandas。本书假设你熟悉 Python 中的内置数据容器，例如字典、列表、集合和元组。以下是一些帮助你满足前提条件的资源：

- Python，见 https://www.w3schools.com/python/。
- Pandas，见 https://pandas.pydata.org/docs/getting_started/index.html。
- NumPy，见 https://numpy.org/devdocs/user/quickstart.html。

在进一步讨论之前，我们要准备好工作环境，为将要进行的练习做好准备。在这里，我们将从下载和安装所需的软件库及软件包开始。

1.1 Python 和 PIP

Python 是我们的主要编程语言，PIP 是 Python 的软件包安装程序，是安装和管理

Python 软件包的工具。为了设置工作环境，我们首先在工作计算机上安装 Python 和 PIP。安装步骤取决于采用的操作系统（Operating System，OS），确保按照对应的操作系统指令进行操作。如果已经安装了 Python 和 PIP，请确保使用的是 Python 3.6 和 PIP 19 或它们的更高版本。如果需要检查 Python 的版本号，请在终端上执行以下命令：

```
$ python3 --version
```

这条命令的输出应该类似 Python3.6.5。

如果需要检查 PIP 的版本号，请在终端上执行以下命令：

```
$ pip3 --version
```

这条命令应该显示 PIP3 的版本号，例如 PIP19.1。

1. 在 Ubuntu 上安装 Python 和 PIP

在 Ubuntu 终端上运行以下命令：

```
sudo apt update
sudo apt install python3-dev python3-pip
```

2. 在 macOS 上安装 Python 和 PIP

在 macOS 上运行以下命令：

```
brew update
brew install python
```

这将同时安装 Python 和 PIP。

3. 在 CentOS 7 上安装 Python 和 PIP

在 CentOS 7 上运行以下命令：

```
sudo yum install rh-python36
sudo yum groupinstall 'Development Tools'
```

4. 在 Windows 上安装 Python 和 PIP

安装 Microsoft Visual C++ 2015 Redistributable Update 3。这是 Visual Studio 2015 附带的，但可以通过以下步骤单独安装：

1）前往 Visual Studio 处下载，下载网址为 https://visualstudio.microsoft.com/vs/older-downloads/。

2）选择 Redistributable 和 Build Tool。

3）下载并安装 Microsoft Visual C++ 2015 Redistributable Update 3。

确保在 Windows 上启用了长路径功能，执行此操作的说明详见 https://superuser.com/questions/1119883/windows-10-enable-ntfs-long-paths-policy-option-missing。

从 https://www.python.org/downloads/windows/ 安装适用于 Windows 的 64 位 Python 3 版本（选择 PIP 作为可选功能）。

如果这些安装说明不起作用，请参阅 https://www.python.org/。

1.2　virtualenv

virtualenv 是一种用于创建隔离 Python 环境的工具。virtualenv 会创建一个目录，其中包含所有必要的可执行文件，以采用 Python 项目所需要的包。virtualenv 具有以下优点：

- virtualenv 允许你拥有相同 Python 库的两个版本，以便两个程序继续运行。假设有一个程序需要 Python 库的版本 1，而另一个程序需要同一个库的版本 2，virtualenv 将允许你同时运行这两个版本。
- virtualenv 为开发工作创建了一个有意义且独立自主的环境，可用于生产环境而无须安装依赖项。

接下来，我们将安装 virtualenv 软件并配置环境所要求的软件。在本书的其余部分，我们将假设参考程序的依赖项将包含在 virtualenv 中。

使用以下 PIP 命令安装 virtualenv（该命令在所有操作系统上都是相同的）：

```
$ sudo pip3 install -U virtualenv
```

这将在系统范围内安装 virtualenv。

安装和激活 virtualenv

首先，创建设置 virtualenv 的目录，把它命名为 cv：

```
$ mkdir cv
```

然后，在目录中创建名为 cv 的 virtualenv：

```
$ virtualenv --system-site-packages -p python3 ./cv
```

以下是运行此命令（在 MacBook 上）的示例输出：

```
Running virtualenv with interpreter /anaconda3/bin/python3
Already using interpreter /anaconda3/bin/python3
Using base prefix '/anaconda3'
New python executable in /Users/sansari/cv/bin/python3
Also creating executable in /Users/sansari/cv/bin/python
Installing setuptools, pip, wheel...
done.
```

使用特定于 shell 的命令激活虚拟环境：

```
$ source ./cv/bin/activate  # for sh, bash, ksh, or zsh
```

当 virtualenv 处于激活状态时，shell 提示符的前缀是（cv），例如：

```
(cv) Shamshads-MacBook-Air:~ sansari$
```

在虚拟环境中安装软件包，不会影响主机系统设置。从升级 PIP 开始（确保在 virtualenv 中不以 root 或 sudo 身份运行任何命令）：

```
$ pip install --upgrade pip

$ pip list  # show packages installed within the virtual environment
```

完成后，如果要退出 virtualenv，请执行以下操作：

```
$ deactivate  # don't exit until you're done with your programming
```

1.3 TensorFlow

TensorFlow 是一个用于数值计算和大规模机器学习的开源库。后面的章节将介绍更多关于 TensorFlow 的信息。让我们先安装它，为深度学习练习做好准备。

安装 TensorFlow

我们将从 PyPI 安装最新版本的 TensorFlow（https://pypi.org/project/tensorflow/）。我们将为 CPU 安装 TensorFlow，确保在 virtualenv 中运行以下命令：

```
(cv) $ pip install --upgrade tensorflow
```

通过运行以下命令测试 TensorFlow 安装情况：

```
(cv) $ python -c "import tensorflow as tf"
```

如果 TensorFlow 安装成功，则输出不应显示任何错误。

1.4 PyCharm IDE

你可以使用自己喜欢的集成开发环境（Integrated Development Environment，IDE）来编写和管理 Python 代码，但在本书中，我们将使用社区版 PyCharm，它是一个 Python IDE。

1. 安装 PyCharm

访问 PyCharm 的官方网站 https://www.jetbrains.com/pycharm/download/#section=linux，选择对应的操作系统，然后单击“下载”（在“Community Version”下）。下载完成后，单击下载的软件包，然后按照屏幕上的说明进行操作。以下是针对不同操作系统的链接：

- Linux，见https://www.jetbrains.com/pycharm/download/download-thanks.html? platform = linux&code=PCC
- Mac，见 https://www.jetbrains.com/pycharm/download/download-thanks.html? platform = mac&code=PCC
- Windows，见 https://www.jetbrains.com/pycharm/download/download-thanks.html? platform = windows&code=PCC

2. 配置 PyCharm 以使用 virtualenv

按照以下步骤，对我们之前创建的名为 cv 的 virtualenv 软件进行操作：

1）启动 PyCharm IDE 并选择“File”→“Settings for Windows and Linux”或选择“PyCharm”→“Preferences for macOS”。

2）在“Settings”或“Preferences”对话框中，选择“Project<project name>”→“Project Interpreter”。

3）单击标志，然后单击“Add”。

4）在“Add Python Interpreter”对话框的左窗格中，选择“Existing Environment”。

5）展开解释器的列表并选择任意一个现存的解释器，或者单击并指定一个在你的文件系统中可执行的 Python，比如 /Users/sansari/cv/bin /python3.6（见图 1-1）。

6）如果你愿意的话，选中复选框“Make available to all projects”。

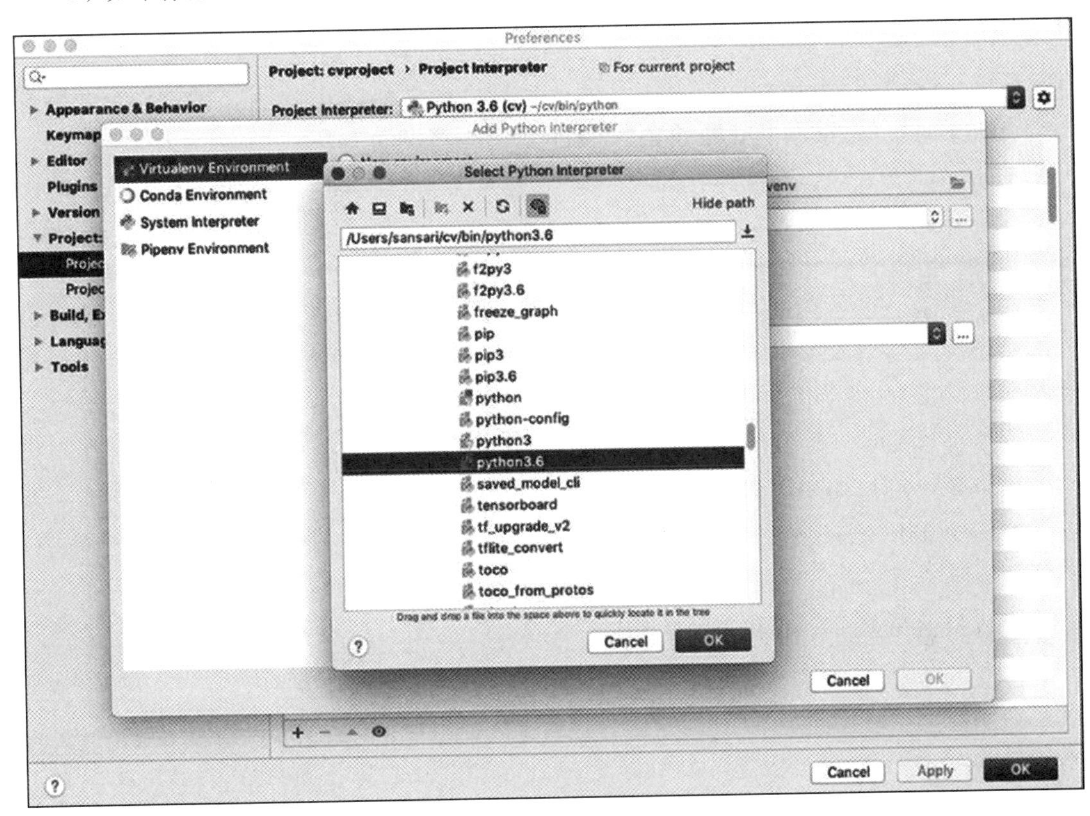

图 1-1 选择解释器

1.5 OpenCV

OpenCV 是最流行且使用最广泛的图像处理库之一，本书中的所有代码示例都基于 OpenCV 4。因此，我们的安装步骤是针对 OpenCV 4 版本的。

1. 使用 OpenCV

OpenCV 是用 C/C++ 编写的，由于它依赖于平台，所以安装命令因操作系统而不同。换句话说，针对特定平台或操作系统，需要特殊处理 OpenCV 才能顺利运行。我们将使用

Python 绑定来调用 OpenCV 以满足任何图像处理需求。

与其他库一样，OpenCV 也在不断发展，因此，如果以下安装命令不起作用，请查看官方网站以了解最新安装步骤。

我们将采用简单的方法利用 PIP 安装 OpenCV 4 并令其与 Python 3 绑定。我们将在前面创建的虚拟环境中安装来自 PyPI 的 opencv-python-contrib 包。

2. 使用 Python 绑定安装 OpenCV 4

确保你已经在虚拟环境下。只需将路径改为虚拟环境路径（我们之前创建的 cv 目录）并输入如下的命令：

```
$ source cv/bin/activate
```

用如下的命令安装与 Python 绑定的 OpenCV：

```
$ pip install opencv-contrib-python
```

1.6 附加库

在处理一些示例时，我们还需要一些附加库，我们把附加库也安装并保存在虚拟环境中。

1. 安装 SciPy

安装 SciPy 时，请执行以下操作：

```
$ pip install scipy
```

2. 安装 Matplotlib

安装 Matplotlib 时，请执行以下操作：

```
$ pip install matplotlib
```

请注意，本章中安装的库经常更新，强烈建议查看官方网站上库的新版本以及最新的安装说明。

第 2 章 Chapter 2

图像和视频处理的核心概念

本章介绍了图像的构建模块，描述了处理它们的各种方法。本章的学习目标如下：

- 理解图像的最小单位（像素）以及颜色是如何表示的。
- 了解像素在图像中的组织方式以及如何访问和操作它们。
- 在图像上画出不同的形状，如直线、矩形和圆。
- 用 Python 编写代码并利用 OpenCV 通过示例访问和操作图像。

2.1 图像处理

图像处理是一种通过对数字图像进行处理来获得增强图像或从中提取有用信息的技术。在图像处理中，输入是图像，输出可以是图像，也可以是与该图像相关联的一些特点或特征。视频是一系列图像或帧，因此，图像处理技术也适用于视频处理。本章将解释数字图像处理的核心概念，展示如何处理图像以及如何编写代码来操纵它们。

2.2 图像基础

数字图像是目标 / 场景或扫描文档的电子表示。图像的数字化意味着将图像转换成一系列数字，并将这些数字存储在计算机存储系统中。了解这些数字如何排列以及如何操纵是本章的主要目标。本章将介绍图像的构成，以及如何利用 OpenCV 及 Python 对其进行操作。

2.3 像素

假设一系列点按行和列进行排列，并且它们有不同的颜色，这些不同颜色的点组成了图像。形成图像的点称为**像素**，这些像素由数字表示，数字的值决定像素的颜色。把一幅图像想象成一个正方形网格，每个网格由一个特定颜色的像素组成。例如，300×400 像素的图像意味着图像被组织成 300 行和 400 列的网格，这意味着图像有 120 000（300×400）像素。

像素有两种表示方式：灰度和颜色。

1. 灰度

在灰度图像中，每个像素的值都介于 0 和 255 之间。0 表示黑色，255 表示白色。中间的值表示不同程度的灰色阴影，接近 0 的值是较深的灰色，接近 255 的值是较亮的灰色。

2. 颜色

RGB（Red-Green-Blue，代表红、绿、蓝）颜色模型是像素最常用的颜色表示形式之一。像素常用的颜色模型有多种，但在本书中，我们采用 RGB 颜色模型。

在 RGB 模型中，每个像素被表示为三个值的元组，即（红色分量的值，绿色分量的值，蓝色分量的值）。三种颜色中的每一种都由 0 到 255 之间的整数表示。例如，（0,0,0）是黑色，（255,0,0）是纯红色，（0,255,0）是纯绿色。（0,0,255）代表什么颜色？（255,255,255）又代表什么颜色？

w3school 网站（https://www.w3schools.com/colors/colors_rgb.asp）是一个利用不同 RGB 元组来探索更多颜色的地方。元组（0,0,128）、（128,0,128）和（128,128,0）表示什么颜色？

我们试着表示黄色。提示：红色 + 绿色 = 黄色。这意味着纯红色（255）加纯绿色（255），不加蓝色（0）会变成黄色。因此，黄色的 RGB 元组是（255,255,0）。

现在，我们已经初步了解了像素及其颜色，我们接着来理解像素在图像中的排列方式以及如何访问它们。2.4 节将讨论图像处理中坐标系的概念。

2.4 坐标系

图像中的像素按行和列组成的网格形式排列。对于一个八行八列的正方形网格，其将形成一幅 8×8（64）像素的图像。图像可以被看作二维坐标系，其中（0,0）是左上角。图 2-1 展示了 8×8 像素的示例图像。

左上角是图像坐标系的起点或原点，右上角的像素用（7,0）表示，左下角为（0,7），右下角为（7,7）。图像坐标可以概括为（x,y），其中 x 是到图像左边缘的位置，y 是从图像上边缘向下的垂直位置。在图 2-1 中，目标像素位于从左侧起的第 5 个位置和从顶部起的第 4 个位置。由于坐标系从 0 开始，因此，图 2-1 中目标像素的坐标为（4,3）。

为了使图像更清晰，我们观察一个带有字母 H 的 8 × 8 像素的图像（见图 2-2）。假设此图像是一幅灰度图像，字母 H 用黑色书写，图像的其余区域为白色。

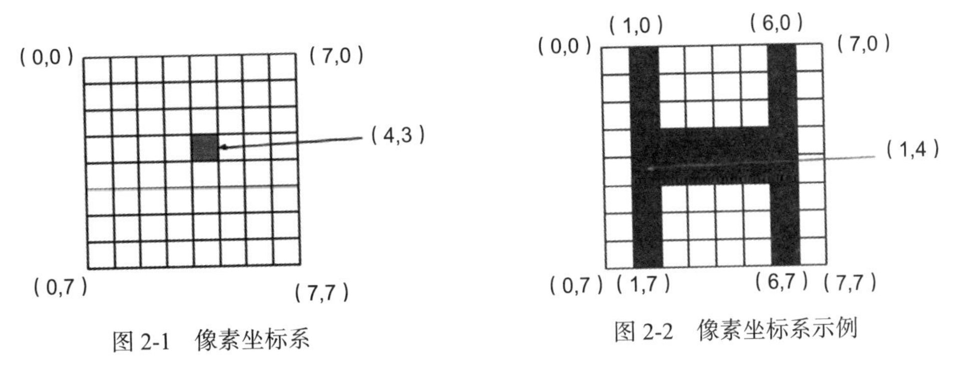

图 2-1　像素坐标系　　　　图 2-2　像素坐标系示例

请记住，在灰度模型中，黑色像素由 0 表示，白色像素由 255 表示。图 2-3 显示了 8 × 8 网格内每个像素的值。

x

y

255	0	255	255	255	255	0	255
255	0	255	255	255	255	0	255
255	0	255	255	255	255	0	255
255	0	0	0	0	0	0	255
255	0	0	0	0	0	0	255
255	0	255	255	255	255	0	255
255	0	255	255	255	255	0	255
255	0	255	255	255	255	0	255

图 2-3　像素矩阵和值

那么，位置（1,4）的像素值是多少？位置（2,2）呢？

通过对这两个示例进行分析，你应该对图像是如何用网格中的排列数字进行表示的有了清晰的认知。这些数字被序列化并存储在计算机的存储系统中，并在显示到屏幕上时呈现为图像。到现在为止，你已经知道如何利用坐标系访问像素，以及如何为这些像素指定颜色。

我们已经建立了坚实的基础，并学习了图像表示的基本概念。我们自己动手用 Python 和 OpenCV 编码进行一些练习。下一节将逐步展示如何编写代码从计算机磁盘加载图像、访问像素、操作像素并将它们写回磁盘。闲话少说，我们开始吧！

2.5 操作图像的 Python 和 OpenCV 代码

OpenCV 将图像的像素值表示为 NumPy 数组（如果不熟悉 NumPy，可以在 https://numpy.org/devdocs/user/quickstart.html 找到入门教程）。换句话说，加载图像时，OpenCV 会创建一个 NumPy 数组。像素值可以从 NumPy 的（x,y）坐标获得。当给出（x,y）坐标时，NumPy 将返回这些坐标处的像素的颜色值：

- 对于灰度图像，NumPy 返回的值将是一个介于 0 和 255 之间的值。
- 对于彩色图像，NumPy 返回的值将是由红色、绿色和蓝色组成的元组。请注意，OpenCV 以相反的顺序保存 RGB 序列。记住 OpenCV 的这个重要特性，以避免在使用 OpenCV 时出现混乱。

换句话说，OpenCV 以 BGR 序列（而不是 RGB 序列）存储颜色。

在编写代码之前，我们要确保始终处于虚拟环境中，即在 ~/cv 目录中，我们已经用 PyCharm 设置了这个目录。

启动 PyCharm IDE 并创建一个项目（将项目命名为 cviz，即“computer vision”的缩写）。参考图 2-4，确保已经选择现有解释器并选择了虚拟环境下的 Python 3.6（cv）。

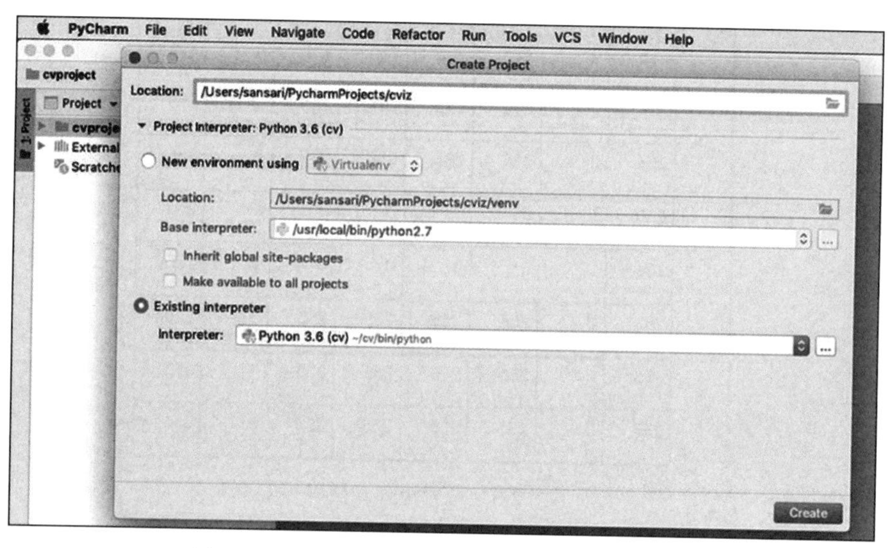

图 2-4 显示虚拟环境下项目配置的 PyCharm IDE

2.5.1 程序：加载、浏览和显示图像

代码清单 2-1 给出了加载、浏览和显示图像的 Python 代码。

代码清单 2-1 加载、浏览和显示图像的 Python 代码

```
Filename: Listing_2_1.py
from __future__ import print_function
import cv2
```

```
3
4  # image path
5  image_path = "images/marsrover.png"
6  # Read or load image from its path
7  image = cv2.imread(image_path)
8  # image is a NumPy array
9  print("Dimensions of the image: ", image.ndim)
10 print("Image height: ", format(image.shape[0]))
11 print("Image width: ", format(image.shape[1]))
12 print("Image channels: ", format(image.shape[2]))
13 print("Size of the image array: ", image.size)
14 # Display the image and wait until a key is pressed
15 cv2.imshow("My Image", image)
16 cv2.waitKey(0)
```

在第 1 行和第 2 行中，我们从 __future__ 包导入 Python 的 print_function 模块并导入 OpenCV 的 cv2 模块。

第 5 行给出我们要从目录加载的图像路径。如果输入路径位于不同的目录中，则应提供图像文件的完整路径或相对路径。

在第 7 行中，使用 OpenCV 的 cv2.imread() 函数将图像读入 NumPy 数组，并分配给名为 image 的变量（这个变量可以是任何你喜欢的变量）。

在第 9 行到第 13 行中，使用 NumPy 特性显示图像数组的维度、高度、宽度、通道数和数组大小（即像素数）。

第 15 行利用 OpenCV 的 imshow() 函数按原样显示图像。

在第 16 行中，waitKey() 函数允许程序不立即终止，而是等待用户按任意键。当显示第 15 行图像窗口时，按任意键终止程序，否则程序将阻塞。

图 2-5 展示了代码清单 2-1 的运行结果。

Dimension of the image: 3
Image height: 400
Image width: 640
Image channels: 3
Size of the image array: 768 000

图 2-5　输出和图像显示

NumPy 数组 image 由三个维度组成：高度、宽度、通道。数组的第一个元素是高度，它告诉我们像素网格有多少行。类似地，第二个元素是宽度，它表示网格的列数。第三个通道代表 BGR（不是 RGB）颜色分量。数组大小为 400 × 640 × 3=768 000。这实际上意味着图像有 400 × 640=256 000 像素，每个像素有 3 个颜色值。

2.5.2 程序：访问和操作像素的 OpenCV 代码

在下一个程序中，我们将学习如何利用之前了解的坐标系访问和修改像素值。代码清单 2-2 给出了代码示例，其后给出了逐行解释。

代码清单 2-2 访问和操作图像像素的代码示例

```
Filename: Listing_2_2.py
1    from __future__ import print_function
2    import cv2
3
4    # image path
5    image_path = "images/marsrover.png"
6    # Read or load image from its path
7    image = cv2.imread(image_path)
8
9    # Access pixel at (0,0) location
10   (b, g, r) = image[0, 0]
11   print("Blue, Green and Red values at (0,0): ", format((b, g, r)))
12
13   # Manipulate pixels and show modified image
14   image[0:100, 0:100] = (255, 255, 0)
15   cv2.imshow("Modified Image", image)
16   cv2.waitKey(0)
```

第 1 行到第 7 行从目录路径导入并读取图像（如讨论代码清单 2-1 时所述）。

在第 10 行中，我们得到像素在坐标（0,0）处的 BGR（而不是 RGB）值，并利用 NumPy 数组规则将它们分配给 (b,g,r) 元组。

第 11 行显示 BGR 值。

在第 14 行中，我们沿着 y 轴取从 0 到 99 的像素范围，沿着 x 轴取从 0 到 99 的像素范围，形成一个 100 × 100 的正方形，并将值（255,255,0）分配给该正方形内的所有像素。

第 16 行显示修改后的图像。

第 17 行等待用户按任意键退出程序。

图 2-6 给出了代码清单 2-2 的一些输出示例。

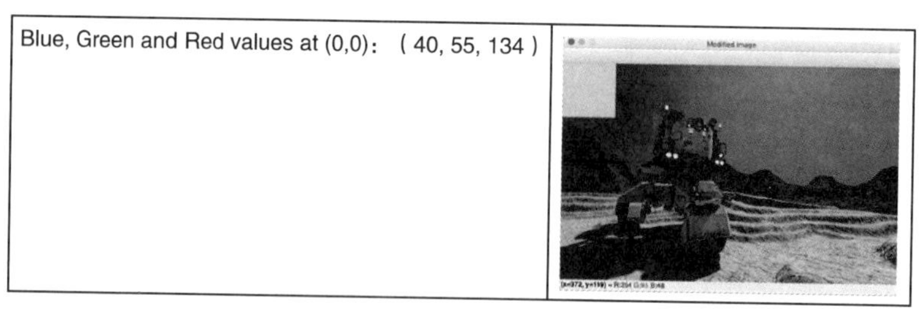

图 2-6 输出和修改后的图像

如图 2-6 所示，修改后的图像的左上角有一个 100 × 100 像素的湖绿色正方形，它的 BGR 值为（255,255,0）。

2.6 画图

OpenCV 提供了在图像上绘制形状的简单方法，我们将学习如何在图像上绘制直线、矩形和圆：

- 直线：cv2.line()。
- 矩形：cv2.rectangle()。
- 圆：cv2.circle()。

2.6.1 在图像上画直线

我们将使用一种简单的方法在图像上画线，步骤如下：

1）将图像加载到 NumPy 数组中。

2）确定直线起始位置的坐标。

3）确定直线终点位置的坐标。

4）设置线条的颜色。

5）设置线条的粗细（可选）。

代码清单 2-3 展示了如何在图像上画一条直线。

代码清单 2-3 在图像上画一条直线

```
Filename: Listing_2_3.py
1    from __future__ import print_function
2    import cv2
3
4    # image path
5    image_path = "images/marsrover.png"
6    # Read or load image from its path
7    image = cv2.imread(image_path)
8
9    # set start and end coordinates
10   start = (0, 0)
11   end = (image.shape[1], image.shape[0])
12   # set the color in BGR
13   color = (255,0,0)
14   # set thickness in pixel
15   thickness = 4
16   cv2.line(image, start, end, color, thickness)
17
18   #display the modified image
19   cv2.imshow("Modified Image", image)
20   cv2.waitKey(0)
```

第 1 行和第 2 行是常规的导入语句。从现在起，文中不会再重复说明这些了，除非有新的东西要点明。

第 5 行是图像路径。

第 7 行实际上将图像加载到名为 image 的 NumPy 数组中。

第 10 行定义了绘制直线的起点坐标。前文介绍过，位置（0,0）是图像的左上角。

第 11 行指定图像端点的坐标。(image.shape[1], image.shape[0]) 表示图像右下角的坐标。

你可能已经猜到了，我们正在画一条对角线。

第 13 行设置我们要绘制的线的颜色，第 15 行设置它的粗细。

第 16 行绘制实际的线。cv2.line() 函数需要如下参数：

- ❑ 图像 NumPy，我们将在其上画线。
- ❑ 起始坐标。
- ❑ 结束坐标。
- ❑ 颜色。
- ❑ 粗细。（这是可选的。如果不传递此参数，则线的默认粗细为 1。）

最后，第 19 行显示修改后的图像。第 20 行等待用户按任意键终止程序。图 2-7 给出了我们刚刚画了一条线的输出示例图像。

图 2-7　有一条蓝色对角线的图像

2.6.2　在图像上画矩形

使用 OpenCV 绘制矩形很容易，让我们直接深入了解代码（见代码清单 2-4）。首先加载一幅图像并为其绘制一个矩形，然后把修改后的图像保存到磁盘上。

代码清单 2-4　加载一幅图像，在其中绘制一个矩形并保存，然后显示修改后的图像

```
Filename: Listing_2_4.py
from __future__ import print_function
import cv2
```

```
3
4   # image path
5   image_path = "images/marsrover.png"
6   # Read or load image from its path
7   image = cv2.imread(image_path)
8   # set the start and end coordinates
9   # of the top-left and bottom-right corners of the rectangle
10  start = (100,70)
11  cnd = (350,380)
12  # Set the color and thickness of the outline
13  color = (0,255,0)
14  thickness = 5
15  # Draw the rectangle
16  cv2.rectangle(image, start, end, color, thickness)
17  # Save the modified image with the rectangle drawn to it.
18  cv2.imwrite("rectangle.jpg", image)
19  # Display the modified image
20  cv2.imshow("Rectangle", image)
21  cv2.waitKey(0)
```

第 1 行和第 2 行是常规的导入语句。

第 5 行指定图像路径。

第 6 行从其路径读取图像。

第 10 行设置要在图像上绘制的矩形的起点，即矩形左上角的坐标。

第 11 行设置矩形的终点，即矩形右下角的坐标。

第 13 行设置颜色，第 14 行设置矩形轮廓的粗细。

第 16 行实际绘制矩形。我们使用的是 OpenCV 的 rectangle() 函数，它接受以下参数：

- 保存图像像素值的 NumPy 数组。
- 起始坐标（矩形的左上角）。
- 结束坐标（矩形的右下角）。
- 轮廓的颜色。
- 轮廓的粗细。

请注意，第 16 行没有任何赋值运算符。换句话说，我们没有将 cv2.rectangle() 函数的返回值赋给任何变量。那个作为参数传递给 cv2.rectangle() 函数的 NumPy 数组（也就是 image）被修改了。

第 18 行将修改后的图像以及绘制在其上的矩形保存到磁盘上的文件中。

第 20 行显示修改后的图像。

第 21 行调用 waitKey() 函数，允许图像在按下某个键之前一直显示在屏幕上。函数 waitKey() 无限期地等待一个按键，或者以毫秒为单位等待一个特定的时间延迟。由于操作系统切换线程需要一个最短的时间间隔，所以 waitKey() 函数在按下一个键之后，不会等待作为参数传递给 waitKey() 函数的延迟时间。实际等待时间取决于在按下键并调用 waitKey() 函数时计算机正在运行的其他程序时间。

图 2-8 给出了绘制矩形的图像输出。

图 2-8 绘制了矩形的图像

在上一个示例中，我们首先从磁盘读取一幅图像，然后在其上绘制一个矩形。现在我们来稍微修改一下这个示例，在空白画布上绘制矩形。首先，创建画布（而不是加载现有的图像）并在其上绘制一个矩形，然后保存并显示结果图像，如代码清单 2-5 所示。

代码清单 2-5 在新画布上绘制矩形并保存图像

```
Filename: Listing 2_5.py
1   from __future__ import print_function
2   import cv2
3   import numpy as np
4
5   # create a new canvas
6   canvas = np.zeros((200, 200, 3), dtype = "uint8")
7   start = (10,10)
8   end = (100,100)
9   color = (0,0,255)
10  thickness = 5
11  cv2.rectangle(canvas, start, end, color, thickness)
12  cv2.imwrite("rectangle.jpg", canvas)
13  cv2.imshow("Rectangle", canvas)
14  cv2.waitKey(0)
```

除第 3 行和第 6 行之外的所有行都与代码清单 2-4 中的相同。

第 3 行导入将用于创建画布的 NumPy 库。

第 6 行将创建图像（命名为 *canvas*）。画布大小为 200 × 200 像素，每个像素包含三个通道（用于保存 BGR 值）。变量 canvas 是一个 NumPy 数组，在本例中，它为每个像素保留一个零值。请注意，画布的每个像素值的数据类型是 8 位无符号整数（如第 1 章所述）。

如何画实心矩形（也就是填充了特定颜色的矩形）？

提示　将粗细设置为 -1。

图 2-9 给出了代码清单 2-5 的输出。图 2-10 给出了画有实心矩形的画布。

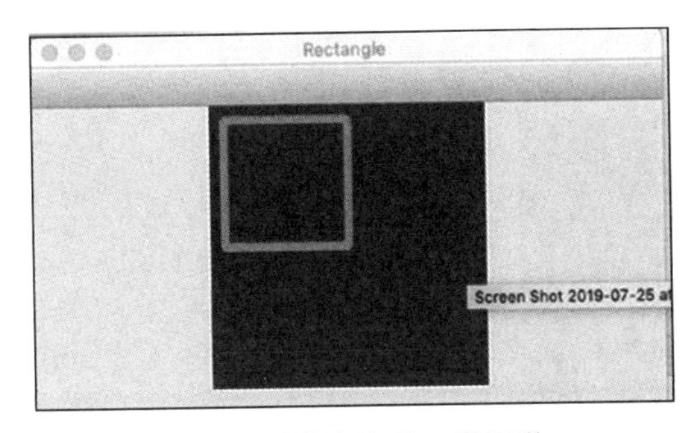

图 2-9　边框粗细为 5 的矩形

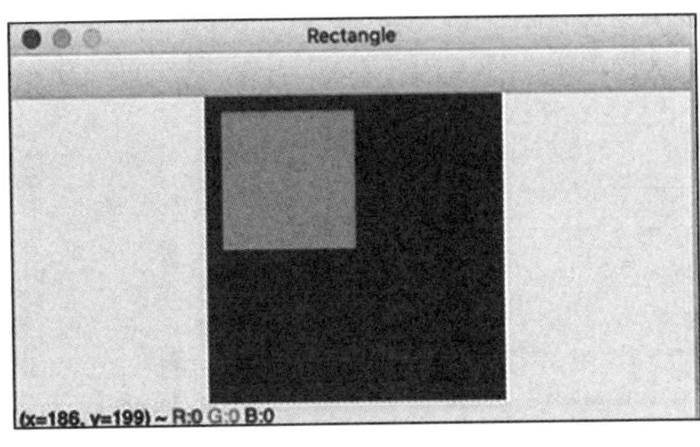

图 2-10　实心矩形（粗细为 -1）

2.6.3　在图像上画圆

在图像上画圆是比较容易的。你可以创建自己的画布或加载现有图像，然后设置圆心的坐标、半径、颜色和圆轮廓的粗细。

代码清单 2-6 给出了一段在空白画布上画圆的代码，图 2-11 给出了这段代码的输出。

代码清单 2-6　在画布上画圆

```
Filename: Listing_2_6.py
1    from __future__ import print_function
2    import cv2
3    import numpy as np
4
5    # create a new canvas
6    canvas = np.zeros((200, 200, 3), dtype = "uint8")
7    center = (100,100)
8    radius = 50
9    color = (0,0,255)
10   thickness = 5
11   cv2.circle(canvas, center, radius, color, thickness)
12   cv2.imwrite("circle.jpg", canvas)
13   cv2.imshow("My Circle", canvas)
14   cv2.waitKey(0)
```

代码清单 2-6 中的代码与代码清单 2-5 中的代码差别不大，只是第 7 行定义了圆的中心。另外，第 8 行设置半径，第 9 行定义颜色，第 10 行设置圆轮廓线的粗细。最后，第 11

行绘制圆，且函数接受以下参数：

- 要绘制圆的图像，即包含图像像素的 NumPy 数组。
- 圆心的坐标。
- 圆的半径。
- 圆轮廓线的颜色。
- 轮廓线的粗细。

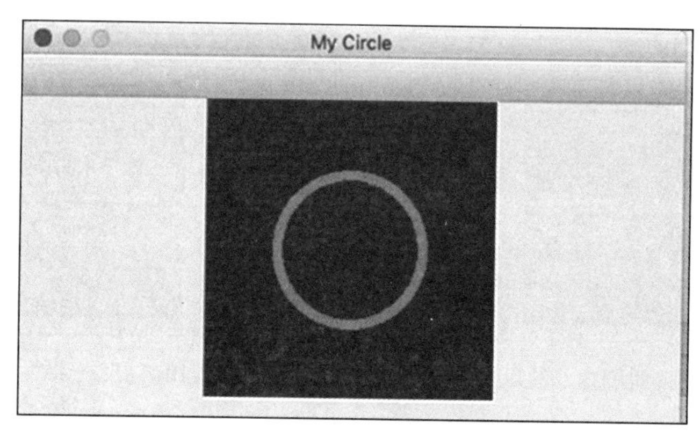

图 2-11 画在黑色画布中心的圆

练习 1 在画布的中心画一个实心圆。

练习 2 画两个同心圆，令最外圈的半径是内圈半径的 1.5 倍。

2.7 总结

本章介绍了图像的基础知识。从像素开始，介绍了如何用不同的颜色模型（即灰度模型和颜色模型）来表示像素。坐标系有助于定位特定像素并操纵其值。此外，还介绍了如何在图像上画一些基本形状，如直线、矩形和圆。虽然这些图像知识都是非常基本、非常容易的，但它们是图像处理中的重要理论。

第 3 章将探讨图像处理中采用的不同技术和算法。

第 3 章 Chapter 3

图像处理技术

在计算机视觉应用中，图像通常是从其源设备（例如相机、存储在计算机磁盘上的文件或另一个应用程序的输出流）获取的。在大多数情况下，输入图像会从一种形式转换为另一种形式，例如，我们可能需要调整尺寸，旋转或更改其颜色；但在某些情况下，我们可能需要删除背景像素或合并两个图像，甚至有时候，我们需要找到图像中某些目标的轮廓。

本章将以 Python 和 OpenCV 为例探讨各种图像转换技术。本章的学习目标如下：

- 了解常用的转换技术。
- 了解用于图像处理的算法。
- 了解图像清洗技术，如降噪。
- 了解合并图像或分割通道的技术。
- 了解如何检测和绘制图像中目标的轮廓。

3.1 图像转换

在处理计算机视觉问题时，通常需要将图像转换为不同的形式，本章将通过一组 Python 示例来探讨转换图像的不同技术。

3.1.1 调整尺寸

我们首先介绍第一种转换：调整图像尺寸。如果需要调整图像尺寸，我们可以通过增加或减少图像的高度和宽度来实现。**纵横比**是调整图像尺寸时的一个重要概念。纵横比是宽度与高度的比例，计算纵横比的公式如下：

$$纵横比=\frac{宽度}{高度}$$

正方形图像的纵横比为 1 : 1，如果图像的纵横比为 3 : 1，则意味着宽度是高度的 3 倍。如果图像的高度是 300 像素，宽度是 600 像素，那么它的纵横比是 2 : 1。

调整尺寸时，保持原始纵横比可确保调整后的图像不会被拉伸或压缩。

代码清单 3-1 展示了以下两种不同的图像尺寸调整技术：

- 在保持纵横比的同时，将图像调整为所需像素尺寸。换句话说，如果知道图像的期望高度，那么可以利用纵横比计算相应的宽度。
- 按系数调整图像尺寸。例如，将图像宽度放大 1.5 倍或将高度放大 2.5 倍。

OpenCV 提供了一个函数 cv2.resize()，它可以执行这两种调整图像尺寸的技术。

代码清单 3-1　计算纵横比和调整图像尺寸的代码

```
Filename: Listing_3_1.py
from __future__ import print_function
import cv2
import numpy as np

# Load image
imagePath = "images/zebra.png"
image = cv2.imread(imagePath)

# Get image shape which returns height, width, and channels as a
tuple. Calculate the aspect ratio
(h, w) = image.shape[:2]
aspect = w / h

# lets resize the image to  decrease height by half of the original
image.
# Remember, pixel values must be integers.
height = int(0.5 * h)
width =  int(height * aspect)

# New image dimension as a tuple
dimension = (height, width)
resizedImage = cv2.resize(image, dimension, interpolation=cv2.INTER_
AREA)
cv2.imshow("Resized Image", resizedImage)

# Resize using x and y factors
resizedWithFactors = cv2.resize(image, None, fx=1.2, fy=1.2,
interpolation=cv2.INTER_LANCZOS4)
cv2.imshow("Resized with factors", resizedWithFactors)
cv2.waitKey(0)
```

代码清单 3-1 展示了如何利用 OpenCV 的 cv2.resize() 函数调整图像尺寸。resize() 函数的参数为：

- 第一个参数是由 NumPy 数组表示的原始图像。
- 第二个参数是要调整的尺寸。这是一个整数元组，它表示已调整图像的高度和宽度。如前所述，如果要使用水平或垂直因子调整尺寸，则将此参数设为 None 传递。
- 第三个和第四个参数 fx 和 fy 是水平方向（宽度方向）和垂直方向（高度方向）的尺寸调整因子，这两个参数是可选的。
- 最后一个参数是插值。这是 OpenCV 内部用于调整图像尺寸的算法名称。可用的插值算法有 INTER_AREA、INTER_LINEAR、INTER_CUBIC、INTER_LANCZOS4 和 INTER_NEAREST。现在对这些算法进行简要介绍。

  插值是在调整图像尺寸时计算像素值的过程。OpenCV 支持以下五种插值算法：

  - INTER_LINEAR：这是一种双线性插值法，它首先确定四个最近邻像素（2×2=4），然后计算它们的加权平均值以确定下一个像素的值。
  - INTER_NEAREST：这是最近邻域插值法，即当给定函数在某个点周围（相邻）点上的值时，就可以近似空间中某个非给定点的函数值。换句话说，为了计算像素的值，它的最近邻域被认为是插值函数的近似值。
  - INTER_CUBIC：利用双三次插值算法来计算像素值。与双线性插值类似，它使用 16（4×4=16）个最近邻域来确定下一个像素的值。当不考虑计算速度时，相比双线性插值，双三次插值可以提供更好的调整尺寸的图像。
  - INTER_LANCZOS4：它使用 8×8 最近邻域插值。
  - INTER_AREA：像素的值是通过像素面积关系计算的（如 OpenCV 官方文档所述）。我们采用这种算法来创建一个无莫尔图像。当图像尺寸被放大时，INTER_AREA 类似于 INTER_NEAREST。

现在，我们来验证代码清单 3-1 的代码。

第 1 行到第 3 行是库导入语句。

第 6 行指定图像路径，第 7 行将图像读取为 NumPy 数组并指定名为 image 的变量。

NumPy 的 shape 函数返回数组中目标的尺寸。调用图像的 shape 函数会以元组的形式返回高度、宽度和通道数。第 10 行通过指定索引长度 2 来检索高度和宽度（image.shape[:2]），高度和宽度存储在变量 h 和 w 中。

如果不指定索引长度，它将返回具有高度、宽度和通道数的元组，如下所示：

```
(h, w, c) = image.shape[:]
```

本例希望在保持原始纵横比的情况下，将图像尺寸缩小 50%。我们可以简单地将原始高度和宽度乘以 0.5 来获得所需的高度和宽度。如果只知道所需的高度，则可以通过将新高度乘以纵横比来计算所需的宽度。第 15 行和第 16 行展示了如何调整图像尺寸。

第 19 行将所需的高度和宽度设置为元组。

第 20 行调用 OpenCV 的 cv2.resize() 函数，并将原始图像 NumPy 数组、所需的尺寸和插值算法（INTER_AREA）作为参数传递给 resize() 函数。

当图像高度或宽度或两者都需要增加或减少时，第 24 行展示了采用 INTER_LANCZOS4 插值法调整图像尺寸的操作。在本例中，高度和宽度都放大了 1.2 倍。

图 3-1 和图 3-2 显示了图像尺寸调整程序的输出示例。

图 3-1　原始图像

图 3-2　尺寸调整后的图像

3.1.2　平移

图像平移意味着沿着 *x* 轴和 *y* 轴向左、向右、向上或向下移动图像。

平移图像时有两个主要步骤：定义平移矩阵和调用 cv2.warpAffine 函数。平移矩阵定义了平移的方向和量，warpAffine 函数是执行实际平移的 OpenCV 函数。cv2.warpAffine 函数有 3 个参数：图像的 NumPy 数组、平移矩阵和图像的维度。

我们通过代码示例来理解图像平移（见代码清单 3-2）。

代码清单 3-2　沿 *x* 轴和 *y* 轴的图像平移

```
Filename: Listing_3_2.py
from __future__ import print_function
import cv2
import numpy as np

#Load image
imagePath = "images/soccer-in-green.jpg"
image = cv2.imread(imagePath)

#Define translation matrix
translationMatrix = np.float32([[1,0,50],[0,1,20]])

#Move the image
```

```
13  movedImage = cv2.warpAffine(image, translationMatrix, (image.shape[1],
    image.shape[0]))
14
15  cv2.imshow("Moved image", movedImage)
16  cv2.waitKey(0)
```

代码清单 3-2 展示了平移操作。第 10 行对平移矩阵进行定义，规定了它的平移方向和图像应平移的像素数。

在本例中，平移矩阵是 2×3 矩阵或二维数组。第一行由 [1,0,50] 定义，表示沿 x 轴向右平移 50 个像素，如果此数组的第三个元素是负数，则将使图像沿 x 轴向左平移。第二行由 [0,1,20] 定义，表示沿 y 轴向下平移 20 个像素，如果此数组的第三个元素是负数，则将使图像沿 y 轴向上平移。

第 13 行调用 OpenCV 的 warpAffine 函数，此函数接受以下参数：

- 要平移的图像的 NumPy 数组表示。
- 定义平移方向和平移量的平移矩阵。
- 包含平移图像的画布宽度和高度的元组。在本例中，我们保持画布尺寸与图像的原始高度和宽度相同。

图 3-3 和图 3-4 显示了结果。

图 3-3 原始图像

图 3-4 平移后的图像

练习 将图像向左平移 50 像素，向上平移 60 像素。

3.1.3 旋转

为了将图像旋转一定角度 θ，我们首先利用 OpenCV 的 cv2.getRotationMatrix2D 函数定义旋转矩阵。代码清单 3-3 中给出了如何创建旋转矩阵。要旋转图像，我们只需调用 cv2.warpAffine 函数进行图像平移操作即可。我们来逐行查看旋转代码。

代码清单 3-3 图像围绕中心旋转的代码

```
Filename: Listing_3_3.py
1  from __future__ import print_function
2  import cv2
3  import numpy as np
4
5  # Load image
6  imagePath = "images/zebrasmall.png"
7  image = cv2.imread(imagePath)
8  (h,w) = image.shape[:2]
9
10 #Define translation matrix
11 center = (h//2, w//2)
12 angle = -45
13 scale = 1.0
14
15 rotationMatrix = cv2.getRotationMatrix2D(center, angle, scale)
16
17 # Rotate the image
18 rotatedImage = cv2.warpAffine(image, rotationMatrix, (image.shape[1],
   image.shape[0]))
19
20 cv2.imshow("Rotated image", rotatedImage)
21 cv2.waitKey(0)
```

代码清单 3-3 展示了如何将图像围绕其中心旋转 45°（顺时针方向）。

第 11 行计算图像的中心，请注意，代码中使用“//”来除图像高度和宽度以获取结果的整数部分。

第 12 行为旋转图像角度赋值。当角度为负值时，图像将顺时针旋转；当角度为正值时，图像将逆时针旋转。

第 13 行设置旋转比例，用于在旋转时调整图像尺寸。1.0 表示旋转后保持原始大小，如果将其设置为 0.5，旋转后的图像将缩小一半。

第 15 行利用 OpenCV 的 cv2.getRotationMatrix2D 函数定义旋转矩阵，并传递以下参数：

- ❑ 表示图像需要围绕其旋转的点的元组。
- ❑ 以（°）为单位的旋转角度。
- ❑ 调整比例。

第 18 行根据旋转矩阵的定义执行旋转图像的工作，我们同样采用 warpAffine 函数来旋转图像。唯一的区别是，在旋转图像时将第 15 行创建的旋转矩阵作为参数传递。

第 20 行显示旋转图像，第 21 行等待按键，然后关闭显示的图像。

图 3-5 和图 3-6 显示了代码的示例输出。

图 3-5　原始图像

图 3-6　旋转后的图像

3.1.4　翻转

调用 OpenCV 的 cv2.flip() 函数就可以轻松地沿 x 轴水平翻转图像或沿 y 轴垂直翻转图像。cv2.flip() 函数接受以下两个参数：

- 原始图像。
- 翻转方向（0 意味着垂直翻转；1 意味着水平翻转；−1 表示先水平翻转，再垂直翻转）。

分析代码清单 3-4 中不同方向的图像翻转。

代码清单 3-4　图像的水平翻转、垂直翻转以及水平加垂直翻转代码

```
Filename: Listing_3_4.py
from __future__ import print_function
import cv2
import numpy as np

# Load image
imagePath = "images/zebrasmall.png"
image = cv2.imread(imagePath)

# Flip horizontally
flippedHorizontally = cv2.flip(image, 1)
cv2.imshow("Flipped Horizontally", flippedHorizontally)
cv2.waitKey(-1)

# Flip vertically
flippedVertically = cv2.flip(image, 0)
cv2.imshow("Flipped Vertically", flippedVertically)
cv2.waitKey(-1)
```

```
18  # Flip horizontally and then vertically
19  flippedHV = cv2.flip(image, -1)
20  cv2.imshow("Flipped H and V", flippedHV)
21  cv2.waitKey(-1)
```

代码清单 3-4 展示了图像不同方向的翻转。

第 10 行调用 cv2.flip() 函数并传递原始图像和表示水平翻转的 1 值。

类似地，第 15 行垂直翻转图像，而第 19 行的参数为 -1，因此使图像先水平翻转再垂直翻转。图 3-7 至图 3-10 显示了这些图像是怎么翻转的。

图 3-7　原始图像

图 3-8　水平翻转图像

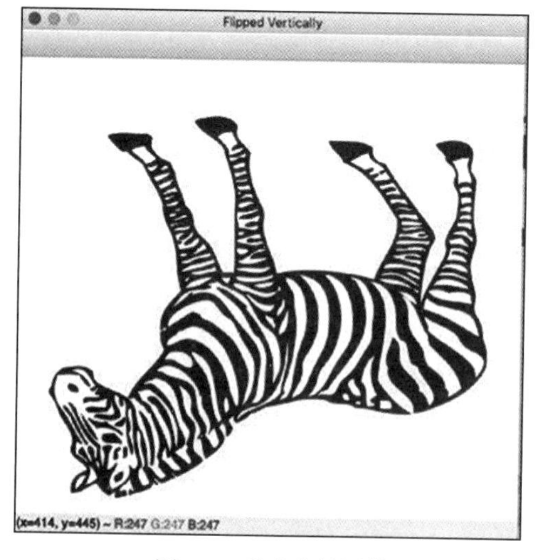

图 3-9　垂直翻转图像

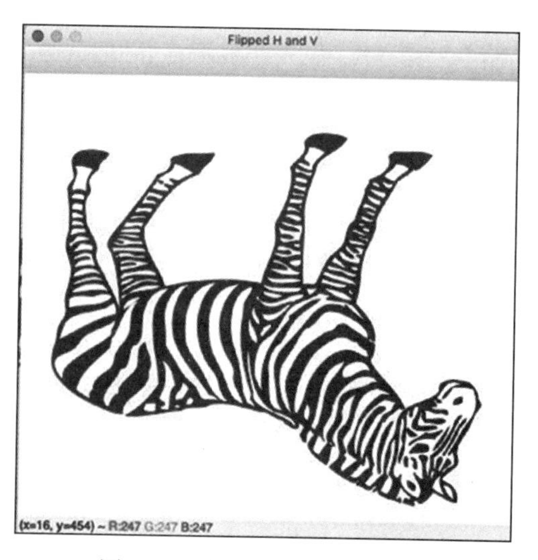

图 3-10　先水平再垂直翻转图像

3.1.5 裁剪

图像裁剪意味着去除图像中不需要的区域。第 2 章介绍过，OpenCV 将图像表示为 NumPy 数组，因此图像裁剪是通过剪切图像 NumPy 数组来实现的。OpenCV 中没有裁剪图像的特殊函数。我们利用 NumPy 数组特性裁剪图像，代码清单 3-5 显示了如何裁剪图像。

代码清单 3-5 图像裁剪代码

```
Filename: Listing_3_5.py
1    from __future__ import print_function
2    import cv2
3    import numpy as np
4
5    # Load image
6    imagePath = "images/zebrasmall.png"
7    image = cv2.imread(imagePath)
8    cv2.imshow("Original Image", image)
9    cv2.waitKey(0)
10
11   # Crop the image to get only the face of the zebra
12   croppedImage = image[0:150, 0:250]
13   cv2.imshow("Cropped Image", croppedImage)
14   cv2.waitKey(0)
```

第 12 行显示了如何剪切 NumPy 数组。本例使用 150 像素的高度和 250 像素的宽度来裁剪图像，以便提取斑马脸部区域。

图 3-11 显示了原始图像，图 3-12 显示了裁剪后的图像。

图 3-11 原始图像

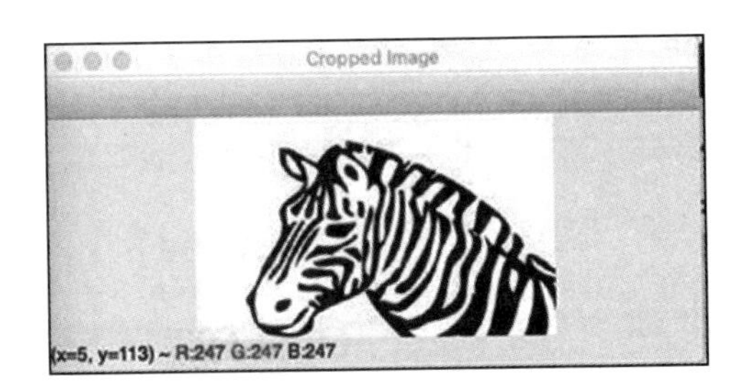

图 3-12 裁剪后的图像

3.2 图像算术运算与位运算

构建计算机视觉应用程序时，通常需要增强输入图像的属性。为此，可能需要执行某些算术运算（例如加法和减法）以及位运算（例如 OR、AND、NOT 和 XOR 等）。

到目前为止，我们已经了解到像素可以取 0 到 255 之间的任意整数值。当像素值加上常数结果大于 255，或者像素值减去常数结果小于 0 时，会发生什么？例如，假设像素值为 230，然后将其加 30，会发生什么？当然，像素值不能是 260。对于这种情况，我们应该如何处理？我们应该截断这个值以保持像素的最大值为 255，还是将其循环至 4（即在 255 之后，返回到 0，并保留 255 之后的余数）？

当像素值超出 [0，255] 范围时，有两种方法可以处理这种情况：

- 饱和运算（或修边运算）：在这种操作中，$230+30 \Rightarrow 255$。
- 取模运算：它执行模运算，如 $(230+30)\%255 \Rightarrow 4$。

你可以采用 OpenCV 和 NumPy 的内置函数执行算术运算，但它们处理操作的方式不同。OpenCV 的加法是一种饱和运算，而 NumPy 执行取模运算。

注意 NumPy 和 OpenCV 之间的区别，因为这两种技术会产生不同的结果，你需要根据具体情况来采用这两种技术。

3.2.1 加法

OpenCV 提供了两种简单的方法来对两幅图像进行加法运算。

- cv2.add() 函数，它将两个大小相等的图像作为参数，并将它们像素的值相加以获取结果。
- cv2.addWeighted() 函数，通常用于混合两幅图像。

请注意，要对两幅图像执行加法运算，它们必须具有相同的维度和类型。我们通过一些代码来理解这两种加法为什么不同，参见代码清单 3-6。

代码清单 3-6　两幅图像的加法运算

```
Filename: Listing_3_6.py
from __future__ import print_function
import cv2
import numpy as np

image1Path = "images/zebra.png"
image2Path = "images/nature.jpg"

image1 = cv2.imread(image1Path)
image2 = cv2.imread(image2Path)

# resize the two images to make them of the same dimension. This is a
must to add two images
```

```
12  resizedImage1 = cv2.resize(image1,(300,300),interpolation=cv2.INTER_AREA)
13  resizedImage2 = cv2.resize(image2,(300,300),interpolation=cv2.INTER_AREA)
14
15  # This is a simple addition of two images
16  resultant = cv2.add(resizedImage1, resizedImage2)
17
18  # Display these images to see the difference
19  cv2.imshow("Resized 1", resizedImage1)
20  cv2.waitKey(0)
21
22  cv2.imshow("Resized 2", resizedImage2)
23  cv2.waitKey(0)
24
25  cv2.imshow("Resultant Image", resultant)
26  cv2.waitKey(0)
27
28  # This is weighted addition of the two images
29  weightedImage = cv2.addWeighted(resizedImage1,0.7, resizedImage2, 0.3, 0)
30  cv2.imshow("Weighted Image", weightedImage)
31  cv2.waitKey(0)
32
33  imageEnhanced = 255*resizedImage1
34  cv2.imshow("Enhanced Image", imageEnhanced)
35  cv2.waitKey(0)
36
37  arrayImage = resizedImage1+resizedImage2
38  cv2.imshow("Array Image", arrayImage)
39  cv2.waitKey(0)
```

第 8 行和第 9 行从磁盘加载两幅不同的图像。如前所述，要对图像执行加法运算，图像的尺寸和类型必须相同。你可能已经猜到了第 12 行和第 13 行的目的：将图像的尺寸调整为 300 × 300 像素。

第 16 行对两幅图像执行加法运算。我们采用 OpenCV 的简单加法函数 cv2.add()，它将两幅图像作为参数，图 3-15 中的输出图像即为简单将两幅图像相加的结果。

第 29 行使用 OpenCV 的 cv2.addWeighted() 函数进行加权加法，其工作原理如下：

$$\text{结果图像} = \boldsymbol{\alpha}\,\text{图像}_1 + \boldsymbol{\beta}\,\text{图像}_2 + \gamma \tag{3.1}$$

式中，$\boldsymbol{\alpha}$是图像 1 的权重，$\boldsymbol{\beta}$是图像 2 的权重，γ是常数。改变这些权重的值，我们可以获得图像相加结果。

查看式（3.1），可以得到传递给函数 cv2.addWeighted() 的参数：

- 图像 1 的 NumPy 数组。
- 图像 1 的权重 $\boldsymbol{\alpha}$（示例代码中为 0.7）。
- 图像 2 的 NumPy 数组。

❑ 图像 2 的权重 β（示例代码中为 0.3）。

❑ 参数 γ（示例代码中为 0）。

我们来查看代码清单 3-6 的输入和输出，图 3-13 和图 3-14 分别为两幅原始图像，它们的尺寸均调整为 300 × 300 像素。图 3-15 是利用 cv2.add() 函数将这两幅图像相加时的输出。图 3-16 是利用 cv2.addWeighted() 函数将这两幅图像相加时的输出。

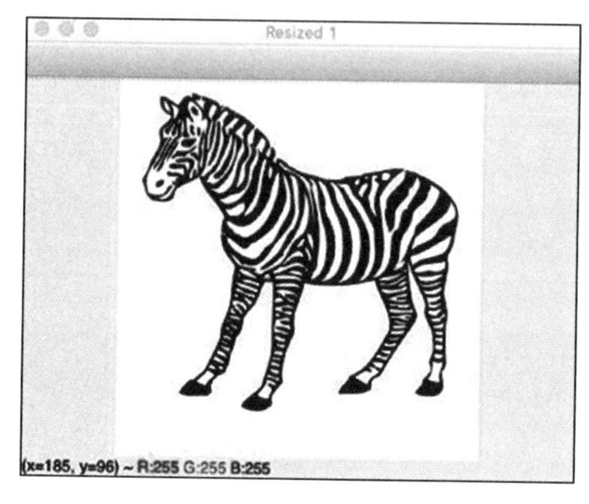

图 3-13　原始图像

图 3-14　用来相加的另一幅图像

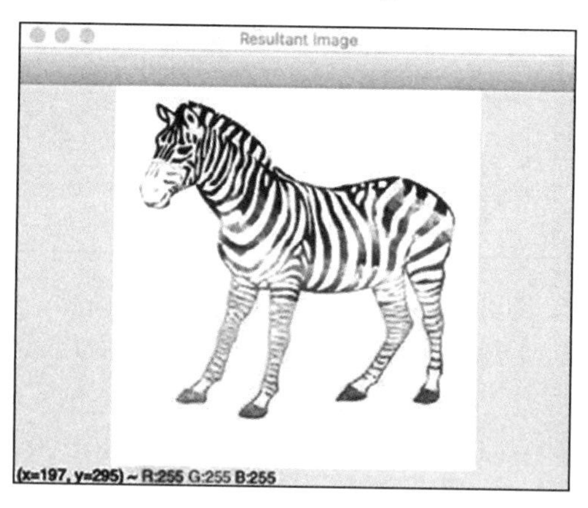

图 3-15　cv2.add() 函数的结果

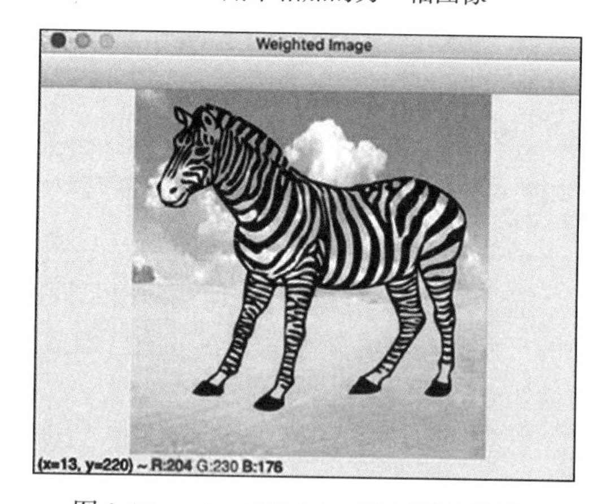

图 3-16　cv2.addWeighted() 函数的结果

查看图 3-15 和图 3-16 所示的输出，注意简单的 cv2.add() 和 cv2.addWeighted() 函数之间的区别。

3.2.2　减法

图像减法是指将一幅图像的像素值从另一幅图像的对应像素值中减去，我们也可以从图像像素中减去一个常数。当对两幅图像进行相减运算时，两幅图像必须具有相同的尺寸和类型。

当从一幅图像中减去这个图像本身时会发生什么？结果是最终图像的所有像素值都是零（即黑色），利用图像的这种特性可检测图像中的变化。如果图像没有变化，那么两幅图像相减的结果是一幅全黑的图像。

图像相减的另一个目的是将任何不均匀的部分或阴影调平。我们通过代码示例来探索一些有趣的图像减法，参见代码清单 3-7。

代码清单 3-7　图像减法代码

```
Filename: Listing_3_7.py
import cv2
import numpy as np


image1Path = "images/cat1.png"
image2Path = "images/cat2.png"

image1 = cv2.imread(image1Path)
image2 = cv2.imread(image2Path)

# resize the two images to make them of the same dimensions. This is a must to subtract two images
resizedImage1 = cv2.resize(image1,(int(500*image1.shape[1]/image1.shape[0]), 500),interpolation=cv2.INTER_AREA)
resizedImage2 = cv2.resize(image2,(int(500*image2.shape[1]/image2.shape[0]), 500),interpolation=cv2.INTER_AREA)

cv2.imshow("Cat 1", resizedImage1)
cv2.imshow("Cat 2", resizedImage2)

# Subtract image 1 from 2
cv2.imshow("Diff Cat1 and Cat2",cv2.subtract(resizedImage2, resizedImage1))
cv2.waitKey(0)


# subtract images 2 from 1
subtractedImage = cv2.subtract(resizedImage1, resizedImage2)
cv2.imshow("Cat2 subtracted from Cat1", subtractedImage)
cv2.waitKey(0)

# Numpy Subtraction Cat2 from Cat1
subtractedImage2 = resizedImage2 - resizedImage1
cv2.imshow("Numpy Subracts Images", subtractedImage2)
cv2.waitKey(0)

# A constant subtraction
subtractedImage3 = resizedImage1 - 50
cv2.imshow("Constant Subtracted from the image", subtractedImage3)
cv2.waitKey(0)
```

第 5 行到第 9 行从磁盘（从目录路径）加载图像，我们正在加载两幅猫的图像，并试图确定这两只看起来很像的猫是否有任何区别。图 3-17 和图 3-18 所示的图像是本例中使用的输入图像。

第 12 行和第 13 行调整图像尺寸，以确保它们的维度相同。请注意，这是两幅图像数组相减的必要条件。

第 19 行显示 cat2 减去 cat1 的结果。为了检查差异，我们利用 OpenCV 的 cv2.subtract() 函数并传递两幅图像（调整大小后的图像）的 NumPy 数组。在本例中，我们希望从 cat2 中减去 cat1，因此我们首先传递 resizedImagc2 变量，然后将 resizedImage1 作为函数中的第二个参数。从图 3-19 和图 3-20 所示的输出可以看到，顺序确实很重要。

为了展示不同顺序的效果，第 24 行在 cv2.subtract() 函数中将 resizedImage1 作为第一个参数，resizedImage2 作为第二个参数。

第 29 行没有使用 OpenCV 的减法函数，是一种简单的 NumPy 数组减法。注意图 3-21 所示输出的不同。

第 34 行从图像中减去一个常数，输出如图 3-22 所示。

图 3-17 Cat1 图像

图 3-18 Cat2 图像

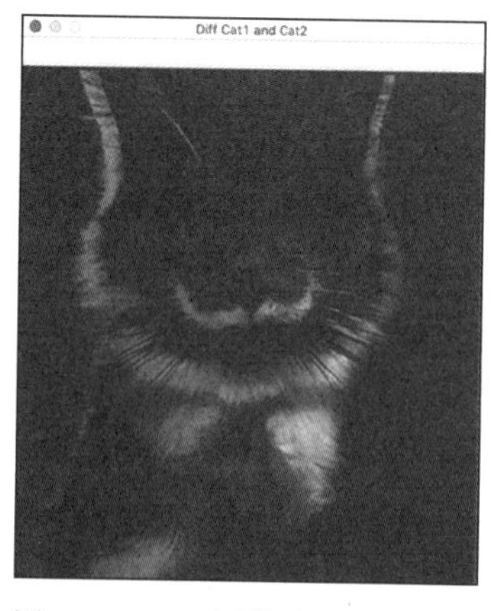

图 3-19 Cat2 图像减去 Cat1 图像

图 3-20 Cat1 图像减去 Cat2 图像

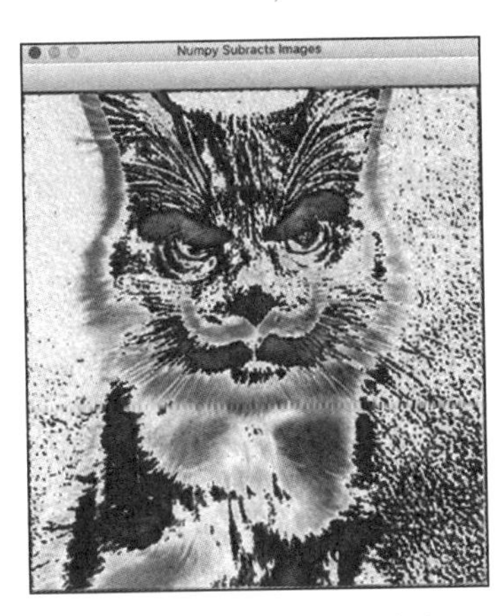

图 3-21 Numpy 数组减法

图 3-22 从图像中减去常数

到目前为止，我们已经学习了两种强大的图像算法：加法和减法。现在，我们来学习像素位逻辑运算。

3.2.3 位运算

计算机视觉中一些最有意义的运算是位运算，包括与（AND）、或（OR）、非（NOT）和异或（XOR）。

如果你回想一下布尔代数，就会发现这些位运算是二进制运算，只处理像素的两种状态：开和关。在灰度图像中，像素可以是 0 到 255 之间的任意值。那么，什么叫“开”，什么叫“关”？在图像处理中，对于灰度二值图像，像素值 0 表示“关”，大于 0 表示“开”。根据像素“开”或“关”的概念，我们将探讨以下位运算。

1. “与”运算

如果操作数 *a* 和 *b* 都为 1，则 *a* 和 *b* 的位“与”运算结果为 1，否则，结果为 0。

在图像处理中，两个图像数组的位“与”运算表示两个数组元素的合取。需要注意的是，两个数组的维度必须相等，才能执行位“与”运算。数组及标量也可以执行位“与”运算。

OpenCV 提供了一个名为 cv2.bitwise_and（imageArray1，imageArray2）的函数，可以执行位“与”运算，此函数将两个图像数组作为参数，代码清单 3-8 显示了位“与”运算。

2. “或”运算

操作数 *a* 和 *b* 只要有一个为 1，则 *a* 和 *b* 的位“或”运算结果为 1，否则，结果为 0。位“或”运算表示两个数组的元素或一个数组的元素与一个标量的析取。

在 OpenCV 中，函数 cv2.bitwise_or（imageArray1，imageArray2）计算两个输入数组的位“或”运算。代码清单 3-8 显示了位“或”运算的一个代码示例。

3. “非”运算

位“非”运算反转其操作数的位值。OpenCV 的 cv2.bitwise_not（imageArray）函数只将一个图像数组作为参数来执行位“非”运算，如代码清单 3-8 所示。

4. “异或”运算

如果两个操作数 a 和 b 中的一个（而不是两个）为 1，则 a 和 b 的位“异或”运算结果为 1，否则，结果为 0。OpenCV 提供了一个名为 cv2.bitwise_xor（imageArray1，imageArray2）的函数，可以执行位“异或”运算。同样，两个图像数组必须有相同的维度。代码清单 3-8 显示了位“异或”运算的一个代码示例。

下表总结了用于各种图像处理需求（如掩码）的位运算：

位运算	用法	描　述
“与”运算	a 与 b	两个数都为 1，结果 1，否则为 0
“或”运算	a 或 b	两个数中只要有一个为 1，则结果为 1，否则为 0
“异或”运算	a 异或 b	两个数中一个为 1，则结果为 1，否则为 0
“非”运算	非 a	取 a 的反值

我们通过代码清单 3-8 中的程序来理解这些位运算，首先创建两幅图像（一个圆和一个正方形），并对它们执行位运算以查看运算结果。

代码清单 3-8　位运算

```
Filename: Listing_3_8.py
import cv2
import numpy as np

# create a circle
circle = cv2.circle(np.zeros((200, 200, 3), dtype = "uint8"),
(100,100), 90, (255,255,255), -1)
cv2.imshow("A white circle", circle)
cv2.waitKey(0)

# create a square
square = cv2.rectangle(np.zeros((200,200,3), dtype= "uint8"), (30,30),
(170,170),(255,255,255), -1)
cv2.imshow("A white square", square)
cv2.waitKey(0)

#bitwise AND
bitwiseAnd = cv2.bitwise_and(square, circle)
cv2.imshow("AND Operation", bitwiseAnd)
cv2.waitKey(0)

#bitwise OR
bitwiseOr = cv2.bitwise_or(square, circle)
cv2.imshow("OR Operation", bitwiseOr)
cv2.waitKey(0)

#bitwise XOR
bitwiseXor = cv2.bitwise_xor(square, circle)
cv2.imshow("XOR Operation", bitwiseXor)
```

```
27  cv2.waitKey(0)
28
29  #bitwise NOT
30  bitwiseNot = cv2.bitwise_not(square)
31  cv2.imshow("NOT Operation", bitwiseNot)
32  cv2.waitKey(0)
```

第 5 行在 200 × 200 像素画布的中心创建一个白色圆圈，有关如何在画布上绘制圆的信息，请参见代码清单 2-6。

同样，第 10 行在 200 × 200 像素的画布上绘制一个白色正方形，关于如何在画布上绘制矩形，请参见代码清单 2-5。

第 15 行展示了 cv2.bitwise_and() 函数的用法，此函数的参数是圆和正方形图像（由 NumPy 数组表示）。

类似地，第 20 行和第 25 行分别展示了 cv2.bitwise_or() 和 cv2.bitwise_xor() 函数的用法。“与”“或” 和 “异或” 运算的函数都需要对两个数组进行操作。

第 30 行展示了 cv2.bitwise_not() 函数的用法，该函数只接受一个参数。

图 3-23 至图 3-28 显示了代码清单 3-8 的输出。

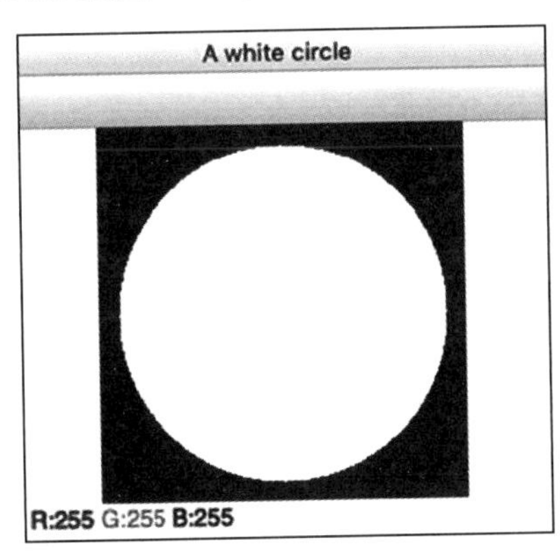

图 3-23　白色圆

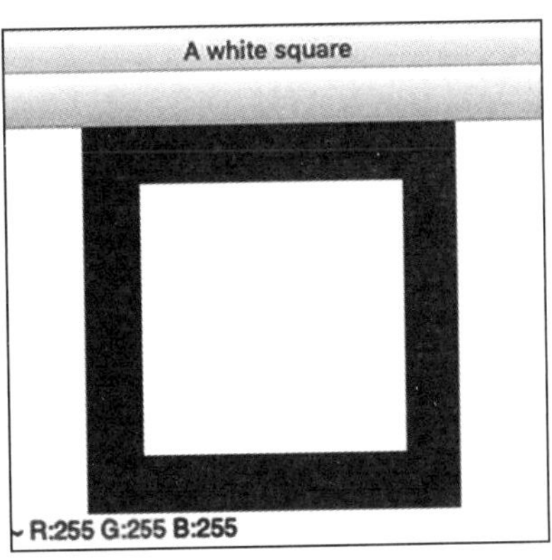

图 3-24　白色正方形

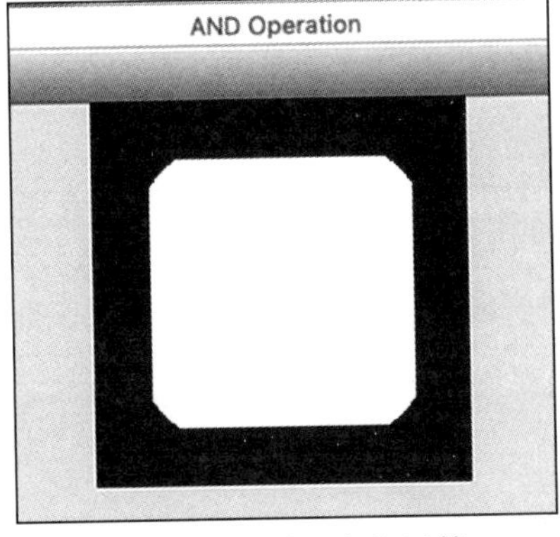

图 3-25　位 “与” 运算

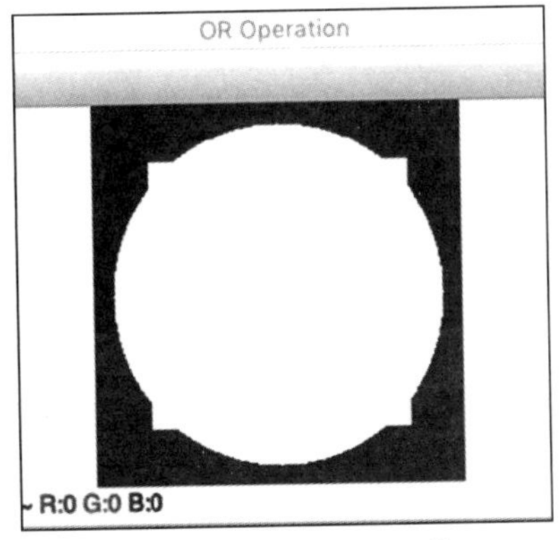

图 3-26　位 “或” 运算

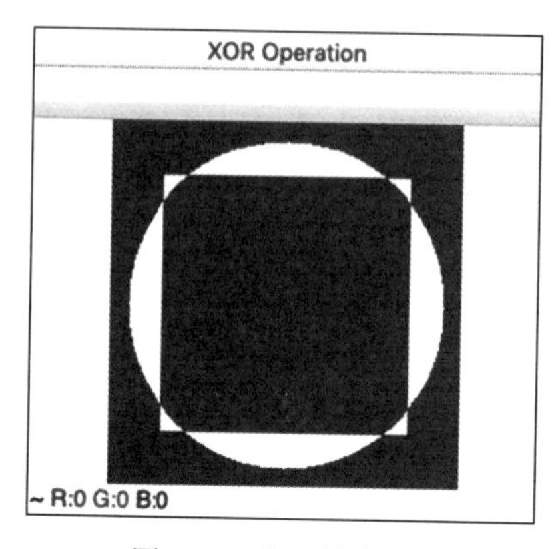

图 3-27　位“异或”运算

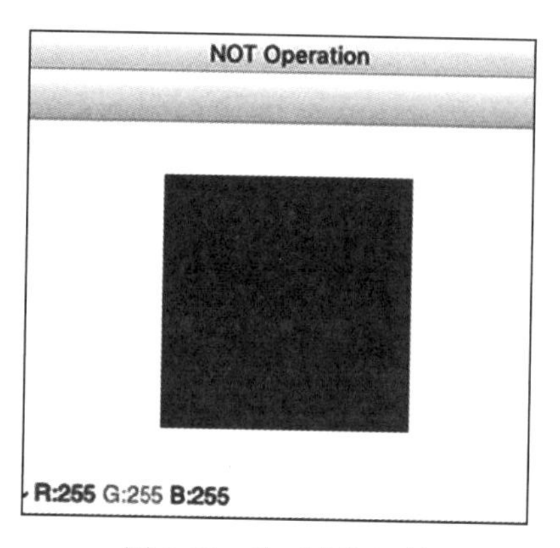

图 3-28　位“非”运算

3.3　掩码

掩码是计算机视觉中最强大的技术之一，它是指对图像进行“隐藏”或“过滤”处理。

当掩码一幅图像时，我们会用另一幅图像来隐藏图像的一部分。换句话说，通过在图像的剩余部分应用掩码，我们把焦点放在图像某一部分。例如，图 3-29 中有数字 1、2 和 3，而图 3-30 是带有白色切口的黑色图像。当我们混合这两幅图像时，数字 1 和 3 将被隐藏，唯一可见的数字是数字 2，掩码结果如图 3-31 所示。

掩码技术常应用于图像的平滑处理或模糊处理，以及检测图像中的边缘和轮廓。掩码技术也可用于目标检测，我们将在本书后面探讨。

代码清单 3-9 展示了如何使用 OpenCV 实现掩码处理。

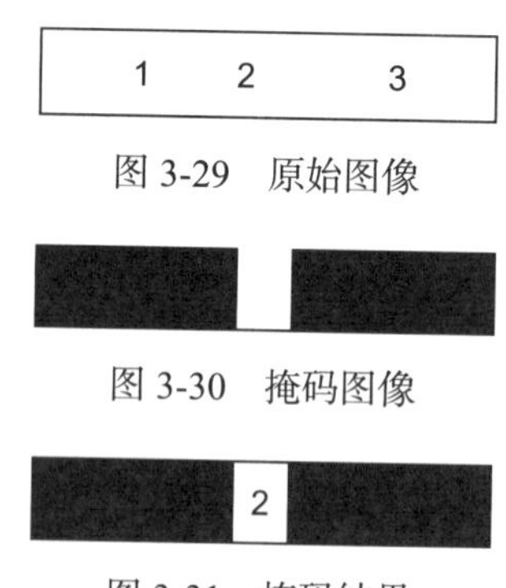

图 3-29　原始图像

图 3-30　掩码图像

图 3-31　掩码结果

代码清单 3-9　利用位“与”运算实现掩码处理

```
Filename: Listing_3_9.py
import cv2
import numpy as np

```

```
4   # Load an image
5   natureImage = cv2.imread("images/nature.jpg")
6   cv2.imshow("Original Nature Image", natureImage)
7
8   # Create a rectangular mask
9   maskImage = cv2.rectangle(np.zeros(natureImage.shape[:2],
    dtype="uint8"), (50, 50), (int(natureImage.shape[1])-50,
    int(natureImage.shape[0] / 2)-50), (255, 255, 255), -1)
10
11  cv2.imshow("Mask Image", maskImage)
12  cv2.waitKey(0)
13
14  # Using bitwise_and operation perform masking. Notice the
    mask=maskImage argument
15  masked = cv2.bitwise_and(natureImage, natureImage, mask=maskImage)
16  cv2.imshow("Masked image", masked)
17  cv2.waitKey(0)
```

在 OpenCV 中，图像掩码是通过位“与”运算实现的。代码清单 3-9 展示了如何对图像区域掩码的简单示例。对于本例，目标是提取图 3-32 中云的矩形部分。

现在你应该已经熟悉代码清单 3-9 的第 5 行了，我们在这里所做的就是加载图像（即图 3-32）。

第 9 行创建一个黑色画布，其顶部有一个白色矩形区域（有一些边距）。画布的大小与原始图像的大小相同。请注意，图 3-33 中顶部有一个白色矩形区域，其余部分皆为黑色。

第 15 行进行掩码处理。注意，我们使用的是 cv2.bitwise_and() 函数，它接受两个强制参数（在本例中是原始图像）和一个可选的掩码参数（mask=maskImage）。这个函数计算图像本身的“与”操作，并按照参数 mask=maskImage 的指示应用掩码。当 OpenCV 收到 mask 参数时，它只检查掩码数组（maskImage）中处于“开”的像素。掩码处理的输出如图 3-34 所示。

图 3-32 要进行掩码处理的原始图像

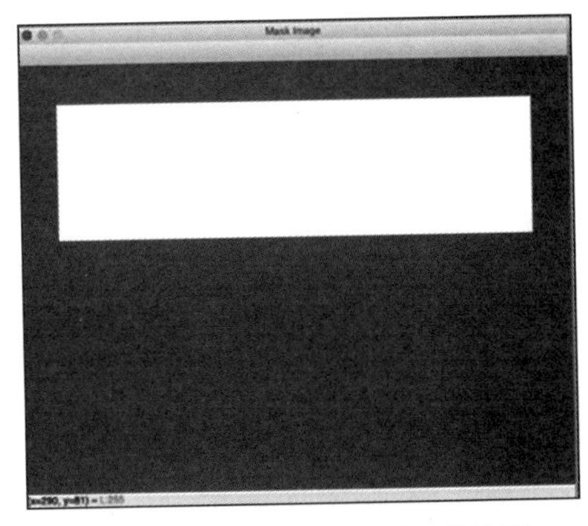

图 3-33 从图 3-32 中提取云的掩码

图 3-34　掩码后的图像

掩码技术是计算机视觉中最常用的图像处理技术之一，我们将在机器学习和神经网络的章节中进一步探讨它的实际应用。

3.4　通道分割与合并

如第 2 章所述，彩色图像由多个通道（R、G、B）组成，我们已经学习了如何访问这些通道并将它们表示为 NumPy 数组。本节将介绍如何分割这些通道并将它们存储为单独的图像。OpenCV 提供了一个 split() 函数，利用 split() 函数，我们可以将图像分割成相应的颜色成分，下面用代码示例来展示 split() 函数。对于这个例子，我们将再次使用“自然”图像（即图 3-32），并将其拆分为不同的颜色成分。

在代码清单 3-10 中，第 5 行加载图像。第 8 行将图像分成三个部分，并将它们存储在单独的 NumPy 变量 (b,g,r) 中。NumPy 存储的颜色是蓝色、绿色和红色（BGR）序列，而不是 RGB 序列。第 11、14 和 17 行显示这些分割的图像，输出如图 3-35 至图 3-37 所示。

代码清单 3-10　将通道分割为不同颜色成分

```
Filename: Listing_3_10.py
1    import cv2
2    import numpy as np
3
4    # Load the image
5    natureImage = cv2.imread("images/nature.jpg")
6
7    # Split the image into component colors
8    (b,g,r) = cv2.split(natureImage)
9
10   # show the blue image
11   cv2.imshow("Blue Image", b)
12
```

```
# Show the green image
cv2.imshow("Green image", g)

# Show the red image
cv2.imshow("Red image", r)

cv2.waitKey(0)
```

图 3-35 红色通道

图 3-36 绿色通道

图 3-37 蓝色通道

我们可以采用 OpenCV 的 merge() 函数来合并通道，该函数以 BGR 顺序接受数组。代码清单 3-11 展示了 merge() 函数的用法。

代码清单 3-11 分割和合并函数

```
Filename: Listing_3_11.py
import cv2
import numpy as np

# Load the image
natureImage = cv2.imread("images/nature.jpg")

```

```
7   # Split the image into component colors
8   (b,g,r) = cv2.split(natureImage)
9
10  # show the blue image
11  cv2.imshow("Blue Image", b)
12
13  # Show the green image
14  cv2.imshow("Green image", g)
15
16  # Show the red image
17  cv2.imshow("Red image", r)
18
19  merged = cv2.merge([b,g,r])
20  cv2.imshow("Merged Image", merged)
21  cv2.waitKey(0)
```

第 5 行加载图像，第 8 ～ 17 行与之前的分割函数相关。我们对加载的图像进行分割，利用分割后的三个分量来演示 merge() 函数。

第 19 行合并通道，只需将各个通道作为参数传递给 merge() 函数即可。请注意，通道是按 BGR 顺序排列的，执行上一个程序并观察最终输出，判断是否恢复了原始图像。

分割和合并是进行机器学习特征工程的有效图像处理技术，我们将在接下来的章节中应用其中的一些概念。

3.5 利用平滑处理和模糊处理降噪

平滑（也称为模糊）处理是一种重要的图像处理技术，可以减少图像中存在的噪声。图像中通常会存在以下类型的噪声：

- **椒盐噪声**：包含随机出现的黑白像素。
- **脉冲噪声**：指随机出现的白色像素。
- **高斯噪声**：噪声强度变化服从高斯正态分布。

本节将探讨以下用于降噪的模糊（平滑）技术。

3.5.1 均值滤波

在均值滤波中，我们提取图像的一部分，比如 $k \times k$ 像素，图像的这一部分称为**滑动窗口**。将滑动窗口在图像上从左到右，从上到下滑动。$k \times k$ 矩阵中心的像素值被其周围所有像素的平均值代替，这个 $k \times k$ 矩阵也称为**卷积核**（简称**核**），k 通常为奇数，这样就可以利用核计算出一个确定的中心。核越大，图像就会变得越模糊。例如，与 3×3 核相比，5×5 核将生成更模糊的图像。

OpenCV 提供了一个简单的平滑图像的函数 cv2.blur()，它通过均值滤波来模糊图像，此函数接受两个参数：

❑ 需要模糊的原始图像的 NumPy 数组。

❑ $k \times k$ 核矩阵。

代码清单 3-12 演示了采用不同核平滑图像的方法。

代码清单 3-12 用均值滤波对图像进行平滑处理

```
Filename: Listing_3_12.py
1    import cv2
2    import numpy as np
3
4    # Load the image
5    park = cv2.imread("images/park.jpg")
6    cv2.imshow("Original Park Image", park)
7
8    #Define the kernel
9    kernel = (3,3)
10   blurred3x3 = cv2.blur(park,karnal)
11   cv2.imshow("3x3 Blurred Image", blurred3x3)
12
13   blurred5x5 = cv2.blur(park,(5,5))
14   cv2.imshow("5x5 Blurred Image", blurred5x5)
15
16   blurred7x7 = cv2.blur(park, (7,7))
17   cv2.imshow("7x7 Blurred Image", blurred7x7)
18   cv2.waitKey(0)
```

像往常一样，我们首先加载图像并将其分配给数组变量（代码清单 3-12 第 5 行中的 park 变量）。

第 9 行定义了一个 3×3 核。

第 10 行使用 cv2.blur() 函数，并将 park 图像和核作为参数传递给它。这将利用 3×3 核生成平滑图像。

为了比较核大小的影响，第 13 行和第 16 行采用的核大小分别为 5×5 和 7×7。注意，通过图 3-38 到图 3-41 可以看出，随着核大小的增加，平滑度也相应递增。

图 3-38 原始图像

图 3-39 用 3×3 核进行平滑处理

图 3-40　用 5 × 5 核进行平滑处理

图 3-41　用 7 × 7 核进行平滑处理

3.5.2　高斯滤波

高斯滤波是图像处理中最有效的平滑技术之一，它可以减少高斯噪声。与均值滤波技术相比，高斯滤波技术的平滑效果更自然。在高斯滤波中，提供的是高斯核而不是方形的固定核。

高斯核由 X 和 Y 方向上的高度、宽度和标准差组成。

OpenCV 提供了一个简单的 cv2.GaussianBlur() 函数，该函数可执行高斯滤波。cv2.GaussianBlur() 函数接受以下参数：

- 由 NumPy 数组表示的图像。
- 以 $k \times k$ 矩阵作为核的高度和宽度。
- X 和 Y 方向上的标准差 sigmaX 和 sigmaY。

以下是关于标准差的一些注意事项：

- 如果只指定了 sigmaX，则 sigmaY 与 sigmaX 相同。
- 如果两者都取零，则根据核大小计算标准差。
- OpenCV 提供的函数 cv2.getGaussianKernel() 可自动计算标准差。

高斯方程如下：

$$G_0(x,y) = Ae^{\frac{-(x-\mu_x)^2}{2\sigma_x^2} + \frac{-(y-\mu_y)^2}{2\sigma_y^2}}$$

其中 μ 是均值（峰值），σ^2 是方差。

代码清单 3-13 展示了高斯滤波的工作示例。

代码清单 3-13　使用高斯滤波对图像进行平滑处理

```
Filename: Listing_3_13.py
import cv2
import numpy as np

# Load the park image
parkImage = cv2.imread("images/park.jpg")
```

```
6   cv2.imshow("Original Image", parkImage)
7
8   # Gaussian blurring with 3x3 kernel and 0 for standard deviation to
    calculate from the kernel
9   GaussianFiltered = cv2.GaussianBlur(parkImage, (5,5), 0)
10  cv2.imshow("Gaussian Blurred Image", GaussianFiltered)
11
12  cv2.waitKey(0)
```

这里，我们再次加载 park 图像（代码清单 3-13 的第 5 行）。第 9 行展示了 OpenCV 的 cv2.GaussianBlur() 函数的用法。代码清单 3-13 利用 5 × 5 核和数值 0 计算内核的标准差。图 3-42 显示了原始图像，图 3-43 显示了高斯平滑的效果。

图 3-42 原始图像

图 3-43 用 5 × 5 核高斯滤波后的图像

3.5.3 中值滤波

中值滤波是减少椒盐噪声的一种有效方法。中值滤波与均值滤波相似，只是用周围像素的中值代替核的中心值。本书中采用 OpenCV 的 cv2.medianBlur() 函数来减少椒盐噪声（参见代码清单 3-14），此函数接受以下两个参数：

- 需要进行中值滤波处理的原始图像。
- 核大小 k。注意，核大小 k 与均值滤波中的 $k \times k$ 矩阵相似。

代码清单 3-14 用中值滤波法对椒盐噪声进行滤波处理

```
Filename: Listing_3_14.py
import cv2

# Load a noisy image
saltpepperImage = cv2.imread("images/salt-pepper.jpg")
cv2.imshow("Original noisy image", saltpepperImage)

# Median filtering for noise reduction
blurredImage3 = cv2.medianBlur(saltpepperImage, 3)
cv2.imshow("Blurred image 3", blurredImage3)
```

```
10
11  # Median filtering for noise reduction
12  blurredImage5 = cv2.medianBlur(saltpepperImage, 5)
13  cv2.imshow("Blurred image 5", blurredImage5)
14
15
16  cv2.waitKey(0)
```

代码清单 3-14 展示了 cv2.medianBlur() 函数的用法。第 8 行和第 12 行对第 4 行加载的原始图像创建平滑图像。请注意，该函数的核参数是一个标量，而不是元组或矩阵。

图 3-44 显示了带有椒盐噪声的图像。当应用不同的核大小时，请注意不同程度的降噪效果。图 3-45 显示了核大小为 3 时的输出图像。注意，图 3-45 仍然有一些噪声。当中值滤波核大小被设定为 5 时，图 3-46 显示了一个更干净的几乎没有噪声的输出图像。你会注意到中值滤波在滤除椒盐噪声方面做得相当好。

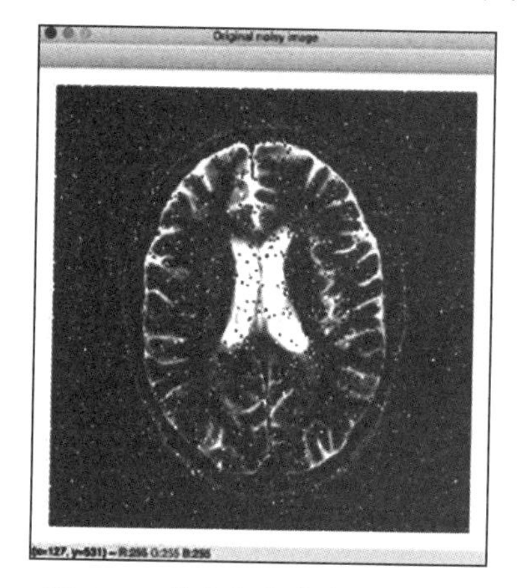

图 3-44　带有椒盐噪声的图像

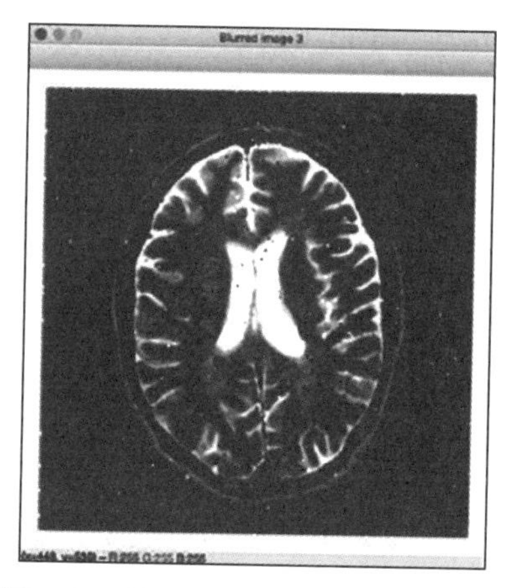

图 3-45　核大小为 3 时的中值滤波效果（存在一些噪声）

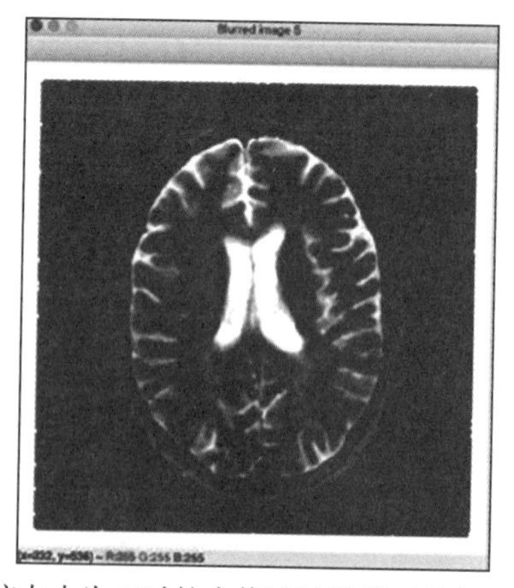

图 3-46　核大小为 5 时的中值滤波效果（噪声基本被滤除）

3.5.4　双边滤波

前三种滤波技术在滤除噪声的同时，会导致图像边缘丢失。为了在保持边缘的同时滤除图像噪声，我们使用了双边滤波技术，这是一种增强的高斯滤波。双边滤波需要两个高斯分布来执行计算。

第一个高斯函数考虑空间邻域（x 和 y 空间中相邻的像素），第二个高斯函数考虑相邻像素的强度。双边滤波技术可确保与中心像素强度相近的像素才被平滑处理，从而保持边缘完整，因为边缘往往比其他像素具有更高的强度。

虽然双边滤波技术具有很多优点，但它速度较慢。

我们采用 cv2.bilateralFilter() 函数来执行这种滤波处理，此函数的参数如下：

- 需要滤波的图像。
- 像素邻域的直径。
- 颜色值。颜色值越大，意味着滤波处理时会考虑到更多的邻域像素的颜色。
- 空间或距离。较大的空间值意味着将考虑距离中心像素较远的像素。

我们通过代码清单 3-15 来了解双边滤波。

代码清单 3-15　双边滤波示例

```
Filename: Listing_3_15.py
1    import cv2
2
3    # Load a noisy image
4    noisyImage = cv2.imread("images/nature.jpg")
5    cv2.imshow("Original image", noisyImage)
6
7    # Bilateral Filter with
8    fileteredImag5 = cv2.bilateralFilter(noisyImage, 5, 150,50)
9    cv2.imshow("Blurred image 5", fileteredImag5)
10
11   # Bilateral blurring with kernal 7
12   fileteredImag7 = cv2.bilateralFilter(noisyImage, 7, 160,60)
13   cv2.imshow("Blurred image 7", fileteredImag7)
14
15   cv2.waitKey(0)
```

如代码清单 3-15 所示，第 8 行和第 12 行采用 cv2.bilateralFilter() 函数平滑输入图像。第一组参数（第 8 行）是 NumPy 表示的像素、核或直径、颜色阈值以及到中心的距离。

图 3-47 到图 3-49 显示了代码清单 3-15 的输出。

本节介绍了不同的图像滤波技术，后续章节中将使用这些图像滤波技术对图像进行处理。

3.6 节将介绍如何利用阈值技术将灰度图像转换为二值图像。

图 3-47　原始图像

图 3-48　像素邻域直径为 5 的双边滤波效果

图 3-49　像素邻域直径为 7 的双边滤波效果

3.6　阈值二值化

图像二值化是将灰度图像转换成二值图像（黑白图像）的过程。我们利用阈值技术对图像进行二值化。

首先确定一个阈值，将大于该阈值的像素值设置为 255，小于该阈值的像素值设置为 0。处理后的图像将只有两个像素值，即 0 和 255，它们是黑白颜色值，这样灰度图像就被转换成黑白图像（也称为二值图像）。二值化技术可用于从图像中提取显著信息，例如，从扫描文档中通过光学字符识别（Optical Character Recognition，OCR）提取字符。

OpenCV 支持以下类型的阈值技术。

3.6.1　简单阈值法

在简单阈值法中，我们手动选择阈值 T，所有大于该阈值的像素都设置为 255，所有小

于或等于 T 的像素都设置为 0。

有时，进行逆二值化也是很有帮助的，即将大于阈值的像素设置为 0，小于阈值的像素设置为 255。

我们来探讨如何利用 OpenCV 的 cv2.threshold() 函数对图像进行二值化处理，此函数接受以下参数：

- 需要二值化处理的原始灰度图像。
- 阈值 T。
- 如果像素值大于阈值，将设置的最大值。
- 阈值方法，如 cv2.THRESH_BINARY 或 cv2.THRESH_BINARY_ INV。

threshold 函数返回一个包含阈值和二值化图像的元组。

代码清单 3-16 可将灰度图像转换为二值化图像。

代码清单 3-16 用简单阈值法二值化图像

```
Filename: Listing_3_16.py
1   import cv2
2   import numpy as np
3
4   # Load an image
5   image = cv2.imread("images/scanned_doc.png")
6   # convert the image to grayscale
7   image = cv2.cvtColor(image, cv2.COLOR_BGR2GRAY)
8   cv2.imshow("Original Grayscale Receipt", image)
9
10  # Binarize the image using thresholding
11  (T, binarizedImage) = cv2.threshold(image, 60, 255, cv2.THRESH_BINARY)
12  cv2.imshow("Binarized Receipt", binarizedImage)
13
14  # Binarization with inverse thresholding
15  (Ti, inverseBinarizedImage) = cv2.threshold(image, 60, 255, cv2.
    THRESH_BINARY_INV)
16  cv2.imshow("Inverse Binarized Receipt", inverseBinarizedImage)
17  cv2.waitKey(0)
```

代码清单 3-16 展示了两种二值化方法：简单二值化和逆二值化。第 5 行加载图像，第 8 行将图像转换为灰度图像，因为 threshold 函数的输入应该是灰度图像。

第 11 行调用 OpenCV 的 cv2.threshold() 函数，并将灰度图像、阈值、最大像素值和阈值化方法 cv2.THRESH_BINARY 作为参数传递。cv2.threshold() 函数返回一个元组，元组中包含应用的阈值和二值化图像。在上一示例中，对于值大于 60 的所有像素，像素值将被设置为最大值 255，对于值等于或小于 60 的那些像素，像素值将被设置为 0。

第 15 行与第 11 行相似，但是第 15 行中 threshold() 函数的最后一个参数是 cv2.THRESH_BINARY_INV。通过传递 cv2.THRESH_BINARY_INV，我们指示 threshold() 函数执行与

cv2.THRESH_BINARY 函数相反的操作：如果像素强度小于 60，则将像素值设置为 255；否则，将其设置为 0。

原始图像以及两种阈值方法的图像输出如图 3-50 至图 3-52 所示。

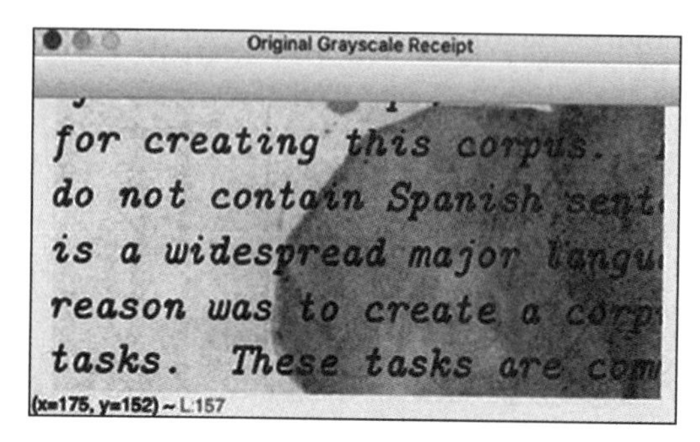

图 3-50　带有深色背景污点的原始灰度图像

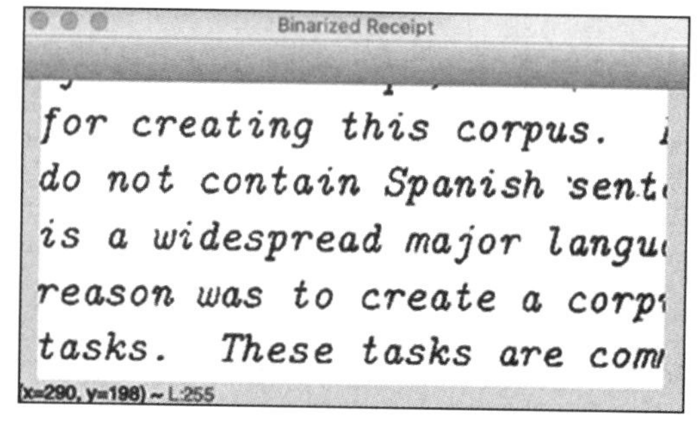

图 3-51　简单阈值法的二值化图像

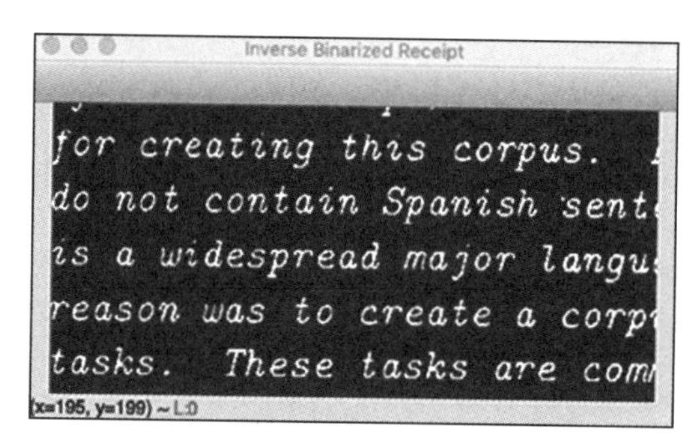

图 3-52　简单阈值法逆二值化图像

为了演示，我们选取了一份严重染色文档的扫描图像（见图 3-50），并使用简单阈值法对其进行二值化处理。cv2.THRESH_BINARY 生成带有白色背景的黑色文本，cv2.THRESH_BINARY_INV 在黑色背景上创建带有白色文本的图像。

在简单阈值法中，会将全局阈值应用于图像中的所有像素。另外，全局阈值是已知的。如果需要处理大量图像，并且希望根据图像类型和强度变化调整阈值，则简单阈值法可能不是理想的方法。

下面，我们将研究其他阈值方法：自适应阈值法和 Otsu 方法。

3.6.2　自适应阈值法

自适应阈值法可以对具有不同像素强度的灰度图像进行二值化，因为单一阈值无法从图像中提取信息。在自适应阈值法中，算法利用像素周围的区域确定像素阈值，同一图像中的不同区域将获得不同的阈值。当图像的像素强度变化时，自适应阈值法往往比简单阈值法能提供更好的结果。

代码清单 3-17 展示了利用自适应阈值法对灰度图像进行二值化的过程。

代码清单 3-17 用自适应阈值法二值化图像

```
Filename: Listing_3_17.py
1   import cv2
2   import numpy as np
3
4   # Load an image
5   image = cv2.imread("images/boat.jpg")
6   # convert the image to grayscale
7   image = cv2.cvtColor(image, cv2.COLOR_BGR2GRAY)
8
9   cv2.imshow("Original Grayscale Image", image)
10
11  # Binarization using adaptive thresholding and simple mean
12  binarized = cv2.adaptiveThreshold(image, 255, cv2.ADAPTIVE_THRESH_
    MEAN_C, cv2.THRESH_BINARY, 7, 3)
13  cv2.imshow("Binarized Image with Simple Mean", binarized)
14
15  # Binarization using adaptive thresholding and Gaussian Mean
16  binarized = cv2.adaptiveThreshold(image, 255, cv2.ADAPTIVE_THRESH_
    GAUSSIAN_C, cv2.THRESH_BINARY_INV, 11, 3)
17  cv2.imshow("Binarized Image with Gaussian Mean", binarized)
18
19  cv2.waitKey(0)
```

我们以具有不同程度的阴影和颜色强度的图像为例，利用自适应阈值法将图像转换为二值图像。

同样，第 5 行加载图像。由于阈值函数的输入是灰度图像，因此第 7 行将图像转换为灰度图像。

第 12 行实际上使用 OpenCV 的 cv2.adaptiveThreshold() 函数执行二值化处理，此函数接受以下参数：

- 需要二值化的灰度图像。
- 最大值。
- 计算阈值的方法（稍后提供更多信息）。
- 二值化方法，如 cv2.THRESH_BINARY 或 cv2.THRESH_BINARY_INV。
- 计算阈值时要考虑的邻域大小。
- 从计算出的阈值中减去的常数 C。

在本例中，第 12 行使用 cv2.ADAPTIVE_THRESH_MEAN_C 根据周围像素的均值计算像素的阈值，邻域大小为 7×7，第 12 行的最后一个参数 3 是从计算的阈值中减去的常量。

第 16 行与第 12 行相似，不同之处是利用 cv2.ADAPTIVE_GAUSSIAN_C 函数来表示利用周围所有像素的加权均值计算像素阈值。

图 3-53 到图 3-55 显示了代码清单 3-17 的一些示例输出。

图 3-53 原始图像

图 3-54 简单均值自适应阈值法的二值化图像

图 3-55 高斯均值自适应阈值法的二值化图像

3.6.3 Otsu 二值化

在简单阈值法中，我们选择一个任意选取的全局阈值。实际中，获取正确的阈值比较困难，所以需要多做几次试错实验才能得到正确的阈值。即使获得了理想阈值，它也可能不适用于具有不同像素强度特征的其他图像。

Otsu 方法根据图像直方图确定最佳的全局阈值，我们将在第 4 章介绍更多关于直方图的知识。现在，只需将直方图当作像素值的频率分布。

为了执行 Otsu 二值化，我们在 cv2.threshold() 函数中传递 cv2.THRESH_OTSU 作为一个额外的标志。例如，在 threshold() 函数中，我们传递 cv2.THRESH_BINARY+cv2.THRESH_OTSU，表示采用了 Otsu 方法。threshold() 方法需要阈值。当采用 Otsu 方法时，我们传递一个任意值（可以是 0），算法自动计算阈值并作为输出之一返回。

代码清单 3-18 展示了使用 Otsu 二值化方法的代码示例。

代码清单 3-18 Otsu 二值化

```
Filename: Listing_3_18.py
import cv2
import numpy as np

# Load an image
```

```
5    image = cv2.imread("images/scanned_doc.png")
6    # convert the image to grayscale
7    image = cv2.cvtColor(image, cv2.COLOR_BGR2GRAY)
8    cv2.imshow("Original Grayscale Receipt", image)
9
10   # Binarize the image using thresholding
11   (T, binarizedImage) = cv2.threshold(image, 0, 255, cv2.THRESH_
     BINARY+cv2.THRESH_OTSU)
12   print("Threshold value with Otsu binarization", T)
13   cv2.imshow("Binarized Receipt", binarizedImage)
14
15   # Binarization with inverse thresholding
16   (Ti, inverseBinarizedImage) = cv2.threshold(image, 0, 255, cv2.THRESH_
     BINARY_INV+cv2.THRESH_OTSU)
17   cv2.imshow("Inverse Binarized Receipt", inverseBinarizedImage)
18   print("Threshold value with Otsu inverse binazarion", Ti)
19   cv2.waitKey(0)
```

代码清单 3-18 中的代码示例与代码清单 3-16 中的代码几乎相同，但有以下例外：

- 第 11 行使用一个额外的标志 cv2.THRESH_OTSU，以及 cv2.THRESH_BINARY，传递 0 为阈值。
- 第 16 行使用 cv2.THRESH_OTSU 和 cv2.THRESH_BINARY_INV 标志，阈值再次设置为 0。
- 第 12 行和第 18 行利用 print 语句打印计算出的阈值。图 3-56 显示了这些 print 语句的输出示例。

图 3-57 到图 3-59 显示了 Otsu 的输出示例。

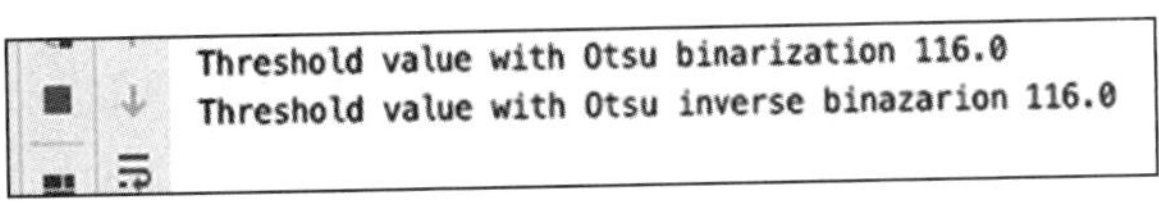

图 3-56　用 Otsu 法计算的阈值输出

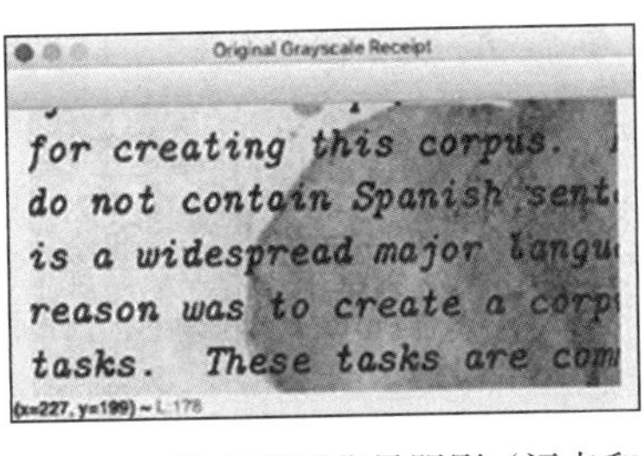

图 3-57　具有不同背景阴影（污点和暗斑）的原始图像

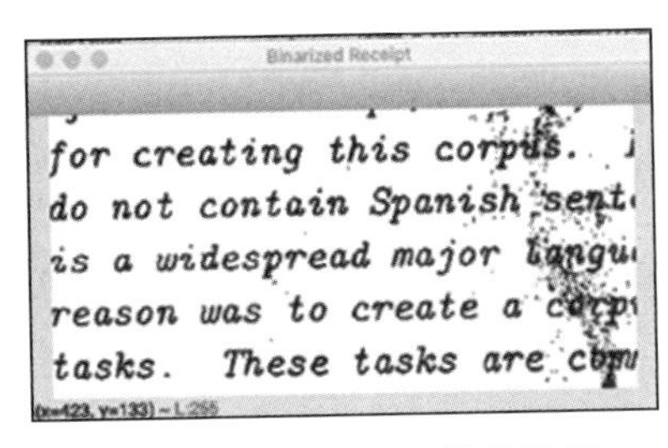

图 3-58　Otsu 法的二值化结果

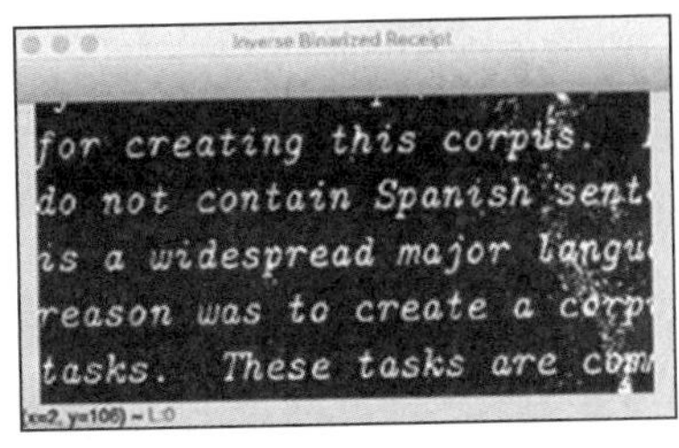

图 3-59　Otsu 法的逆二值化结果

二值化技术是从图像中提取显著特征的一种有效的图像处理技术，本节介绍了不同的二值化方法，以及基于像素强度及其变化的二值化法的用法。3.7 节将介绍另一种强大的图像处理技术，即**边缘检测**。

3.7 梯度和边缘检测

边缘检测涉及在图像中寻找像素亮度变化明显点的一系列方法。我们将介绍两种寻找图像边缘的方法：寻找梯度和 Canny 边缘检测。

OpenCV 提供了以下两种寻找梯度的方法。

3.7.1 Sobel 导数

Sobel 法是高斯平滑和 Sobel 微分的结合，它可以计算图像强度的梯度近似值。由于使用高斯平滑，因此这种方法是抗噪声的。

通过分别传递参数 xorder 和 yorder，我们可以求得水平或垂直方向的导数。Sobel() 函数的另一个参数 ksize 用来定义核大小。如果将 ksize 设置为 −1，OpenCV 将在内部应用一个 3 × 3 的 Schar 滤波器，这通常比 3 × 3 Sobel 滤波器的效果更好。

我们将通过代码清单 3-19 探讨 Sobel 函数。

代码清单 3-19 Sobel 和 Schar 梯度检测

```
Filename: Listing_3_19.py
import cv2
import numpy as np
# Load an image
image = cv2.imread("images/sudoku.jpg")
cv2.imshow("Original Image", image)
image = cv2.cvtColor(image, cv2.COLOR_BGR2GRAY)
image = cv2.bilateralFilter(image, 5, 50, 50)
cv2.imshow("Blurred image", image)

# Sobel gradient detection
sobelx = cv2.Sobel(image,cv2.CV_64F,1,0,ksize=3)
sobelx = np.uint8(np.absolute(sobelx))
sobely = cv2.Sobel(image,cv2.CV_64F,0,1,ksize=3)
sobely = np.uint8(np.absolute(sobely))

cv2.imshow("Sobel X", sobelx)
cv2.imshow("Sobel Y", sobely)

# Schar gradient detection by passing ksize = -1 to Sobel function
scharx = cv2.Sobel(image,cv2.CV_64F,1,0,ksize=-1)
scharx = np.uint8(np.absolute(scharx))
```

```
22  schary = cv2.Sobel(image,cv2.CV_64F,0,1,ksize=-1)
23  schary = np.uint8(np.absolute(schary))
24  cv2.imshow("Schar X", scharx)
25  cv2.imshow("Schar Y", schary)
26
27  cv2.waitKey(0)
```

我们通过查看这段代码来理解梯度的概念。

第 4 行只是从磁盘加载图像，第 7 行使用双边滤波器来降低噪声。图 3-60 所示为原始输入图像，图 3-61 所示为平滑后的图像，这个图像用作 Sobel 和 Schar 梯度检测函数的输入。

梯度检测从第 11 行开始。我们采用 cv2.Sobel() 函数，它接受以下参数：

- 需要检测梯度的平滑图像。
- 数据类型cv2.CV_64F，它是 64 位浮点型。由于从黑色到白色的过渡被认为是正斜率，而从白色到黑色的过渡是负斜率，8 位无符号整数不能表示负数，因此，我们需要使用 64 位浮点数；否则，当从白色过渡到黑色时，我们将丢失梯度。
- 第三个参数表示是否要计算 X 方向的梯度，值 1 表示要计算 X 方向的梯度。
- 第四个参数指示是否计算 Y 方向上的梯度，1 表示“是”，0 表示“否”。
- 第五个参数 ksize 定义核大小，ksize=5 表示核大小为 5 × 5。

如果想在第 11 行上确定 X 方向上的梯度，需要将 cv2.Sobel() 函数中的第三个参数设置为 1，将第四个参数设置为 0。

第 12 行获取梯度的绝对值，并将其转换成 8 位无符号整数。请记住，图像表示为 8 位无符号整数 NumPy 数组。

第 13 行与第 11 行类似，但是第三个参数设置为 0，第四个参数设置为 1，以指示 Y 方向上的梯度计算。

如前所述，第 14 行将 64 位浮点值转换为 8 位无符号整数。

图 3-62 和图 3-63 显示了第 16 行和第 17 行的输出，可以看到，在 X 和 Y 方向上的边缘检测结果并不清晰。我们尝试进行简单的改进，以观察其对边缘锐度的影响。

图 3-60 原始图像

图 3-61 平滑后的图像

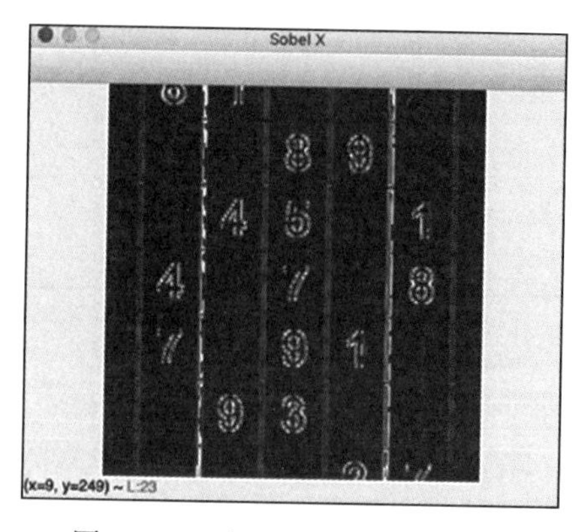

图 3-62　*X* 方向的 Sobel 边缘检测

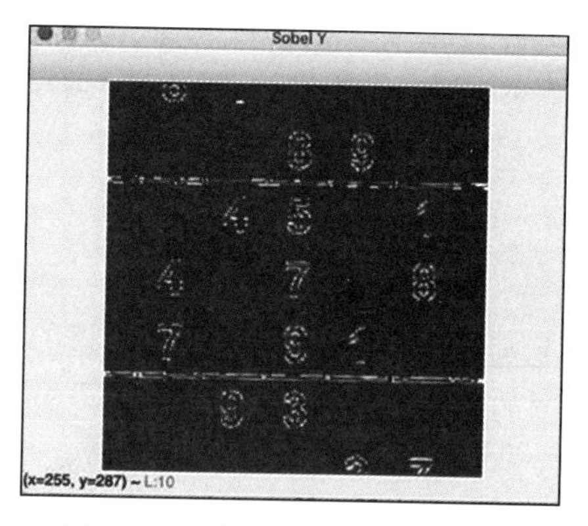

图 3-63　*Y* 方向的 Sobel 边缘检测

第 20 行到第 23 行类似于第 11 行到第 14 行。不同之处在于 ksize 的值是 −1，这指示 OpenCV 在内部调用核大小为 3 × 3 的 Schar 函数。可以看到，边缘的锐度比使用 Sobel 函数时的要好得多。图 3-64 和图 3-65 是图 3-61 所示图像的 Schar 滤波结果。

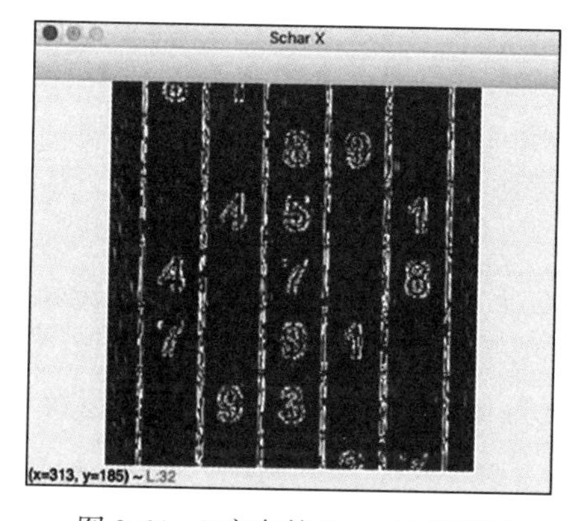

图 3-64　*X* 方向的 Schar 边缘检测

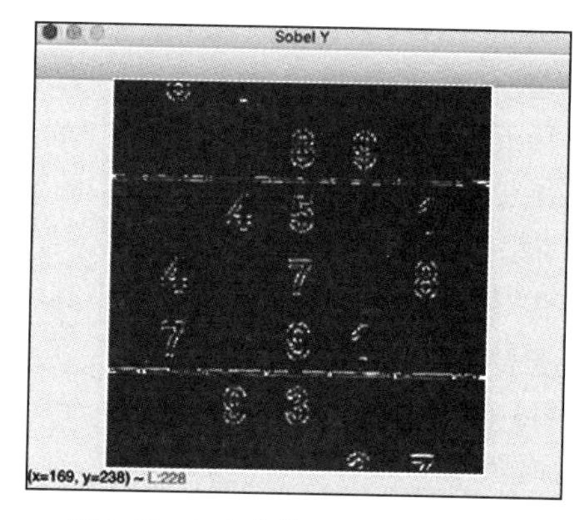

图 3-65　*Y* 方向的 Schar 边缘检测

Sobel 和 Schar 计算沿 *X* 和 *Y* 方向的梯度大小，利用梯度大小就能够确定沿水平和垂直方向的边缘。

3.7.2　拉普拉斯导数

拉普拉斯算子通过计算像素强度的二阶导数来确定图像边缘，拉普拉斯算子根据以下公式计算梯度：

$$\text{Laplace}(f)=\frac{\partial^2 f}{\partial x^2}+\frac{\partial^2 f}{\partial y^2} \tag{3.2}$$

OpenCV 提供的 cv2.Laplacian() 函数可计算边缘检测梯度，此函数接受以下参数：

- ❑ 需要检测边缘的图像。
- ❑ 数据类型，通常为 cv2.CV_64F，用于保存浮点值。

代码清单 3-20 展示了利用拉普拉斯函数进行边缘检测的代码。

第 5 行加载图像，第 6 行将图像转换为灰度图像，第 8 行使用双边滤波平滑图像。

第 12 行调用 cv2.Laplacian() 函数进行梯度计算以检测图像中的边缘。同样，我们传递了 CV_64F 数据类型，以在从白色过渡到黑色时保存可能的梯度负值。

第 13 行将 64 位浮点值转换为 8 位无符号整数。

代码清单 3-20　基于拉普拉斯导数的边缘检测

```
Filename: Listing_3_20.py
1     import cv2
2     import numpy as np
3
4     # Load an image
5     image = cv2.imread("images/sudoku.jpg")
6     image = cv2.cvtColor(image, cv2.COLOR_BGR2GRAY)
7
8     image = cv2.bilateralFilter(image, 5, 50, 50)
9     cv2.imshow("Blurred image", image)
10
11    # Laplace function for edge detection
12    laplace = cv2.Laplacian(image,cv2.CV_64F)
13    laplace = np.uint8(np.absolute(laplace))
14
15    cv2.imshow("Laplacian Edges", laplace)
16
17    cv2.waitKey(0)
```

图 3-66 展示了 Laplacian() 函数的示例结果。

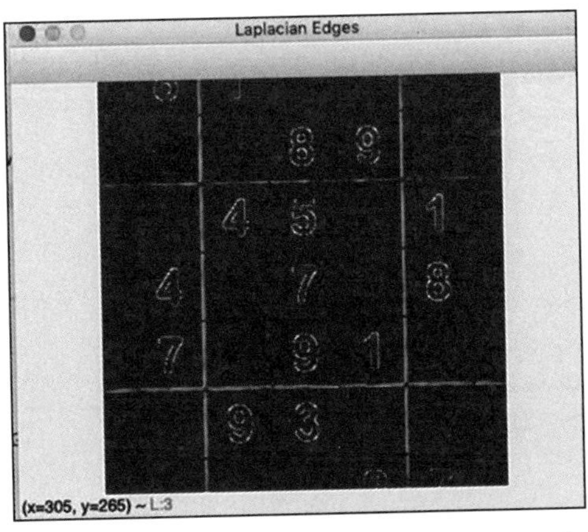

图 3-66　基于拉普拉斯导数的边缘检测结果

3.7.3　Canny 边缘检测

Canny 边缘检测是图像处理中最常用的边缘检测方法之一。Canny 边缘检测是一个多步骤的过程，它首先平滑图像以降低噪声，然后计算 X 和 Y 方向上的 Sobel 梯度，抑制计算非最大值的边缘，最后通过应用滞后阈值来确定像素是否“类似边缘”。

OpenCV 的 cv2.canny() 函数将上述所有步骤封装到一个函数中。利用 Canny 函数进行边缘检测的示例，参见代码清单 3-21。

代码清单 3-21　Canny 边缘检测

```
Filename: Listing_3_21.py
1   import cv2
2   import numpy as np
3
4   # Load an image
5   image = cv2.imread("images/sudoku.jpg")
6   image = cv2.cvtColor(image, cv2.COLOR_BGR2GRAY)
7   cv2.imshow("Blurred image", image)
8
9   # Canny function for edge detection
10  canny = cv2.Canny(image, 50, 170)
11  cv2.imshow("Canny Edges", canny)
12
13  cv2.waitKey(0)
```

代码清单 3-21 中重要的一行是第 10 行，它调用 cv2.Canny() 函数，并将最小和最大阈值传递给需要检测边缘的图像。任何大于最大阈值的梯度值都被视为边缘，任何小于最小阈值的梯度值都不被视为边缘。根据边缘的强度变化，考虑边缘之间的梯度值。

图 3-67 显示了 Canny 边缘检测器的示例输出。请注意，Canny 边缘检测的边缘非常清晰。

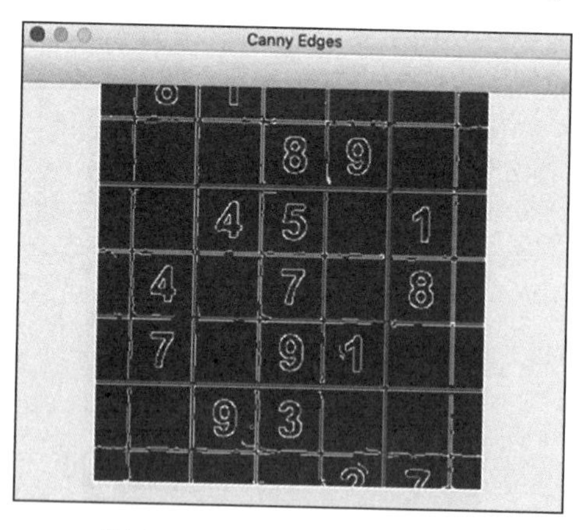

图 3-67　Canny 边缘检测结果

3.8　轮廓

轮廓是一系列相同强度的连续点组成的曲线，确定轮廓对于目标识别、人脸检测和识别具有重要意义。

如果要检测图像轮廓，我们需要执行以下操作：

1）将图像转换为灰度图像。

2）使用阈值方法对图像进行二值化处理。

3）采用 Canny 边缘检测方法。

4）利用 findContours() 方法查找图像中的所有轮廓。

5）最后，利用 drawContours() 函数绘制轮廓。

代码清单 3-22 中展示了图像的轮廓检测和绘制过程。

代码清单 3-22　轮廓检测和绘制

```
Filename: Listing_3_22.py
1    import cv2
2    import numpy as np
3
4    # Load an image
5    image = cv2.imread("images/sudoku.jpg")
6    image = cv2.cvtColor(image, cv2.COLOR_BGR2GRAY)
7    cv2.imshow("Blurred image", image)
8
9    # Binarize the image
10   (T,binarized) = cv2.threshold(image, 0, 255, cv2.THRESH_BINARY_
     INV+cv2.THRESH_OTSU)
11   cv2.imshow("Binarized image", binarized)
12
13   # Canny function for edge detection
14   canny = cv2.Canny(binarized, 0, 255)
15   cv2.imshow("Canny Edges", canny)
16
17   (contours, hierarchy) = cv2.findContours(canny,cv2.RETR_EXTERNAL,
     cv2.CHAIN_APPROX_SIMPLE)
18   print("Number of contours determined are ", format(len(contours)))
19
20   copiedImage = image.copy()
21   cv2.drawContours(copiedImage, contours, -1, (0,255,0), 2)
22   cv2.imshow("Contours", copiedImage)
23   cv2.waitKey(0)
```

第 5 行加载图像，第 6 行将图像转换为灰度图像，第 10 行使用 Otsu 方法对图像进行二值化处理。第 14 行使用 Canny 函数计算边缘检测的梯度。

第 17 行调用 OpenCV 的 cv2.findContours() 函数来确定轮廓。此函数的参数如下：

- 第一个参数是要采用 Canny 函数检测边缘的图像。
- 第二个参数 cv2.RET_EXTERNAL 决定了我们感兴趣的轮廓类型。cv2.RET_EXTERNAL 仅检索最外层轮廓。我们还可以使用 cv2.RET_LIST 来检索所有轮廓，cv2.RET_COMP 和

cv2.RET_TREE 检索多层次轮廓。

- 第三个参数 cv2.CHAIN_APPROAX_SIMPLE 表示删除冗余点并压缩轮廓，从而节省了内存。cv2.CHAIN_APPROAX _NONE 存储轮廓的所有点（需要更多内存来存储它们）。

此函数的输出是一个元组，其中包含以下项：

- 元组的第一项是图像中所有轮廓的 Python 列表。每个单独的轮廓都是目标边界点坐标 (x,y) 的 NumPy 数组。
- 输出元组的第二项是轮廓层次。

第 18 行正在打印识别的轮廓数。

绘制轮廓

我们使用 cv2.drawContours() 函数绘制轮廓（代码清单 3-22 的第 21 行）。以下是此函数的参数：

- 第一个参数是要绘制轮廓的图像。
- 第二个参数是所有轮廓点的列表。
- 第三个参数是要绘制的轮廓的索引。如果要绘制第一个轮廓，则传递索引 0。类似地，传递 1 以绘制第二个轮廓，依此类推。如果要绘制所有轮廓，则将 −1 传递给此参数。
- 第四个参数是轮廓的颜色。
- 第五个参数是轮廓的粗细。

图 3-68 到图 3-70 显示了代码清单 3-22 的一些示例输出。

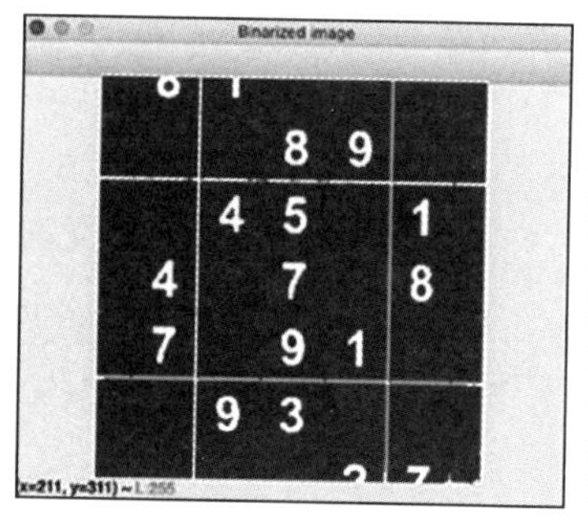

图 3-68 平滑的图像

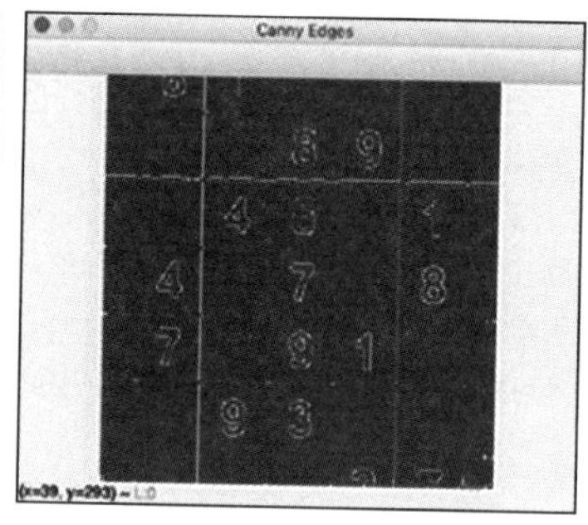

图 3-69 基于 Canny 函数的轮廓

图 3-70 在原始图像上绘制轮廓

3.9 总结

本章探讨了与计算机视觉应用相关的图像处理技术，介绍了各种图像变换方法，如调整尺寸、旋转、翻转和裁剪，还介绍了如何对图像进行算术和位运算。此外，本章还介绍了一些强大而实用的图像处理功能，如掩码、降噪、二值化、边缘和轮廓检测。

我们将在后面的章节中使用这些图像处理技术，特别是在介绍机器学习的特征提取和工程应用时。

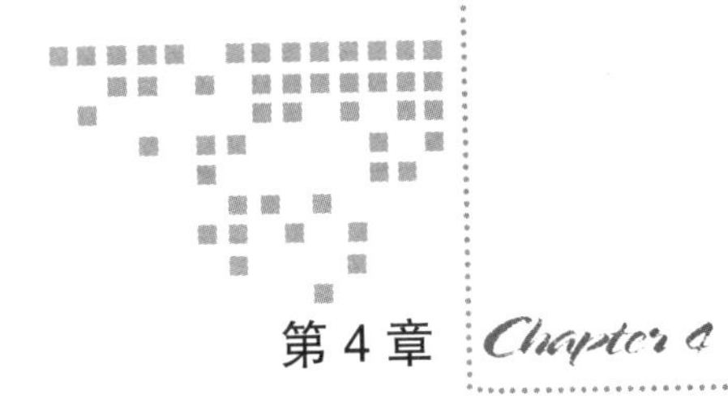

第 4 章 Chapter 4

构建基于机器学习的计算机视觉系统

第 3 章介绍了各种图像处理技术，本章将讨论开发基于机器学习的计算机视觉系统的步骤。本章内容是第 5 章内容的入门基础，第 5 章主要介绍各种深度学习算法，以及如何使用 Python 编写代码以在 TensorFlow 上执行。

4.1 图像处理流水线

计算机视觉（Computer Vision，CV）是计算机捕捉和分析图像并对其进行解释和决策的能力。例如，CV 可用于检测和识别图像，并识别其中的模式或目标。**人工智能**（Artificial Intelligence，AI）系统接收图像、处理图像、提取特征并对其进行解释。换句话说，图像从一个系统或组件移动到另一个系统或组件，并被转换成各种形式，以便机器识别模式并检测其中的目标。

图像是通过各组件进行处理的，这些组件执行各种类型的转换，从而生成最终结果。这个过程被称为**图像处理流水线**或**计算机视觉流水线**，图 4-1 显示了处理流水线的高级视图。

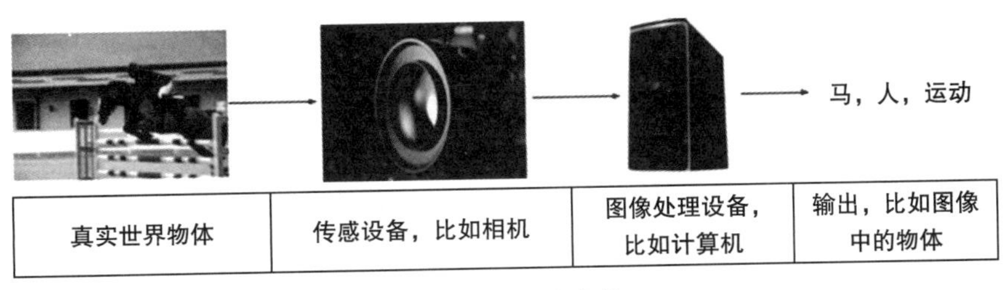

图 4-1 图像流水线

如图 4-1 所示，现实世界中的物体被传感设备（如相机）捕获，并转换成数字图像。这些数字图像经计算机系统处理，生成最终输出。输出可能是关于图像本身（图像分类）的，也可能是嵌入在图像中的一些模式和目标的检测结果。例如，在医疗保健行业中，将由 MRI 或 X 射线仪器生成的图像输入图像处理流水线中以检测肿瘤的存在与否。

本书涵盖了进入计算机处理单元的内容以及如何生成输出。我们来了解下计算机系统中的图像处理流水线（见图 4-2）。

图 4-2　计算机视觉中的图像处理流水线

以下是此计算机视觉流水线的简要描述：

- 视觉流水线从图像摄取开始。图像被捕获、被数字化并被存储在计算机的磁盘上。对于视频，图像的数字帧被摄取并存储在磁盘上，我们可以从磁盘上读取和分析图像。在某些情况下，视频帧被从摄像机实时摄取到计算机中。
- 图像被摄取后，它们会经历不同的转换阶段。转换也称为“预处理”，是标准化图像所必需的，转换确保特定用途的所有图像具有相同的尺寸、形状和颜色模式。常用的转换有图像尺寸调整、颜色操作、平移、旋转和裁剪，其他有助于特征提取的高级转换包括图像二值化、阈值化、梯度和边缘检测，有关这些技术的内容请参阅第 3 章。
- 特征提取是视觉流水线的核心组成部分。在机器学习中，我们需要输入一组特征来预测结果或类，没有好的特征集，就不可能有好的机器学习结果。4.2 节将介绍更多关于特征提取的信息，现在只要记住，好的特征集对于任何机器学习系统都很重要。
- 然后是机器学习算法。机器学习有两个阶段。第一阶段将大量的数据输入数学算法中去学习。这种学习算法的结果称为**训练模型**（简称“模型”）。第二阶段将数据集提供给经过训练的模型，以预测结果或类，这个阶段称为**预测**阶段。第 5 章将描述一些流行且高效的机器学习模型，例如 Keras 和 TensorFlow，通过一些代码示例来训练模型并利用这些模型进行预测。
- 视觉流水线的最后一个组成部分是输出，它也是我们希望视觉系统完成的最终目标。

4.2　特征提取

在机器学习中，**特征**是被观察目标或事件的一个可测量的特性。在计算机视觉中，特征是关于图像的区别信息，特征提取是机器学习的一个重要步骤。事实上，机器学习的一切都是围绕特征展开的。因此，为了获得高质量的机器学习结果，识别和提取有区别且独立的特征是至关重要的。

给定一幅车轮图像，尝试确定图像中的车轮是摩托车的还是汽车的。在这种情况下，车轮不是区别特征，我们需要更多的特征，例如车门、车顶等。此外，从个别摩托车或汽车中提取的特征不足以用于实际的机器学习，需要借助事件或特征的重复来建立模型，因为在现实世界中，目标的呈现方式可能与特征的呈现方式不同。因此，重复性是良好特征的重要特性。

在车轮示例中，只有一个特征，但在实际操作中，可能有大量的特征，例如颜色、轮廓、边缘、角度、光照强度等。提取的区别特征越多，建立的模型就越好。

机器学习模型好不好取决于提供给训练模型的特征好不好。问题是如何提取一组好的特征？虽没有万能的解决方案，但是有一些实用的方法可以帮助你完成特征提取任务，部分方法如下：

- 特征必须是有区分度的或可识别的。
- 特征必须不能是混淆重叠的特征。
- 特征必须不能是很少出现的特征。
- 特征在不同条件和视角下应保持一致。
- 特征可以直接识别，也可以通过一些处理技术识别。
- 应该收集大量的样本来建立模型。

4.2.1 如何表示特征

从图像中提取的特征会组成一个向量，称为**特征向量**，我们用一个例子来说明这一点。为了简单起见，我们以灰度图像为例。灰度图像的特征是像素值，灰度图像中的像素可以用二维矩阵表示。每个像素值在 0 ～ 255 之间，如果这些像素值是特征，则特征可以用一维行矩阵（即向量或一维数组）表示，如图 4-3 所示。

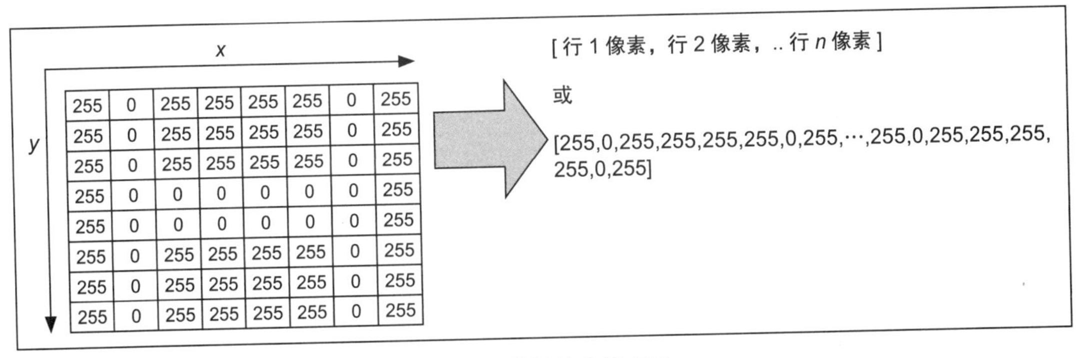

图 4-3 特征的向量表示

对于大多数机器学习算法，我们需要提取特征并将其提供给模型训练算法。一些深度学习算法——如卷积神经网络（Convolutional Neural Network，CNN）——能自动提取特征，然后训练模型。第 5 章详细介绍了深度学习算法以及如何训练计算机视觉模型，下面讨论从图像中提取特征的各种方法。我们将利用 Python 和 OpenCV 编写代码来完成特征提取的示例。

4.2.2 颜色直方图

直方图是图像中像素强度的分布，直方图通常以图形（或图表）的形式可视化表示。直方图的 x 轴表示像素值（或值的范围），y 轴表示特定值或值的范围内像素的频数（或计数），图形的峰值显示像素数最多的颜色。

图像的像素值处于 0 ～ 255 之间，这意味着直方图在 x 轴上有 256 个值，y 轴上的值为这些值对应的像素数。在 x 轴上给出 256 个数字实在太多了，实际应用中，我们将这些像素值划分为“bin”，例如，可以将 x 值划分为 8 个 bin，每个 bin 将有 32 个像素颜色。根据每个 bin 中的像素数来计算 y 值。

那么，为什么要关心直方图呢？因为直方图给出了图像中颜色、对比度和亮度的分布。灰度图像只有一个颜色通道，但 RGB 方案中的彩色图像有三个通道。当绘制彩色图像的直方图时，通常绘制三个直方图，每个通道对应一个直方图，这样才能更好地了解每个彩色通道的强度分布。直方图可以作为机器学习算法的特征，直方图还有一个有趣的用途，那就是增强图像的质量。利用直方图增强图像的技术称为**直方图均衡化**，本章后面将介绍直方图均衡化的更多信息。

1. 如何计算直方图

本节利用 Python 和 OpenCV 来计算直方图，并使用 Matplotlib 包中的 pyplot 来绘制直方图。

OpenCV 提供了一个简单易用的函数来计算直方图，此函数就是 calcHist() 函数：

```
calcHist(images, channels, mask, histSize, ranges, accumulate)
```

此函数具有以下参数：

- images：像素的 NumPy 数组。如果只有一幅图像，只需将 NumPy 变量括在一对方括号内，例如 [image]。
- channels：要计算直方图的通道索引数组。灰度图像的通道索引数组为 [0]，RGB 彩色图像的通道索引数组为 [0,1,2]。
- mask：一个可选参数。如果不提供掩码，将计算图像中所有像素的直方图。如果提供掩码，则只计算掩码像素的直方图。掩码详见第 3 章。
- histSize：这是 bin 的数量。如果将这个值设为 [64,64,64]，这意味着每个通道将有 64 个 bin，不同通道的 bin 大小不同。
- ranges：像素值的范围。对于灰度图像和 RGB 彩色图像来说，通常为 [0, 255]，这个值在其他颜色模型中可能不同，但是在本书中，我们只关注 RGB 图像。
- accumulate：累加标志。如果设置了累加标志，则在分配直方图时，直方图在开始时不会被清除，此功能能够从多组数组中计算单个直方图或及时更新直方图，默认值为 None。

2. 灰度直方图

我们编写一些代码来演示如何计算灰度图像的直方图并将其可视化为图形（见代码清单 4-1）。注意，我们从 Matplotlib 包导入了 pyplot，这是用来绘制直方图的库。

代码清单 4-1　灰度图像的直方图

```
Filename: Listing_4_1.py
1    import cv2
2    import numpy as np
3    from matplotlib import pyplot as plot
4
5    # Read an image and convert it to grayscale
6    image = cv2.imread("images/nature.jpg")
7    image = cv2.cvtColor(image, cv2.COLOR_BGR2GRAY)
8    cv2.imshow("Original Image", image)
9
10   # calculate histogram
11   hist = cv2.calcHist([image], [0], None, [256], [0,255])
12
13   # Plot histogram graph
14   plot.figure()
15   plot.title("Grayscale Histogram")
16   plot.xlabel("Bins")
17   plot.ylabel("Number of Pixels")
18   plot.plot(hist)
19   plot.show()
20   cv2.waitKey(0)
```

代码清单 4-1 的第 11 行计算灰度图像的直方图。请注意，image 变量被放在一对方括号中，因为 cv2.calcHist() 函数接收的是 NumPy 数组。即使只有一幅图像，仍然需要将它包装在一个数组中。

第二个参数 [0] 表示要计算第 0 个颜色通道的直方图，因为只有一个通道，所以只传递数组中的一个索引值：[0]。

第三个参数 None 表示不想提供任何掩码，换句话说，计算所有像素的直方图。

[256] 是 bin 的信息，表示需要 256 个 bin，即每个像素对应一个 bin。除非想对图像像素进行细粒度的分析，否则没必要有太多 bin。在大多数实际应用中，我们希望使用较小的 bin 数，如传递 [32] 或 [64] 等。

最后一个参数 [0，255] 告诉函数像素值在 0 到 255 之间。

hist 变量保存计算输出。如果打印这个变量，将会得到一堆可能不容易理解的数字。为了便于理解，我们以图形的形式绘制直方图。

第 14 行配置空白图，第 15 行命名图。第 16 行和第 17 行分别设置为 x 轴和 y 轴标签。第 18 行绘制实际图形。最后，第 19 行在屏幕上显示直方图。图 4-4 显示了原始图像，图 4-5 显示了输出结果。

图 4-4　原始灰度图

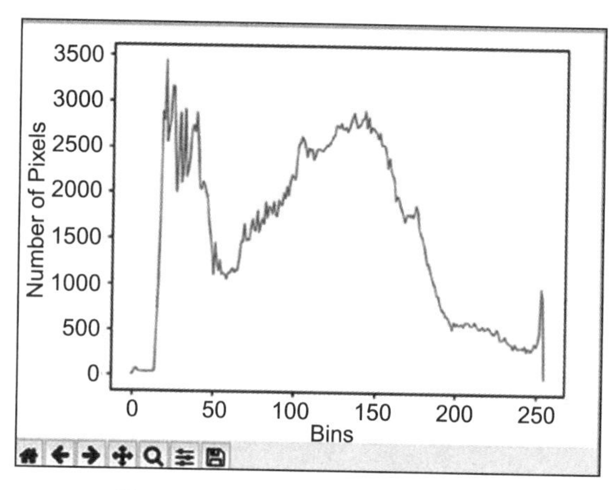

图 4-5　图 4-4 中灰度图像的直方图

你在直方图中看到了什么？最大像素数（3450）对应的颜色值为 20，接近黑色。大多数像素的颜色范围是 100 到 150。

练习　用 32 个 bin 绘制一幅图像的直方图，试着解释输出的直方图。

---

3. RGB 颜色直方图

参考代码清单 4-2 中的程序，探讨如何绘制 RGB 彩色图像的三个通道的直方图。在 RGB 方案中，彩色图像有三个通道。需要注意的是，OpenCV 通过 BGR 序列而不是 RGB 序列维护颜色信息。

在代码清单 4-2 中，第 6 行是通常的图像读取行，它从磁盘读取彩色图像。注意，我们以 BGR 序列创建了一个颜色元组来保存所有通道颜色（第 10 行）。

为什么第 12 行有 for 循环？因为 cv2.calcHist() 函数的第二个参数接受值为 0、1 或 2 的数组。如果传递值 [0]，实际上会指示 calcHist() 函数计算第 0 个索引中颜色通道（即蓝色通道）的直方图。类似地，[1] 指示 calcHist() 函数计算绿色通道的直方图，[2] 指示计算红色通道的直方图。for 循环的第一次迭代是首先计算并绘制蓝色的直方图，第二次迭代绘制绿色通道直方图，最后一次迭代绘制红色通道直方图。

注意，我们已经将 [32] 作为第四个参数传递给 calcHist() 函数，这是为了让函数知道我们要计算的每个直方图都有 32 个 bin。

最后一个参数 [0,256] 给出了颜色值范围。

在第 15 行的 for 循环中，plot() 函数将直方图作为第一个参数，并将可选颜色作为第二个参数。

代码清单 4-2　RGB 彩色图像的三通道直方图

```
Filename: Listing_4_2.py
1    import cv2
2    import numpy as np
```

```
from matplotlib import pyplot as plot

# Read a color image
image = cv2.imread("images/nature.jpg")

cv2.imshow("Original Color Image", image)
#Remember OpenCV stores color in BGR sequence instead of RBG.
colors = ("blue", "green", "red")
# calculate histogram
for i, color in enumerate(colors):
    hist = cv2.calcHist([image], [i], None, [32], [0,256])
    # Plot histogram graph
    plot.plot(hist, color=color)

plot.title("RGB Color Histogram")
plot.xlabel("Bins")
plot.ylabel("Number of Pixels")
plot.show()
cv2.waitKey(0)
```

图 4-6 和图 4-7 展示了代码清单 4-2 的输出。

图 4-6　原始彩色图像

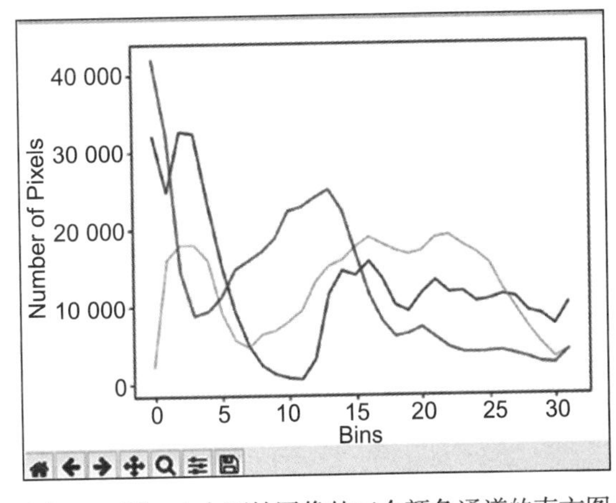

图 4-7　图 4-6 中原始图像的三个颜色通道的直方图

在图 4-7 中，x 轴最多只有 32 个值，因为每个通道仅使用 32 个 bin。

练习　为掩码图像创建直方图。

提示　创建掩码 NumPy 数组，并将此数组作为 cv2.calcHist() 函数的第三个参数传递。创建掩码图像的方法见第 3 章。

4.2.3　直方图均衡器

现在我们已经理解了直方图概念，接着我们来用这个概念增强图像的质量。直方图均衡化是一种调整图像对比度的图像处理技术。如图 4-8 所示，这是一种重新分配像素强度的方法，使得欠填充像素的强度与过填充像素的强度相等。

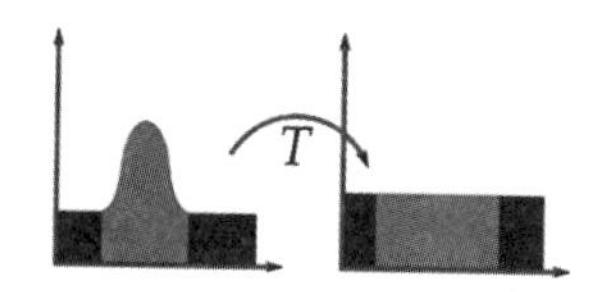

图 4-8 直方图均衡化

我们编写一些代码，观察直方图均衡化的实际效果，代码清单 4-3 中有很多代码，但是如果查看清单的顶部（从第 1 行到第 19 行），会发现这些行与代码清单 4-1 中的相同，它们只是计算和绘制灰度图像的直方图。

第 21 行采用 OpenCV 的 cv2.equalizeHist() 函数获取原始图像并调整其像素强度以增强对比度。

第 22 行到第 33 行计算并显示增强（均衡）图像的直方图。

图 4-9 到图 4-12 显示了代码清单 4-3 的输出以及原始图像和均衡图像的直方图比较。

代码清单 4-3 直方图均衡化

```
Filename: Listing_4_3.py
1   import cv2
2   import numpy as np
3   from matplotlib import pyplot as plot
4
5   # Read an image and convert it into grayscale
6   image = cv2.imread("images/nature.jpg")
7   image = cv2.cvtColor(image, cv2.COLOR_BGR2GRAY)
8   cv2.imshow("Original Image", image)
9
10  # calculate histogram of the original image
11  hist = cv2.calcHist([image], [0], None, [256], [0,255])
12
13  # Plot histogram graph
14  #plot.figure()
15  plot.title("Grayscale Histogram of Original Image")
16  plot.xlabel("Bins")
17  plot.ylabel("Number of Pixels")
18  plot.plot(hist)
19  plot.show()
20
21  equalizedImage = cv2.equalizeHist(image)
22  cv2.imshow("Equalized Image", equalizedImage)
23
24  # calculate histogram of the original image
25  histEqualized = cv2.calcHist([equalizedImage], [0], None, [256],
    [0,255])
```

```python

# Plot histogram graph
#plot.figure()
plot.title("Grayscale Histogram of Equalized Image")
plot.xlabel("Bins")
plot.ylabel("Number of Pixels")
plot.plot(histEqualized)
plot.show()
cv2.waitKey(0)
```

图 4-9 原始灰度图像

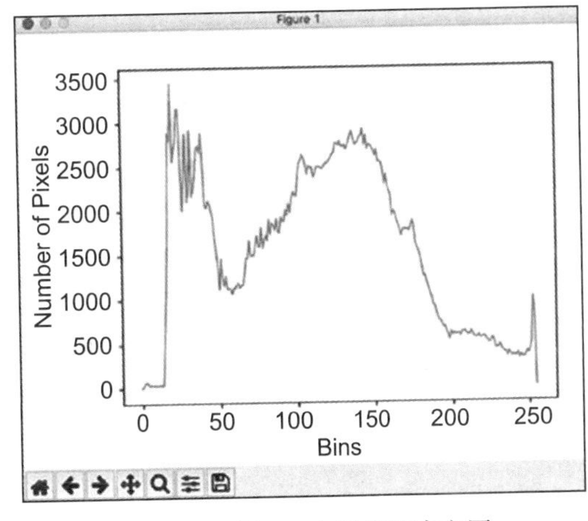

图 4-10 图 4-9 中图像的直方图

图 4-11 增强对比度的均衡图像

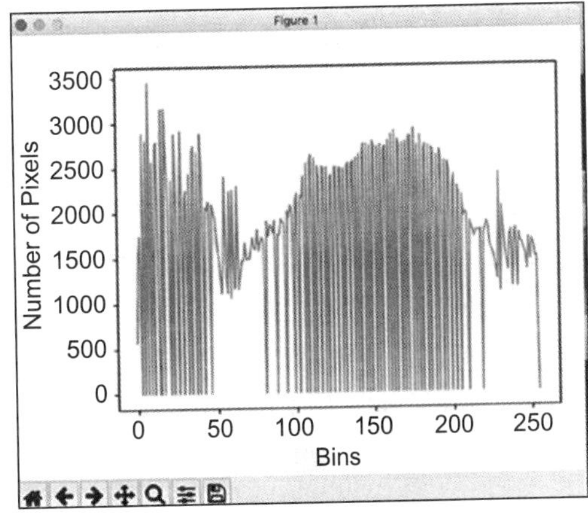

图 4-12 图 4-11 均衡图像的直方图

4.2.4 GLCM

灰度共生矩阵（Gray-Level Co-occurrence Matrix，GLCM）是给定偏移量内同时出现的像素值分布，偏移量是相邻像素的位置变化量（距离和方向），顾名思义，GLCM 是针对灰度图像计算的。

GLCM 计算像素值 i 与像素值 j 水平、垂直或对角线共存的次数。

对于 GLCM 计算，指定偏移距离 d 和角度 θ。角度 θ 可以是 0°(水平)、90°(垂直)、45°(右上对角线）或 135°（左上对角线），如图 4-13 所示。

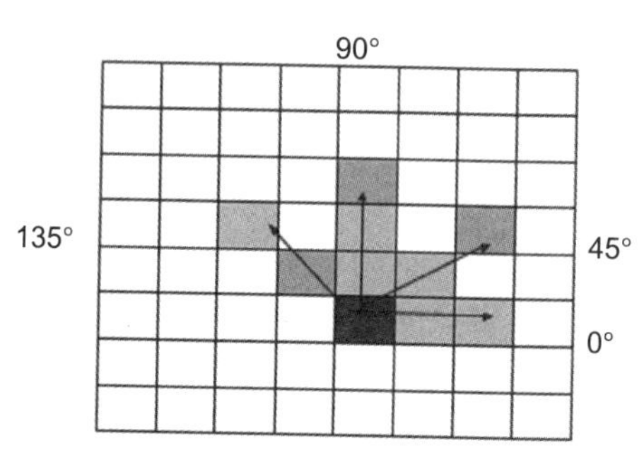

图 4-13 相邻像素位置示意图

GLCM 的重要性在于它提供了图像上空间关系的信息。这与直方图不同，因为直方图不提供有关图像尺寸、像素位置或它们之间关系的任何信息。

尽管 GLCM 是一个非常重要的矩阵，但我们并没有直接将其用作机器学习的特征向量，而是利用 GLCM 计算图像的某些关键统计信息，将这些统计信息用作机器学习训练过程中的特征。我们将在本节介绍这些统计数据以及如何计算它们。

尽管 OpenCV 内部使用了 GLCM，但它并不直接公开任何计算它的函数。为了计算 GLCM，需要采用另一个 Python 库：skimage 的 feature 包。

下面是用于计算 GLCM 的函数的描述：

```
greycomatrix(image, distances, angles, levels, symmetric,normed)
```

greycomatrix() 函数的参数如下：

- ❑ image：灰度图像的 NumPy 表示。记住，图像必须是灰度的。
- ❑ distances：像素对距离偏移量的列表。
- ❑ angles：像素对的角度列表。确保角度单位是弧度（rad）而不是度（°）。
- ❑ levels：可选参数，用于具有 16 位像素值的图像。在大多数情况下，我们采用 8 位图像像素，其值范围为 0 到 255。对于 8 位图像，此参数的最大值为 256。
- ❑ symmetric：可选参数，采用布尔值，值 True 表示输出矩阵是对称的，一般默认为 False。
- ❑ normed：可选参数，采用布尔值，True 表示每个输出矩阵通过除以给定偏移量的累计总数进行归一化，一般默认为 False。

该函数的作用是返回四维数组，这是灰度共生直方图。输出值 $P(i, j, d, \theta)$ 表示灰度 j 在距灰度 i 的距离 d 和角度 θ 处出现的次数。如果 normed 参数为 False（默认值），则输出类型为 uint32（32 位无符号整数）；否则，输出类型为 float64（64 位浮点数）。

代码清单 4-4 展示了利用 skimage 库计算 GLCM 以获取特征统计信息的过程。

代码清单 4-4 利用 greycomatrix( ) 函数进行 GLCM 计算

```
Filename: Listing_4_4.py
1   import cv2
2   import skimage.feature as sk
3   import numpy as np
4
5   #Read an image from the disk and convert it into grayscale
6   image = cv2.imread("images/nature.jpg")
7   image = cv2.cvtColor(image, cv2.COLOR_BGR2GRAY)
8
9   #Calculate GLCM of the grayscale image
10  glcm = sk.greycomatrix(image,[2],[0, np.pi/2])
11  print(glcm)
```

第 10 行通过传递图像 NumPy 变量和距离 [2]，利用 greycomatrix() 计算 GLCM。第三个参数的单位是弧度。pi/2 是 90° 对应的弧度。最后一行打印四维数组。

如前所述，GLCM 不直接用作特征，而是用来计算一些有用的统计信息，让我们了解图像的纹理。下表列出了可以得到的统计信息：

统计量	描　述
对比度	测量 GLCM 中的局部变化
相关度	测量指定像素对的联合概率
能量	提供 GLCM 中像素的平方和，也称为均匀性或角秒矩（Angular Second Moment，ASM）
均匀性	测量 GLCM 中元素分布与 GLCM 对角线的接近程度

以下给出了一些深奥的数学公式，主要用于计算这些统计数据。这些公式的数学推理不在本书讨论范围内。但是，我们鼓励读者探索与这些统计数据相关的数学知识。

$$\text{对比对} = \sum_{i,j=0}^{\text{levels}-1} P_{i,j}(i-j)^2$$

$$\text{差异性} = \sum_{i,j=0}^{\text{levels}-1} P_{i,j}|i-j|$$

$$\text{均匀性} = \sum_{i,j=0}^{\text{levels}-1} \frac{P_{i,j}}{1+(i-j)^2}$$

$$\text{ASM} = \sum_{i,j=0}^{\text{levels}-1} P_{i,j}^2$$

$$\text{能量} = \sqrt{\text{ASM}}$$

$$\text{相关度} = \sum_{i,j=0}^{\text{levels}-1} P_{i,j}\left[\frac{(i-\mu_i)(j-\mu_j)}{\sqrt{(\sigma_i^2)(\sigma_j^2)}}\right]$$

其中，P 是计算指定属性的 GLCM 直方图。$P(i, j, d, \theta)$ 是灰度 j 在距离 d 和与灰度 i 的夹角 θ 处出现的次数。levels 为灰度参数，对于 8 位图像，此值为 256。

利用 skimage 包中的 greycoprops() 函数来计算 GLCM 的统计信息，以下是此函数的定义：

```
greycoprops(P, prop='contrast')
```

第一个参数是 GLCM 直方图（参见代码清单 4-4 的第 10 行）。第二个参数是要计算的属性。我们可以给此参数传递任何属性，比如 contrast、dissimilarity、homogeneity、energy、correlation 和 ASM。

如果不传递第二个参数，它将默认为 contrast。

代码清单 4-5 展示了计算这些统计信息的过程。

代码清单 4-5　从 GLCM 计算图像统计数据

```
Filename: Listing_4_5.py
import cv2
import skimage.feature as sk
import numpy as np

#Read an image from the disk and convert it into grayscale
image = cv2.imread("images/nature.jpg")
image = cv2.cvtColor(image, cv2.COLOR_BGR2GRAY)

#Calculate GLCM of the grayscale image
glcm = sk.greycomatrix(image,[2],[0, np.pi/2])

#Calculate Contrast
contrast = sk.greycoprops(glcm)
print("Contrast:",contrast)

#Calculate 'dissimilarity'
dissimilarity = sk.greycoprops(glcm, prop='dissimilarity')
print("Dissimilarity: ", dissimilarity)

#Calculate 'homogeneity'
homogeneity = sk.greycoprops(glcm, prop='homogeneity')
print("Homogeneity: ", homogeneity)

#Calculate 'ASM'
ASM = sk.greycoprops(glcm, prop='ASM')
print("ASM: ", ASM)

#Calculate 'energy'
energy = sk.greycoprops(glcm, prop='energy')
print("Energy: ", energy)
```

```
#Calculate 'correlation'
correlation = sk.greycoprops(glcm, prop='correlation')
print("Correlation: ", correlation)
```

代码清单 4-5 展示了如何使用 greycoprops() 函数并将不同的参数传递给 prop 来计算对应的统计信息。图 4-14 显示了代码清单 4-5 的输出。

```
Contrast: [[291.1180688  453.41833488]]
Dissimilarity: [[ 9.21666213 12.22730486]]
Homogeneity: [[0.32502798 0.23622148]]
ASM: [[0.00099079 0.00055073]]
Energy: [[0.03147683 0.02346761]]
Correlation: [[0.95617083 0.93159765]]
```

图 4-14 GLCM 的各种统计数据

4.2.5 HOG

方向梯度直方图（Histograms of Oriented Gradients，HOG）是计算机视觉和机器学习中用于目标检测的重要特征描述符。HOG 描述图像中物体的结构形状和外观，HOG 算法计算图像局部区域的梯度方向。

HOG 算法分为五个阶段，如下所述。

1. 第一阶段：全局图像归一化

这是一个可选的阶段，只在减少光照效果影响时需要。在此阶段，通过下列任意方法对图像进行全局归一化：

- **gamma（幂律）压缩**：应用 log（p）来改变每个像素值 p。这种方法会过度压缩像素，不推荐这样做。
- **平方根归一化**：每个像素值 p 更改为 $\sqrt{p}$（像素值的平方根）。这种方法对像素的压缩程度小于 gamma 压缩，被认为是首选的归一化方法。
- **方差归一化**：对于大多数机器学习，与其他两种方法相比，采用方差归一化方法可以获得更好的结果。这种方法首先计算像素值的均值（μ）和标准差（σ），然后根据以下公式对每个像素 p 进行归一化：

$$T_p = (p - \mu) / \sigma$$

2. 第二阶段：计算 *x* 和 *y* 方向的梯度图像

第二阶段计算一阶图像梯度，以获取轮廓、剪影和一些纹理信息。如果需要捕捉条形特征（例如人类的肢体），还需要计算二阶图像梯度。代码清单 3-19 和代码清单 3-20（见 3.7 节）展示了如何计算 x 和 y 方向上的梯度。假设 x 方向上的梯度为 G_x，y 方向上的梯度为 G_y，则采用以下公式计算梯度大小：

$$|G|=\sqrt{G_x^2+G_y^2}$$

最后，根据以下公式计算梯度方向：

$$\theta=\arctan(G_y/G_x)$$

一旦计算了梯度大小和方向，就可以计算直方图了。

3. 第三阶段：计算梯度直方图

将图像划分成若干空间区域，这些空间区域被称为**单元格**。利用前面的 $|G|$ 和 θ 公式，我们在每个**单元格**的所有像素上累积梯度或边缘方向的局部一维直方图。每个方向直方图将梯度角度范围划分为固定数量的预定 bin 数。将单元格中像素的梯度大小映射到方向直方图中，映射权重就是给定像素处的梯度大小 $|G|$。

4. 第四阶段：跨块归一化

将少量单元格组合在一起形成一个方形块，整个图像现在被划分为块（由一组单元格组成）。块和块之间通常会共享单元格。因此，单元格在最终输出向量中以不同的归一化形式多次出现，然后这些局部块进行归一化。这通常是通过在局部块内累积局部直方图“能量”来执行的。这些归一化的块描述符就是 HOG，图 4-15 展示了块的形成过程。

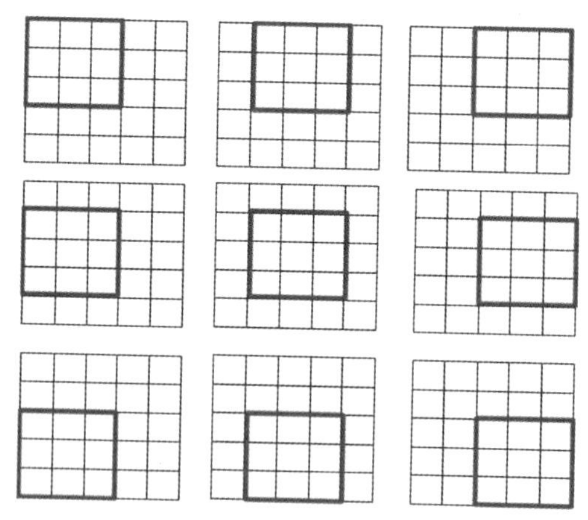

图 4-15　组合单元格以形成块（3 × 3 块）

5. 第五阶段：展平为特征向量

在所有的块被归一化后，将得到的直方图连接起来以构建最终的特征向量。

如果所有关于 HOG 的细节都看起来让人难以理解，请不要担心。我们不需要自己编写代码来实现这些功能，有几个库提供了轻松计算 HOG 的函数。

我们将利用 scikit-image 库来计算图像的 HOG，scikit-image 库的 skimage 包中的子包 feature 提供了一种计算 HOG 的便利方法，函数签名如下：

```
out, hog_image = hog(image, orientations=9, pixels_per_cell=(8, 8),
cells_per_block=(3, 3), block_norm='L2-Hys', visualize=False,
transform_sqrt=False, feature_vector=True, multichannel=None)
```

各参数说明如下：

- image：输入图像的 NumPy 表示。
- orientations：方向 bin 的数量，默认为 9。
- pixels_per_cell：每个单元格中的像素数，表示为元组；默认为 8×8 单元格大小的像素数，即（8,8）。
- cells_per_block：每个块中的单元格数，表示为元组；它默认为（3,3），表示 3×3 个单元格。
- block_norm：块归一化方法，表示为字符串，它的值为 L1、L1-sqrt、L2、L2-Hys。这些归一化字符串如下所述：
  - L1，使用 L1 范数通过以下公式进行归一化：

$$L1=\sum_{r=1}^{n}|X_r|$$

  - L1-sqrt，L1 归一化值的平方根，它使用以下公式进行归一化：

$$L1\text{-sqrt}=\sqrt{\sum_{r=1}^{n}|X_r|}$$

  - L2，使用 L2 范数通过以下公式进行归一化：

$$L2=\sqrt{\sum_{r=1}^{n}|X_r|^2}$$

  - L2-Hys，参数 block_norm 的默认值。L2-Hys 的计算方法是，首先采用 L2 归一化，将结果限制为最大值 0.2，然后重新计算 L2 归一化。
- visualize：如果设置为 True，则函数返回 HOG 的图像，其默认值设置为 False。
- Transform_sqrt：如果设置为 True，该函数将在处理前应用幂律压缩来实现归一化图像。
- feature_vector：默认值为 True，指示函数将输出数据作为特征向量返回。
- multichannel：将此参数的值设置为 True 以指示输入图像包含多通道。图像的尺寸通常表示为高度 × 宽度 × 通道，如果此参数的值为 True，则最后一个维度（通道）将被解释为颜色通道，其他维度将被解释为空间通道。

hog() 函数返回以下变量：

- out：此函数返回一个包含 (n_blocks_row, n_blocks_col, n_cells_row, n_cells_col, n_orient) 的 n 维数组，这是图像的 HOG 描述符。如果参数 feature_vector 为 True，则返回一维（展平）数组。

- hog_image：如果参数 visualize 设置为 True，则该函数还将返回 HOG 图像的可视化结果。

代码清单 4-6 展示了利用 skimage 包计算 HOG 的过程。

代码清单 4-6 HOG 计算

```
Filename: Listing_4_6.py
1   import cv2
2   import numpy as np
3   from skimage import feature as sk
4
5   #Load an image from the disk
6   image = cv2.imread("images/obama.jpg")
7   #Resize the image.
8   image = cv2.resize(image,(int(image.shape[0]/5),int(image.shape[1]/5)))
9
10  # HOG calculation
11  (HOG, hogImage) = sk.hog(image, orientations=9, pixels_per_cell=(8, 8),
12      cells_per_block=(2, 2), visualize=True, transform_sqrt=True,
        block_norm="L2-Hys", feature_vector=True)
13
14  print("Image Dimension",image.shape)
15  print("Feature Vector Dimension:", HOG.shape)
16
17  #showing the original and HOG images
18  cv2.imshow("Original image", image)
19  cv2.imshow("HOG Image", hogImage)
20  cv2.waitKey(0)
```

了解 HOG 很重要。我们将在第 6 ～ 8 章中应用 HOG 的概念来构建一些真实而有趣的实例。虽然需要花一些时间来理解这个概念，但是 HOG 的计算只需要一行代码就可以完成（代码清单 4-6 的第 11 行）。本节中利用 skimage 包的 feature 子包中的 hog() 函数，传递给 hog() 函数的参数已经在前面解释过了。

如何知道 hog( ) 函数中传递了正确的参数值？嗯，确实没有既定的规则。根据经验，应该先传入所有默认参数，然后在分析结果时对其进行调整。

值得一提的是，hog() 函数会生成高维直方图。参数为 pixels_per_cell=(4,4) 和 cells_per_block=(2,2) 的 32 × 32 像素的图像将产生 1764 维的结果。类似地，128 × 128 像素的图像将生成 34 596 维输出。因此，注意参数并适当地调整图像尺寸以减小输出维度非常重要。这将对内存、存储需求和网络传输时间产生巨大影响。

图 4-16 到图 4-18 显示了代码清单 4-6 的输出。

图 4-16　调整尺寸后的图像

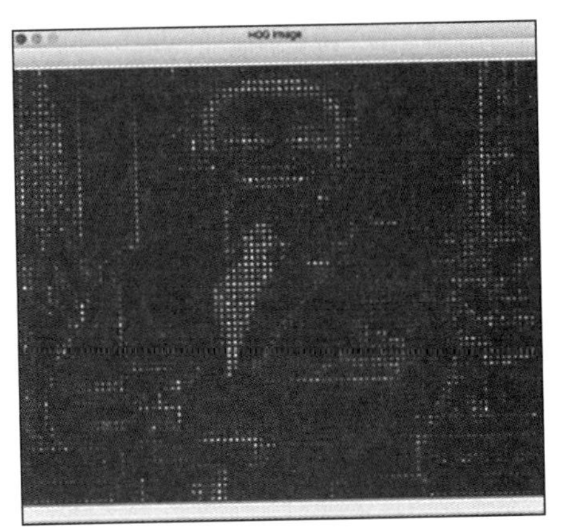
图 4-17　HOG 图像

Image Dimension (537, 671, 3)

Feature Vector Dimension
(194832,)

图 4-18　print() 语句的维度输出

4.2.6　LBP

局部二值模式（Local Binary Pattern，LBP）是一种用于图像纹理分类的特征描述符。LBP 特征提取步骤如下：

1）对于图像中的每个像素，比较周围像素的像素值。如果周围像素的值小于中心像素，则将其标记为 0；否则为 1。在图 4-19 中，中心像素的值为 20，由 8 个相邻像素包围。图 4-19 中间图像展示了周围像素与中心像素值（本例中为 20）的比较，根据比较结果进行 0 或 1 的转换。

2）从任一相邻像素开始，向任意方向移动，将 0 和 1 的序列组合成一个 8 位二进制数。在下面的示例中，从右上角开始顺时针移动以组合数字，形成二进制数 10101000。将这个二进制数转换成十进制数，即可得到中心像素的像素值，如图 4-19 所示。

3）对于图像中的每个像素，重复前面的步骤，利用中心像素和周围像素来获取图像的像素值，确保针对所有像素的起始位置和方向保持一致。

4）计算完所有像素后，将像素值排列在 LBP 数组中。

5）最后，根据 LBP 数组计算直方图，将该直方图作为 LBP 特征向量。

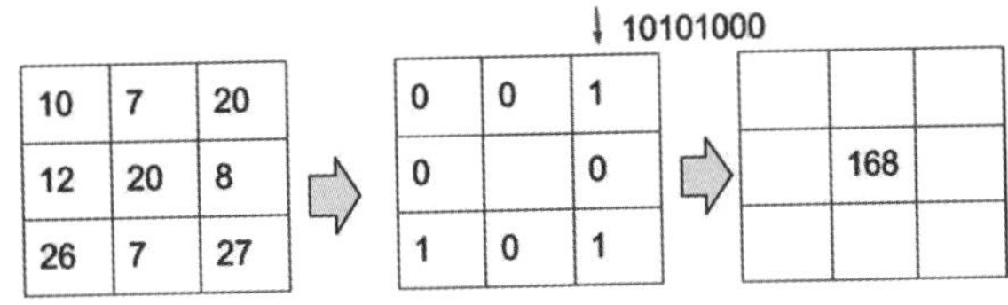

图 4-19　LBP 像素值计算

这种计算 LBP 特征向量的方法可以捕获到更精细的图像纹理。但是对于大多数机器学习分类问题，细粒度特征可能不会给出期望的结果，特别是当输入图像具有不同的纹理尺度时。

为了克服这个问题，提出了 LBP 的增强版本，如下所述。

LBP 的增强版本允许可变的邻域大小，现在，有两个额外的参数要处理。

- 为了代替固定的正方形邻域，可以定义圆对称邻域中的点数 p。
- 圆的半径 r 允许定义不同的邻域大小。

图 4-20 显示了一圈点和连接点的不同半径的虚线圆，半径越小，捕获的纹理越精细。增加半径能够对不同尺度的纹理进行分类。

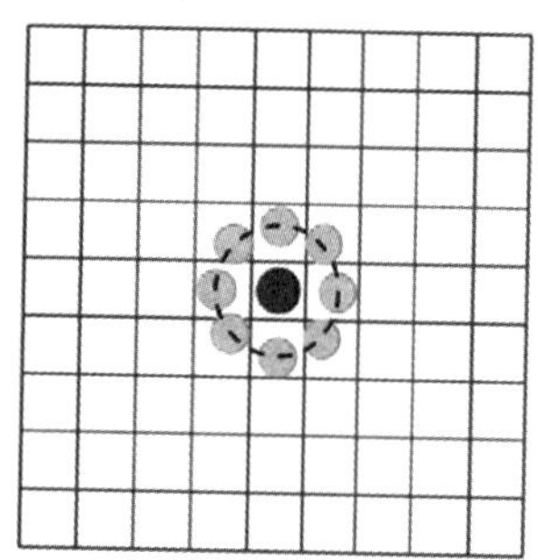
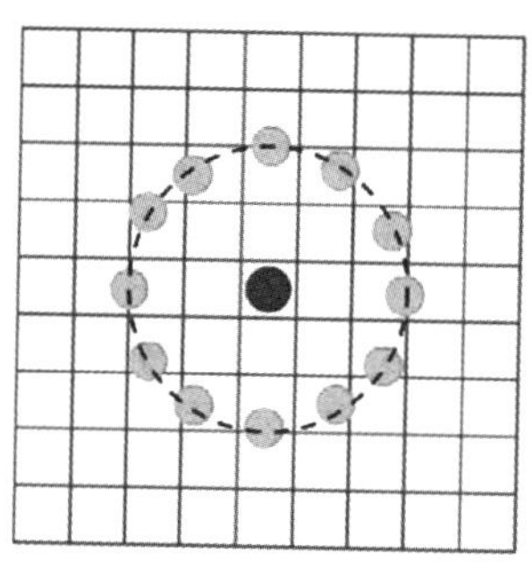
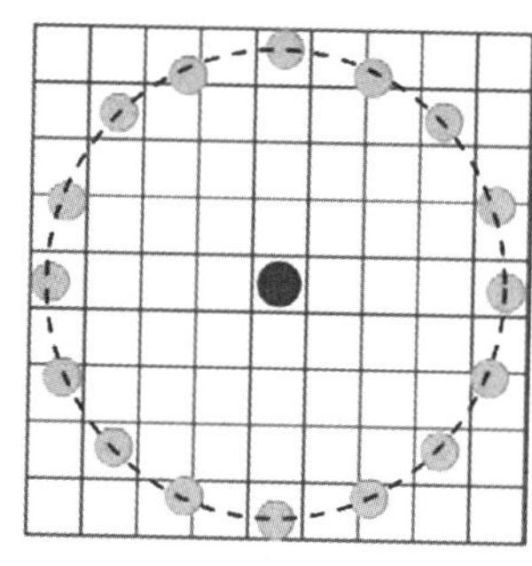

图 4-20 基于邻域大小和点数的 LBP 计算

现在我们准备介绍如何实现 LBP，将再次使用 scikit-image（特别是 skimage 包中的 feature 子包）。以下是将用于 LBP 计算的函数签名：

```
local_binary_pattern(image, P, R, method='default')
```

各参数说明如下：

- image：灰度图像的 NumPy 表示。
- P：计算 LBP 点周围的圆上的邻域点数目，即图 4-20 中成圈的点的数量。
- R：一个浮点数，定义圆的半径。
- method：此参数接受字符串值 default、ror、uniform 或 var。这些字符串值的含义如下：
  - default：表示函数根据灰度计算原始 LBP，而不考虑旋转不变性。旋转不变二进制描述符不在本书的讨论范围内，感兴趣的读者，请参考文章“OSRI: A Rotationally Invariant Binary Descriptor”（http://ivg.au.tsinghua.edu.cn/~jfeng/pubs/Xuetal_TIP14_Descriptor.pdf）。
  - ror：指示函数使用旋转不变二进制描述符。
  - uniform：它采用一种改进的旋转不变性，具有一致模式和更精细的角度空间量化，即灰度和旋转不变性。如果二进制数字序列中最多有两个 0-1 到 1-0 的转换，则认为二进制模式是一致的。例如，00100101 是一种统一的模式，因为它有两个转换（以红色和蓝色显示）。类似地，00010001 也是一种统一的模式，因为它有一个0-1到1-0的转换。但是，01010100不是统一的模式。在LBP直方图的计算中，对于每个一致的模式都有一个单独的bin，所有的不一致模式都被分配到一个bin。利用一致模式可以使单元格的特征向量长度从256减少到59。

- nri_uniform：非旋转不变一致模式变量，它的灰度保持不变。
- var：表示旋转不变方差，度量局部图像纹理的对比度，它是旋转不变的，但灰度发生变化。

函数 local_binary_pattern() 的输出是表示 LBP 图像的 n 维数组。

我们已经介绍了足够的背景知识，可以开始实现 LBP 了。代码清单 4-7 展示了 local_binary_pattern() 函数的用法。

首先从磁盘加载一幅图像，调整其尺寸，并将其转换为灰度图像。第12行计算原始图像的直方图，第14行到第16行绘制原始图像直方图。

代码清单 4-7　LBP 图像与直方图的计算及与原始图像的比较

```
Filename: Listing_4_7.py
1   import cv2
2   import numpy as np
3   from skimage import feature as sk
4   from matplotlib import pyplot as plt
5
6   #Load an image from the disk, resize and convert to grayscale
7   image = cv2.imread("images/obama.jpg")
8   image = cv2.resize(image, (int(image.shape[0]/5), int(image.shape[1]/5)))
9   image = cv2.cvtColor(image, cv2.COLOR_BGR2GRAY)
10
11  # calculate Histogram of original image and plot it
12  originalHist = cv2.calcHist(image, [0], None, [256], [0,256])
13
14  plt.figure()
15  plt.title("Histogram of Original Image")
16  plt.plot(originalHist, color='r')
17
18  # Calculate LBP image and histogram over the LBP, then plot the histogram
19  radius = 3
20  points = 3*8
21  # LBP calculation
22  lbp = sk.local_binary_pattern(image, points, radius, method='default')
23  lbpHist, _ = np.histogram(lbp, density=True, bins=256, range=(0, 256))
24
25  plt.figure()
26  plt.title("Histogram of LBP Image")
27  plt.plot(lbpHist, color='g')
28  plt.show()
29
30  #showing the original and LBP images
```

```
31 cv2.imshow("Original image", image)
32 cv2.imshow("LBP Image", lbp)
33 cv2.waitKey(0)
```

LBP 图像的计算在第 22 行执行。请注意，我们使用默认的 LBP 计算方法，该方法采用的半径为 3，点数为 24。第 22 行采用 skimage 包的 feature 子包的 local_binary_pattern() 函数。

第 23 行计算 LBP 图像的直方图。为什么要使用 NumPy 的 histogram() 函数？如果采用 cv2.calcHist() 函数，将收到一条错误消息，提示“-210 Unsupported format or combination of formats.”。这是因为 local_binary_pattern() 的输出格式不同，OpenCV 的 calcHist() 函数不支持这种格式。因此，采用 NumPy 的 histogram() 函数计算直方图。

图 4-21 显示了原始图像。图 4-22 是根据输入图像（即图 4-21）计算的 LBP 图像。请注意它如何巧妙地捕捉原始图像的纹理。比较图 4-23 和图 4-24，分别对原始图像和 LBP 图像绘制直方图。

图 4-21 原始灰度图像

图 4-22 LBP 图像

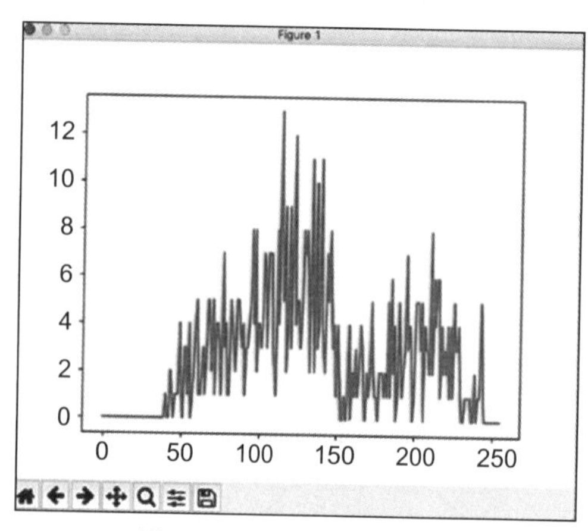

图 4-23 原始图像的直方图

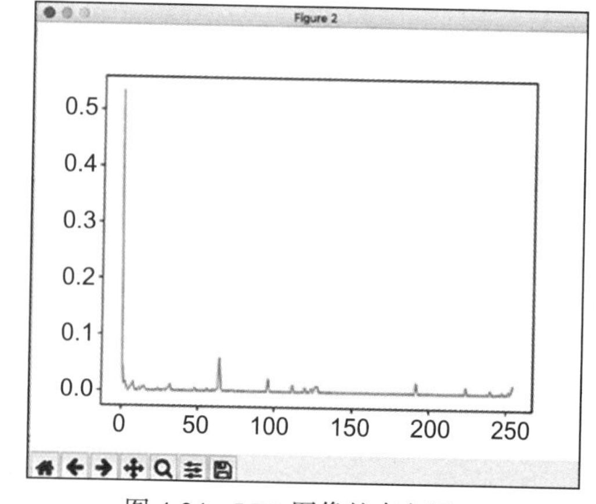

图 4-24 LBP 图像的直方图

请注意，有时会同时使用 LBP 与 HOG，从而提高目标检测精度。

本节重点介绍了不同的特征提取方法，这些特征提取方法将有助于第 5 章中的机器学习和神经网络。在第 6 ～ 9 章中，开发真实案例时将使用这些特征提取方法。

4.3 节将介绍特征选择策略。

4.3 特征选择

在机器学习中，**特征选择**是选择与模型训练相关的变量或属性的过程。这是一个消除不必要或不相关的特征并选择对模型训练有重要贡献的特征子集的过程。进行特征选择的原因如下：

- 降低模型的复杂性并使其更易于解释。
- 减少机器学习训练时间。
- 通过输入正确的变量集来提高模型的精度。
- 减少过拟合。

那么，特征选择和特征提取有何不同？特征提取是创建特征的过程，特征选择是利用特征子集或去除不必要特征的过程。特征提取和特征选择统称为**特征工程**。

统计表明，机器学习中存在一个最佳的特征数量，超过该数量模型的性能开始下降。问题是如何知道最佳数量是多少，如何确定使用哪些特征、不使用哪些特征？本节试图回答这个问题。

机器学习中有许多特征选择方法，我们将探讨一些常用的特征选择方法。

4.3.1 过滤法

假设已有一个特征集，需要选择部分特征输入机器学习算法。换句话说，我们希望在触发机器学习之前已经选择了这些特征。过滤是允许进行预处理以选择特征子集的过程，在此过程中，需要确定特征和目标变量之间的相关性，并基于统计数据确定它们之间的关系。注意，过滤过程独立于机器学习算法，只根据特征变量和目标变量之间的关系选择（或拒绝）特征。有几种统计方法可以帮助我们根据目标变量对特征进行评价。

下表提供了选择确定特征 – 目标关系的方法的实用指南：

特征变量类型	目标变量类型	统计方法名称
连续特征	连续特征	皮尔逊相关性
	无序类别特征	线性判别分析（Linear Discriminant Analysis，LDA）
无序类别特征	无序类别特征	卡方
	连续特征	方差分析（ANOVA）

本书不对这些统计方法进行展开描述，关于这些统计方法的更多内容，详见各种各样的书籍和在线资源。

4.3.2 包裹法

在包裹法中，可以利用特征子集训练模型，然后对训练后的模型进行评估，根据结果添加或删除特征并重新训练模型，一直重复这个过程，直到获得具有可接受精度的模型。这个过程更像是一种尝试反复试错以找到合适的特征子集的过程。由于需要构建多个模型（而且很可能会丢弃所有不满意的模型），这个过程在计算方面耗费了大量的时间成本和设备成本。

实际中，有几种方法可在包裹法下执行特征选择：

- **前向选择**：从某个特征开始，构建并评估模型，不断添加最能改进模型的特征。
- **后向消除**：从所有特征开始，构建和评估模型，在迭代中消除特征，直到得到最佳模型。
- **递归特征消除**：在递归特征消除过程中，我们反复创建模型并在每次迭代中保留性能最好或最差的特征。该方法根据特征系数或特征重要性对特征进行排序，剔除最不重要的特征，不断用剩余特征构建新的模型，直至耗尽所有特征。

4.3.3 嵌入法

在嵌入法中，特征选择是在模型训练时通过机器学习算法完成的。用于回归算法的LASSO和RIDGE正则化法就是此类算法的典型示例，此类算法会评估有助于提高模型精度的最合适特征。

LASSO回归使用L1正则化，并添加相当于系数绝对值的惩罚。RIDGE回归使用L2正则化，并添加相当于系数平方的惩罚。

由于模型本身会评估特征的重要性，因此这是一种成本最低的特征选择方法。

本书主题是构建以机器学习为基础的计算机视觉应用程序。虽然特征提取和特征选择是机器学习算法的重要组成部分，但本书只介绍它的基础知识。特征提取和特征选择是一个庞大的主题，值得单独编写一本书来介绍有关内容。

4.4 模型训练

回顾图4-2中的图像处理流水线，到目前为止，我们已经学习了如何摄取图像并进行预处理以提高其质量。这种预处理可以将输入图像转换成适合流水线中下一步的格式，方便特征提取和选择。4.3节探讨了特征工程的各种方法。希望大家已经掌握了本章介绍的相关概念，并且已经准备好学习应用于计算机视觉的机器学习。

4.4.1 如何进行机器学习

假设我们已经从大量图像中提取并选择了特征。那么，“大量”图像究尽应该有多大？目前为止，还无法回答这个问题。图像数量应该能真实表示试图建模的实际场景（或至少接近实际场景)。记住，好的特征集的属性之一是可重复性，虽然没有很好的方法来确定“大量”是多大，但对于好的模型结果来说，经验法则是“图像越多越好”。

这些特征集将被输入数学算法(我们将在后面详细讨论这些算法)中，以确定特定的模型。算法的输出称为**模型**，建立这个模型的过程称为**训练模型**。换句话说，计算机采用一种算法从输入特征集学习模型，用于训练模型的特征集称为**训练集**，见图 4-25。

图 4-25 机器学习模型训练说明

广义来讲，有两种类型的训练集，因此，也有两种类型的机器学习：有监督学习和无监督学习。下面将介绍这两种机器学习。

4.4.2 有监督学习

假设有一幅 8×8 的图像，并且 64 个像素的值都是图像的特征。另外，假设有很多幅这样的图像，并且已经从图像中提取了像素值，创建了一个特征集。一幅图像的所有 64 个特征都排列成一个数组(或向量)。特征集的行数与训练集中的图像数相同，每行表示一幅图像。现在，利用这个数据集训练一个模型，使该模型可以将输入图像分类为某个类别。例如，根据图像包含的狗或者猫来分类图像。

进一步假设这些训练图像已经被标记，即它们已经被识别并标记为哪幅图像包含狗，哪幅图像包含猫。这意味着我们为每幅图像识别了正确的类型。

图 4-26 显示了一个标记训练集的示例。图 4-26 的第 1 列是唯一标识图像的图像 ID。第 2 列到第 65 列显示所有 64 列的像素值(因为在本例中图像尺寸是 8×8)，这些像素值一起构成特征向量($\boldsymbol{X}$)。最后一列是标签列(y)，其中狗对应 0，猫对应 1(标签必须是数字才能用于机器学习)。标签也称为**目标变量**或**因变量**。

图像 ID	特征向量 (X)										标签 (y)
image100	159	191	30	161	…	218	137	87	49	193	144	0
image101	103	184	133	125	…	144	85	7	152	247	143	0
image102	15	249	237	200	…	152	107	227	80	207	106	1
image103	217	152	226	122	…	195	95	229	199	36	107	1
…	…	…	…	…	…	…	…	…	…	…	…	…

图 4-26 带有标记特征向量的示例数据集

当我们将包含特征向量和相关标签的数据集输入学习算法来训练机器学习模型时，这一过程称为**有监督学习**。

有监督学习算法(见图 4-27)通过优化一个函数进行学习，该函数以特征向量为输入生成标签。有关各种优化函数的更多信息详见第 5 章。

图 4-27 有监督学习示意图

有几种有监督学习算法，如支持向量机（Support Vector Machine，SVM）、线性回归、logistic 回归、决策树、随机森林、人工神经网络（Artificial Neural Network，ANN）和卷积神经网络（Convolutional Neural Network，CNN）。本书介绍如何应用深度学习或神经网络（ANN 和 CNN）来训练计算机视觉模型。第 5 章将详细介绍这些深度学习算法以及如何训练计算机视觉模型。

4.4.3 无监督学习

在前面的示例中，每个特征向量都有一个关联的标签。这种标记数据集的学习目标是寻找特征向量和标签之间的关系。如果没有与特征向量关联的标签，该怎么办？换句话说，模型的输入只有特征向量，没有输出或标签，而我们希望机器学习算法从输入数据集中学习。从只有特征向量的数据集训练模型的过程称为**无监督学习**。

无监督学习算法（见图 4-28）将只包含特征向量的数据集作为输入，确定数据中的结构或模式（例如数据的分组或聚类）。这意味着算法将从没有任何标记数据的训练集中学习，并在数据中找到共性。

无监督学习用于对数据集进行聚类或分组，还可用于为有监督学习算法创建标签。

目前常用的无监督算法有 K 均值聚类、自动编码、深度信念网和赫布型学习。

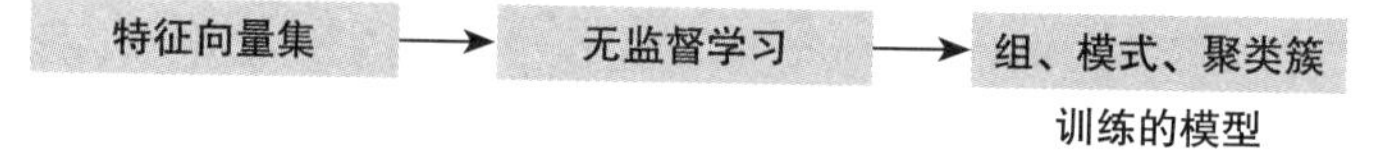

图 4-28 无监督学习

本书只涵盖在计算机视觉中使用的有监督学习。

4.5 模型部署

创建了经过训练的机器学习模型之后，会发生什么呢？

在回答这个问题之前，需要先了解一下如何使用经过训练的模型。

在有监督学习中，经过训练的模型可以根据提供的特征集给出输出。给出输出的过程通常称为**预测**。换句话说，模型根据输入数据预测结果。预测结果可以是连续值，也可以是离散的类别。

类似地，在无监督学习中，经过训练的模型将特征集作为输入，特征所属的组或聚类簇作为输出。分组或聚类可进一步用于为有监督学习创建标签。

现在，为了回答第一个问题，首先部署一个经过训练的模型，以便能够预测可能由外部业务应用程序提供的图像（或输入数据集）或对其进行分类。基于业务需求，这些预测结果/类别可用于各种分析和决策。

输入图像可能由外部应用程序生成，这些图像的摄取和处理方式与模型训练的特征工程中处理图像的方式相同。从摄取的图像中提取特征并将其传递给模型函数以获得预测结果或类别。

虽然模型开发是一个迭代过程，但一旦模型给出了可接受的精度，我们通常就会对模型进行版本化并将其部署到生产中。在实践中，在精度开始下降或采用新数据重新训练以提高精度之前，模型不会更改或采用新数据重新训练。

然而，模型的使用频率比模型再训练频率更大。在某些情况下，每秒可能需要预测或分类成百上千的输入图像。在其他某些情况下，可能需要在一天内或以某种频率对成批的数百万幅图像进行分类。因此，我们需要以这样一种方式部署模型，即它们可以根据输入量和负载进行扩展。

拥有正确的部署架构对于在生产中高效利用模型至关重要。我们来探讨一下在生产中部署模型的不同方式：

- **嵌入式模型**：模型工件在消费者应用程序代码中用作依赖项。它与调用模型函数作为内部库函数的应用程序一起构建和部署。这对于边缘计算设备（如物联网）的嵌入式应用程序是一种很好的方法，但不适合数据量大且处理规模需要扩展的企业应用程序。此外，在这种情况下，部署新版本的模型更加困难，可能需要重新生成整个应用程序的代码并再次部署。
- **作为独立服务部署的模型**：在这种方法中，模型被包装在服务中。服务是独立部署的，并与消费者应用程序分离。这允许我们更新模型并重新部署它们，而不影响其他应用程序。消费者应用程序通过远程调用进行服务调用，这可能会引入一些延迟。
- **作为 RESTful 网络服务部署的模型**：这与前面描述的方法类似。在这种方法中，使用 TCP/IP 通过 RESTful API 调用模型。这种方法提供了可扩展性和负载平衡能力，但网络延迟可能是一个问题。
- **针对分布式处理部署的模型**：这是一种高度可扩展的模型部署。在这种方法中，输入图像（数据集）存储在集群中所有节点都可以访问的分布式存储器中。模型部署在所有集群节点中。所有参与节点从分布式存储器中获取输入数据，对其进行处理，并将预测结果存储到分布式存储器中供应用程序使用。分布式存储器示例有 Hadoop 分布式文件系统（Hadoop Distributed File System，HDFS）、Amazons3、Google 云存储和 Azure Blob 存储。

第 10 章将介绍如何在云上扩展模型开发和部署。

4.6 总结

本章连同前面的章节为利用人工神经网络开发计算机视觉应用程序奠定了坚实的基础。本章主要探讨了图像处理流水线、流水线的组成以及它们在构建基于机器学习的计算机视觉系统中的作用。我们介绍了各种特征提取和特征选择方法，还探索了不同的机器学习算法、模型训练和部署。

第 5 章是本书的中心主题，将讨论各种机器学习模型，并实现应用于计算机视觉的 ANN、CNN、RNN 和 YOLO 模型，届时我们将采用 Keras 深度学习库编写 Python 代码，并在 TensorFlow 上执行它。

这是回顾前面所有章节中提出的概念的好时机。如果你已经查看完所有的代码示例，那么你的开发环境已经为第 5 章的应用做好了准备。如果没有，请回到第 1 章，安装所有必备软件并准备好开发计算机。我们将要做一些严肃的研究，学习一些真正有趣的内容，如果你都准备好了，就开始吧！

第5章 Chapter 5

深度学习与人工神经网络

本章主要介绍深度学习和人工神经网络的相关概念，通过代码示例来探讨深度学习相关主题，展示如何在计算机视觉问题中应用深度学习。本章的学习目标如下：

- 了解神经网络的架构，以及背后的各种数学函数和算法。
- 用 TensorFlow 编写代码来摄取图像、提取特征并训练不同类型的神经网络。
- 在图像分类中，通过编写代码来理解预训练模型和自定义模型，同时学习如何重新训练已有的模型。
- 学习如何评估模型并调整参数以提高模型的准确率。

本章内容涉及一些数学概念和方程，虽然没有必要对列出的数学方程进行深入学习，但本章提供了一些参考资料，方便读者探索相关数学知识。

5.1 人工神经网络

人工神经网络（Artificial Neural Network，ANN）是一种计算系统，它被设计成像人脑一样工作。我们通过一个简单的例子来理解这一点。

假设你看到一个从未见过的物体，有人告诉你那是辆车，同时你也观察到许多其他物体并学会了识别它们。假设你观察到了另一个物体，试着猜它是什么。你可能会说，“我想我以前见过这个”或者“我猜是一辆车”，这意味着你不能百分之百确定。现在，假设你看到许多不同形状、大小、方向和颜色的汽车，接受了识别“汽车”物体的全面训练。对于同样的问题，你不会说“我猜”，而是会说“这是一辆车”。这意味着，随着通过观察大量汽车全面地训练自己，你识别汽车的信心会增加。

换言之，当你只观察到汽车一次或几次，而且车呈现的方式跟你之前观察到的相同或相近，你就能学会识别它。但是，当你以各种方式观察到大量样本时，你就能学会以 100%（或接近 100%）的准确率识别样本。我们来观察图 5-1 中的图像，了解大脑是如何处理信息的（人脑功能的简化版）。

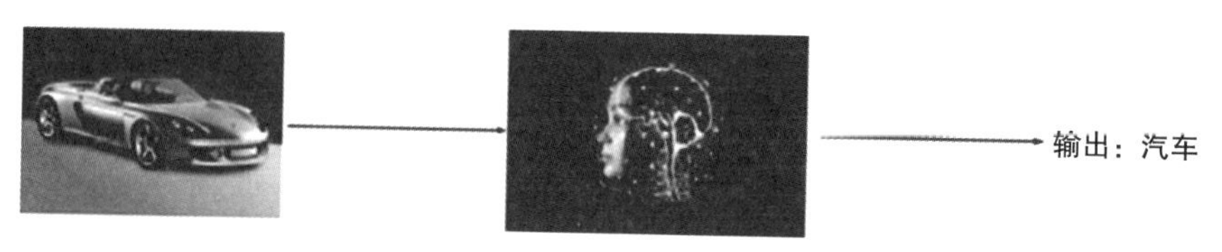

图 5-1 人眼作为传感装置向大脑（储存模式）输入信息

人类眼睛就像一种传感装置。当观察物体时，人类眼睛会捕捉该物体的图像，并将其作为输入信号传递给大脑，大脑中的神经元就会对输入信号进行计算并产生输出。

如图 5-2 所示，树突接收输入信号（x），神经元将这些输入信号结合起来并使用一些函数进行计算，输出被传输到轴突终末。

人体有几十亿个神经元，它们之间有数万亿的相互连接，这些相互连接的神经元称为**神经网络**。

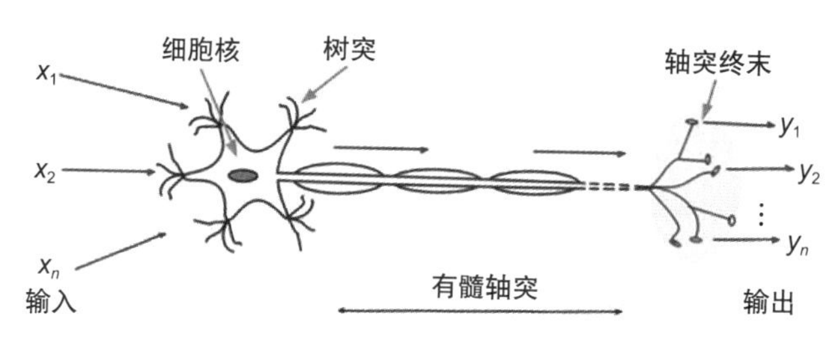

图 5-2 人类神经元中的信息处理

计算机科学家受人类视觉系统的启发，试图创建能像人类大脑那样学习和运行的计算机系统来模拟神经网络，这种学习系统称为**人工神经网络**（ANN）。

图 5-3 与图 5-1 工作原理类似，相机作为传感装置，像人类眼睛一样捕捉物体图像。图像被传送到解释系统（例如计算机），在那里它们以类似于神经元处理输入信号的方式进行处理。其他传感设备有 X 射线扫描系统、CT 扫描和 MRI 机器、卫星成像系统和文档扫描仪。解释设备（如计算机）对相机采集的数据进行处理。大多数与计算机视觉相关的计算（如特征提取和模式识别）都是在计算机中进行的。

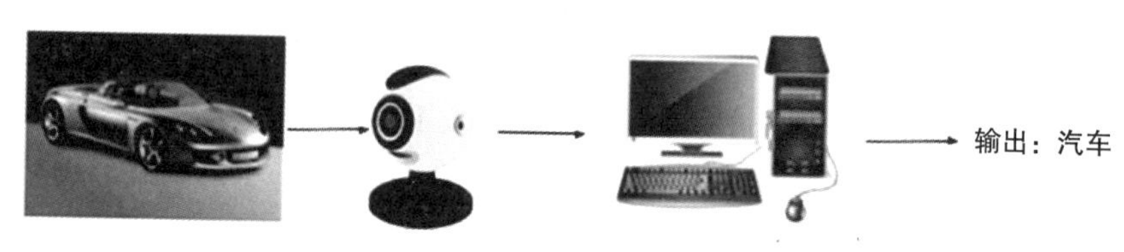

图 5-3 人工传感设备（相机）把图像输入计算机

图 5-4 类似于图 5-2 所示的人类神经元。变量 $x_1, x_2, \cdots, x_n$ 是输入信号（例如，图像特征），$w_1, w_2, \cdots, w_n$ 是与输入信号相关的权重。采用数学函数对输入信号进行处理以生成输出，组合这些输入信号的处理单元称为**神经元**。计算神经元输出的数学函数称为**激活函数**，在图 5-4 中，标有函数符号 $f(x)$ 的圆是神经元，输出 y 由神经元产生。

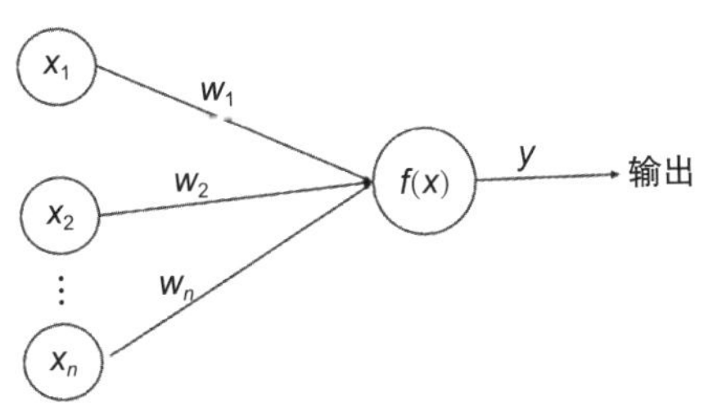

图 5-4 人工神经元

5.1.1 感知机

神经网络中的单个神经元称为**感知机**，感知机是对输入信号进行操作并产生输出的数学函数，图 5-4 就是一个感知机。感知机是最简单的神经网络。用于机器学习的典型神经网络通常由多个神经元组成，神经元的输入有两种来源：自源设备（相机或传感设备）和其他神经元。

单个感知机是如何学习的

感知机的学习目标是确定每个输入信号的理想权重。学习算法为每个输入信号任意分配权重，将信号值乘以相应的权重，然后将各个信号的乘积（权重乘以信号值）相加，计算输出：

$$f(x) = w_1x_1 + w_2x_2 + w_3x_3 + \cdots + w_nx_n \tag{5.1}$$

有时还会在方程中加上偏置 x_0：

$$f(x) = x_0 + w_1x_1 + w_2x_2 + w_3x_3 + \cdots + w_nx_n \tag{5.2}$$

式（5.2）也可以写成如下形式：

$$f(x) = x_0 + \sum_{i=1}^{i=n} w_i x_i \tag{5.3}$$

神经元利用式（5.2）对大量输入进行计算，优化函数利用特定的数学算法（称为**优化器**）优化权重，然后神经元使用新的权重重复计算。这种权重优化、计算、再优化不断迭代进行，直到权重在给定的输入集条件下得到了完全优化。本章后面将进一步介绍优化函数，充分优化的权重就是神经元的学习目标。

5.1.2 多层感知机

就像人类大脑包含数十亿个神经元一样，人工神经网络也包含若干神经元或感知机。人工神经网络的输入由一组神经元处理，每个神经元都独立处理输入，这组神经元的输出被输入另一个或另一组神经元进行进一步处理。可以想象，这些神经元按层排列，每层的输出都可作为下一层的输入，因此我们可以根据需要采用多层神经元来训练神经网络。这种将神经元排列成多层的神经网络通常被称为**多层感知机**（MultiLayer Perceptron，MLP），如图 5-5 所示。

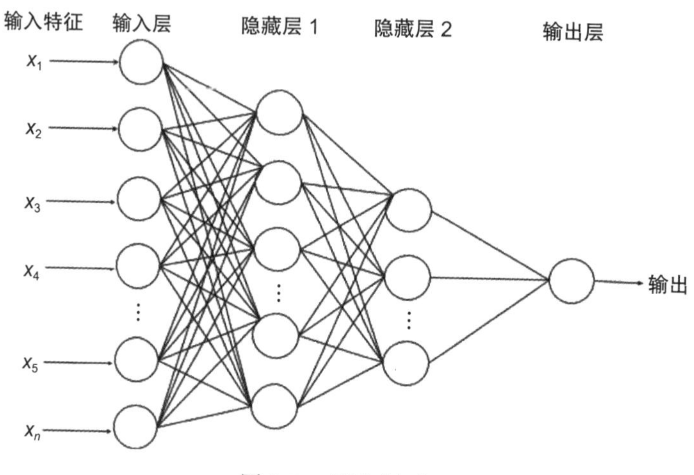

图 5-5 多层感知机

为什么用 MLP

我们来考虑一个神经元（只有一个输入），其公式如下所示：

$$f(x)=x_0+w_1x_1$$

式中，$f(x)$ 表示为一条直线方程，它的截距为 x_0，斜率为 w_1（与水平线或 x 轴的夹角）。

即使不理解这个公式，也不用担心。这个公式主要展示单个神经元的输入和输出是线性关系。机器学习算法（例如线性回归和 Logistic 回归）对线性关系建模。现实世界中的大多数问题并不呈现线性关系。多层感知机可以对非线性关系建模，相比单神经元的模型，能够更准确地对现实世界的问题进行建模。

5.1.3 什么是深度学习

深度学习是多层人工神经网络或多层感知机的另一个名称。根据神经网络的架构和工作原理，我们有不同类型的深度学习系统，例如前馈神经网络、卷积神经网络、递归神经网络、自动编码器和深度信念网络等。

下面将从多层感知机的高级架构开始介绍。本书将交替使用“多层感知机”和“深度学习”（Deep Learning，DL）的称呼。

5.1.4 深度学习架构

多层感知机至少包含三种类型的层：输入层、隐藏层和输出层（见图 5-5）。隐藏层可以有多个，每一层可以包含一个或多个神经元。神经元对输入进行处理并产生输出，这些输出又作为输入发送到下一层，但输出层例外，输出层生成最终输出供应用程序使用。

多层感知机架构由以下部分组成：

- **输入层**：神经网络的第一层称为输入层，该层接收来自外部源的输入，例如来自传感设备的图像，该层的输入是特征（有关特征的详细信息，请参阅第 4 章）。

  输入层中的节点不进行任何计算，只是将输入传递到下一层。输入层中神经元数目与特征数目相同。有时，人们会在每个层中添加一个附加节点，这个附加节点称为**偏置节点**。添加偏置节点主要是为了控制来自层的输出。在深度学习中，不需要有偏置，但增加偏置是一种常见的做法。图 5-6 展示了带有偏置节点的神经网络架构。

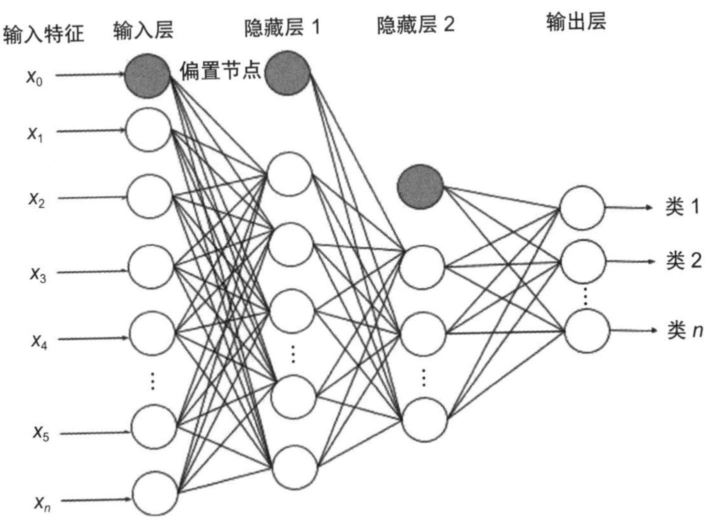

图 5-6 有偏置节点的多层感知机

  问题：神经网络输入层的神经元总数是多少？

  答：$\text{输入层神经元数}=\begin{cases}\text{输入特征数} & \text{不带偏置}\\ \text{输入特征数}+1 & \text{带有偏置}\end{cases}$

- **隐藏层**：输入层和输出层之间的神经元层称为隐藏层。神经网络至少有一个隐藏层，这是学习发生的地方，它的神经元主要进行学习所需的计算。在大多数情况下，一个隐藏层就足以进行学习，但是可以根据需要使用多个隐藏层来模拟实际案例。随着隐藏层数目的增加，计算的复杂度和计算时间也会相应增加。

  隐藏层中应该有多少个神经元？目前为止还没有确切的答案，只有几种实用的设定策略。通常的做法是取前一层神经元数量的三分之二，例如，如果输入层中的神经元数为 100，则第一个隐藏层中的神经元数为 66，第二个隐藏层中的神经元数为 43，依此类推。关于隐藏层中神经元数量有多少，没有确切的答案，应该根据模型的准确率要求来调整神经元的数量。

- **输出层**：神经网络的最后一层是输出层。输出层从最后一个隐藏层获取输入，输出层中的神经元数量取决于神经网络中需要解决的问题：
  - 对于回归问题，当网络必须预测一个连续值（例如股票的收盘价）时，输出节点只有一个神经元。
  - 对于分类问题，当网络必须预测多个类别中的一个时，输出层的神经元数目与所有可能类别的数目相同。例如，如果训练网络来预测猫、狗、狮子、公牛四类动物中的一类，那么输出层将有四个神经元。
- **边或权重连接**：权重也称为**系数**或**输入乘数**。神经元的每个输入特征都乘以一个权重，表现在神经网络图中，就是将输入和神经元用一条加权线相连。加权线表明输入特征在预测结果方面的贡献，将权重视为输入特征的重要指标。权重越高，输入特征的贡献越大；如果权重为负，则该特征具有负面影响；如果权重为零，则输入特征对结果而言不重要，可以从训练集中删除。

  每层神经元都包含多个连接的输入特征，神经网络的训练目标是计算输入特征的最优权重。本章将进一步介绍神经网络如何通过调整权重来学习。如果使用偏置节点，神经网络也会学习偏置信息。

5.1.5 激活函数

决定神经元输出的数学函数称为激活函数。神经元利用以下线性方程对输入进行操作：

$$z = x_0 + \sum_{i=0}^{i=n} w_i x_i \tag{5.4}$$

式（5.4）计算的结果不是神经元的输出，激活函数作用于 z 值才能确定神经元的输出。根据神经元的输入与模型预测的相关性，激活函数确定它所连接的神经元是否应该被激活。实际上，激活函数会将每个神经元的输出归一化到 0 ～ 1 或 –1 ～ 1 之间。

有几个数学函数可用作不同用途的激活函数，本节将探索 TensorFlow 支持的激活函数。5.2 节将介绍更多关于 TensorFlow 的信息。

1. 线性激活函数

线性激活函数按照公式 $f(x) = x_0 + w_1x_1 + w_2x_2 + w_3x_3 + \cdots + w_nx_n$ 将权重与输入值进行加权求和，从而计算神经元的输出。线性激活函数的输出介于 $-\infty$ 到 $+\infty$，如图 5-7 所示。这意味着线性激活函数和没有线性激活函数效果一样。

在深度学习中，线性激活函数存在以下两个问题：

- 深度学习使用一种称为**反向传播**的方法（稍后将详细介绍），这种方法采用**梯度下降**技术。梯度下降需要计算输入的一阶导数，采用线性激活函数时，这是一个常数。常数的一阶导数是零，这意味着与输入没有关系。因此，不可能将其返回并利用它更新输入信号的权重。

- 如果采用线性激活函数，无论神经网络有多少层，最后一层都将是第一层的线性函数。换句话说，线性激活函数把网络变成了一层的网络，这意味着网络只能学习输入与输出之间的线性依赖关系，这无法解决计算机视觉方面的复杂问题。

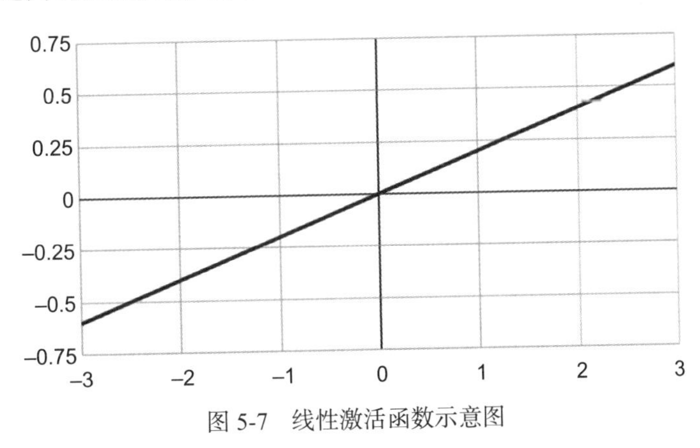

图 5-7 线性激活函数示意图

2. sigmoid 或 Logistic 激活函数

sigmoid 激活函数利用 sigmoid 函数计算神经元输出：

$$\sigma(z)=1/(1+\mathrm{e}^{-z}) \tag{5.5}$$

其中 z 根据式（5.4）计算。

sigmoid 函数总是产生一个介于 0 和 1 之间的值，这会导致输出变得平滑，而不会随着输入值的波动而出现许多跳跃点。另一个优点是，sigmoid 函数是非线性函数，一阶导数并非常数。这两个优点使得 sigmoid 函数非常适合进行基于梯度下降更新权重的反向传播深度学习，如图 5-8 所示。

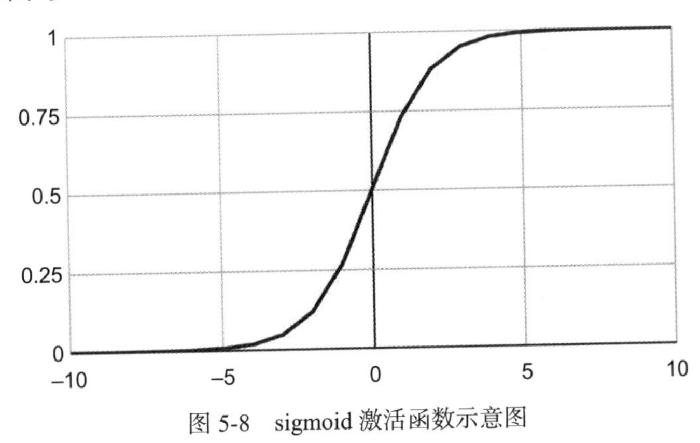

图 5-8 sigmoid 激活函数示意图

sigmoid 函数的最大缺点是输出不会在输入值的大小之间变化，这使得它不适用于特征向量包含较大或较小值的情况。克服此缺点的方法是将特征向量归一化为 –1 ～ 1 或 0 ～ 1。

从图 5-8 可以看到，sigmoid 函数的另一个特征是 S 形曲线不以零点为中心。

3. 双曲正切函数

TanH（双曲正切函数）类似于 sigmoid 激活函数，但是 TanH 以零点为中心，如图 5-9 所示，其 S 形曲线穿过原点。

TanH 激活函数利用以下公式计算神经元输出：

$$\tanh(z) = (e^{z} - e^{-z})/(e^{z} + e^{-z}) \tag{5.6}$$

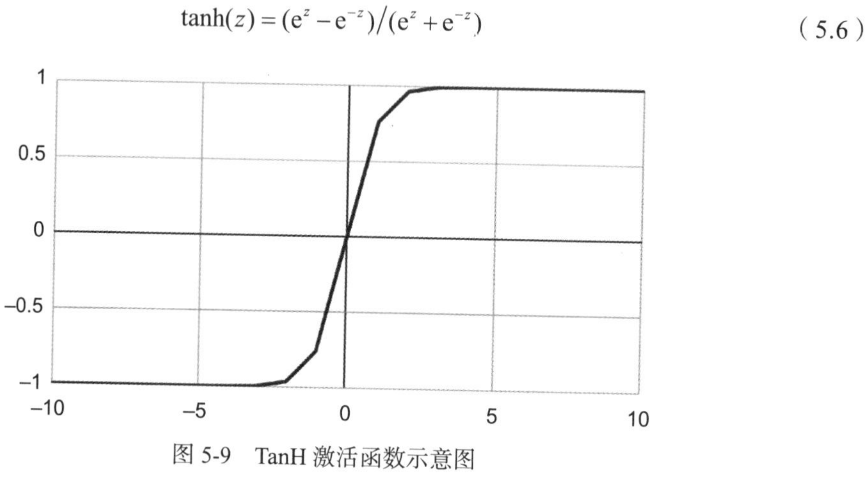

图 5-9　TanH 激活函数示意图

4. 线性整流函数

线性整流函数（Rectified Linear Unit，ReLU）利用式（5.4）中的 z 值确定神经元输出。如果 z 的值为正，则 ReLU 将该值作为神经元输出；否则，神经元输出为零。ReLU 的输出范围在 0 到 +∞ 之间，如图 5-10 所示。

$$f(z) = \max(0, z) \tag{5.7}$$

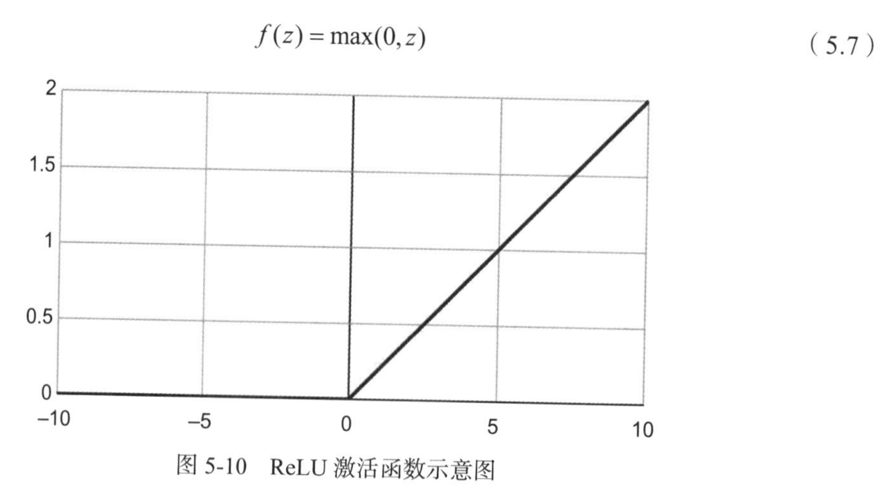

图 5-10　ReLU 激活函数示意图

ReLU 激活函数具有计算效率高、网络收敛速度快等优点。此外，ReLU 是非线性的，并且它具有一个导数函数，这使得它适用于神经网络学习时用于权重调整的反向传播。

ReLU 函数的最大缺点是零或负输入时函数的梯度变为零。当输入为负值时，ReLU 不适用于反向传播。

由于像素不存在负值，因此 ReLU 广泛应用于计算机视觉模型训练。

5. Leaky ReLU

Leaky ReLU 是 ReLU 的一个变体。当 z 为负值时，它的输出不设为零，而是将 z 乘以一个很小的数字（如 0.01），如图 5-11 所示。

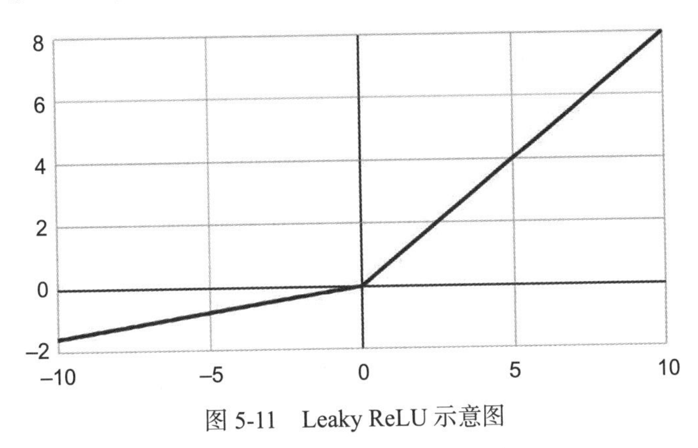

图 5-11 Leaky ReLU 示意图

Leaky ReLU 在负值区域有一个小斜率，允许负输入进行反向传播。Leaky ReLU 的缺点是结果与负输入不一致。

6. 比例指数线性单元

比例指数线性单元（Scaled Exponential Linear Unit，SELU）采用以下公式计算神经元输出：

$$f(\alpha,x)=\begin{cases}\lambda\alpha(\mathrm{e}^x-1) & x<0\\ \lambda x & x\geqslant 0\end{cases} \tag{5.8}$$

式中，λ =1.050 700 98，α =1.673 263 24，这些值是固定的，在反向传播过程中不会改变。图 5-12 中的图像展示了 SELU 的特性。

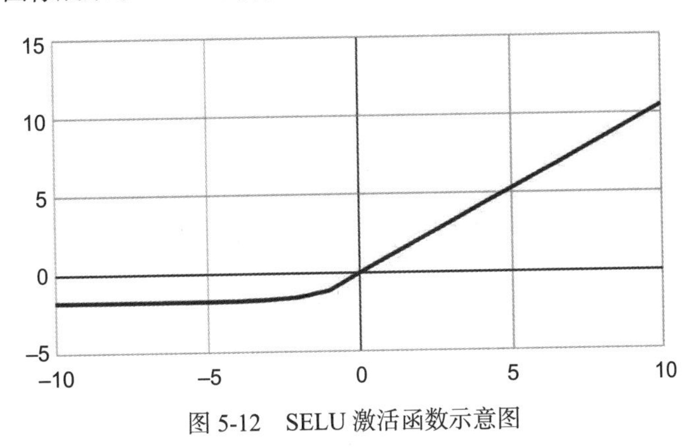

图 5-12 SELU 激活函数示意图

SELU 具有“自归一化”特性。SELU 的提出者已经从数学上证明了 SELU 产生的输出已被归一化，均值为 0，标准差为 1。

在 TensorFlow 或 Keras 中，如果使用 tf.keras.initializers.lecun_normal 法将权重初始化法用作以零为中心的截断正态分布，将获得所有网络组件（例如每层的权重、偏置和激活值）的归一化输出。

为什么要让网络生成归一化输出呢？初始化函数 lecun_normal 将网络参数初始化为正态分布或高斯分布，SELU 还生成归一化输出，这意味着整个网络表现出归一化的行为，因此，最后一层的输出也被归一化。

使用 SELU 进行学习是非常强大的，而且允许训练网络具有许多层。

由于 SELU 激活函数具有“自归一化”特性，因此采用 SELU 的神经网络计算效率高，收敛速度快。另一个优点是它解决了输入特征太大或太小时梯度爆炸或消失的问题。

7. softplus 激活函数

softplus 激活函数对数值 z 进行平滑处理，它的计算公式如下：

$$f(x)=\ln(1+\mathrm{e}^{z}) \tag{5.9}$$

softplus 也称为 SmoothReLU 函数。softplus 函数的一阶导数是 $1/(1+\mathrm{e}^{-z})$，这与 sigmoid 激活函数相同，如图 5-13 所示。

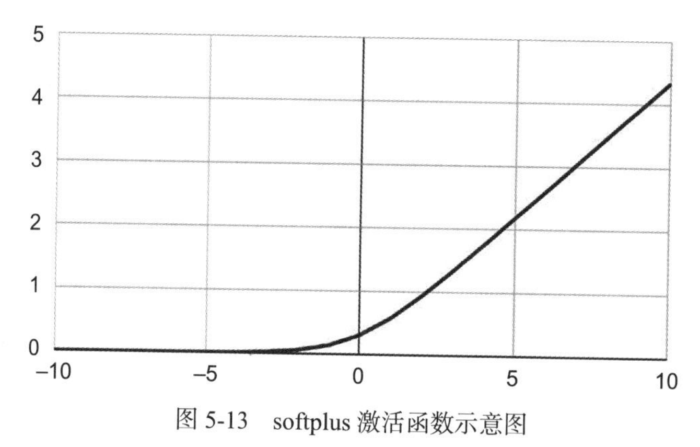

图 5-13　softplus 激活函数示意图

8. softmax

softmax 函数接受实数输入向量，它将向量归一化为概率分布，生成的输出值位于（0,1）区间，且输出值之和等于 1。

softmax 函数常用作分类神经网络最后一层（输出层）的激活函数，其结果被解释为每一类的预测概率。

softmax 利用以下公式进行计算：

$$\sigma(z)_i=\frac{\mathrm{e}^{z_i}}{\sum_{j=1}^{k}\mathrm{e}^{z_j}}\text{，}\quad i=1,\cdots,K\text{，}\quad z=(z_1,\cdots,z_K)\in\mathbb{R}^K \tag{5.10}$$

它的归一化输出总是介于 0 和 1 之间，这些输出相加后的结果是 1。

5.1.6 前馈网络

前馈神经网络是一种人工神经网络，其中神经元之间的连接不形成循环。到目前为止，我们介绍的网络都是前馈神经网络。

前馈神经网络是最简单的神经网络，网络中的信息沿着一个方向（正向）流动，从输入层到隐藏层，一直到输出层，网络中没有回环或反馈机制。

图 5-2 和图 5-3 所示的示例网络都是前馈人工神经网络。

本书的大部分内容均采用前馈神经网络。

5.1.7 误差函数

什么是误差？在机器学习的背景下，误差是预期结果和预测结果之间的差异。误差方程可以简写成如下形式：

$$误差 = 预期结果 - 预测结果$$

神经网络的学习目标是计算权重的优化值。当误差最小（理想情况下为零）时，权重被视为针对给定数据集进行了优化。当网络开始学习时，它通过使用激活函数来初始化权重并计算每个神经元的输出，然后计算误差、调整权重、计算输出，重新计算误差并将其与以前计算的误差进行比较，直到找到最小误差。给出最小误差的权重作为最终权重，在这个阶段，网络被认为是“学习过的”。

根据微积分知识，如果函数在某点的一阶导数为零，则该点的函数值最小或最大。寻找一阶导数为零的最小点是神经网络训练的目标。因此，神经网络必须有一个误差函数来计算一阶导数，并找到误差函数最小的点（权重和偏置）。这个误差函数取决于需要训练的模型类型。误差函数也被称为**损失函数**。

计算导数并找出最优权重的数学知识不在本书的讨论范围内，本书将探讨一些常用的误差函数以及它们的应用场合，不会深入介绍误差函数的相关知识。如果你没有学习过微积分相关知识，请不要担心，你只需要理解不同类型的误差函数的应用场合即可。

误差函数大致分为以下三类：

- 当利用训练模型来预测连续输出结果（例如股票价格和住房价格）时，采用回归损失函数。
- 当利用训练模型来预测最多两个类别（比如猫对狗或癌症对非癌症）时，采用二分类损失函数。
- 当利用模型预测两个以上的类别时（例如目标检测），采用多分类损失函数。

下面将概述误差函数类型、应用场合以及兼容的激活函数类型。根据本节误差函数分类原则，你需要为特定建模工作选择合适的误差函数。

1. 回归损失函数

均方误差（Mean Squared Error，MSE）**损失**：

- **简要说明**：这是回归问题的默认损失函数。如果目标变量的分布是正态分布或高斯分布，那么首选此损失函数。
- **适用场合**：当目标变量的分布是正态分布时。
- **适用的激活函数**：model.add(Dense(1, activation='linear'))。
- **TensorFlow 示例**：model.compile(loss='mean_squared_error') 或 model.compile(loss='mse')。

均方对数误差（Mean Squared Logarithmic Error，MSLE）**损失**：

- **简要说明**：此函数首先计算预测值的对数，然后计算均方误差。
- **适用场合**：当目标变量具有广泛的值并且预测一个大值时，你可能不希望像均方误差那样严重地惩罚模型。这通常在模型预测未缩放值时使用。
- **适用的激活函数**：model.add(Dense(1, activation='linear'))。
- **TensorFlow 示例**：model.compile(loss='mean_squared_logarithmic_error')。

平均绝对误差损失：

- **简要说明**：预期值和预测值之间绝对差值的平均值。
- **适用场合**：当目标变量呈正态分布且有一些异常值时。
- **适用的激活函数**：model.add(Dense(1, activation='linear'))。
- **TensorFlow 示例**：model.compile(loss='mean_absolute_error')。

2. 二分类损失函数

二分类交叉熵：

- **简要说明**：这是二分类问题中的默认损失函数，优于其他函数。交叉熵计算一个分数，该分数总结了预测类 1 的实际概率分布和预测概率分布之间的平均差异。最小化分数，将最优交叉熵值设为 0。
- **适用场合**：当目标值在（0,1）区间时。
- **适用的激活函数**：model.add(Dense(1, activation='sigmoid'))。
- **TensorFlow 示例**：model.compile(loss='binary_crossentropy', metrics=['accuracy'])。

合页损失：

- **简要说明**：主要用于基于支持向量机的二分类中。
- **适用场合**：当目标变量在（–1,1）区间时。
- **适用的激活函数**：model.add (Dense(1, activation='tanh'))。
- **TensorFlow 示例**：model.compile(loss='hinge', metrics=['accuracy'])。

平方合页损失：

- **简要说明**：此函数计算合页损失的平方。它对误差函数进行平滑处理，以使其数值易于分析。
- **适用场合**：目标变量位于（–1,1）区间。

- **适用的激活函数**：model.add(Dense(1, activation='tanh'))。
- TensorFlow 示例：model.compile(loss='squared_hinge', metrics=['accuracy'])。

3. 多分类损失函数

多类交叉熵损失：

- **简要说明**：这是多类分类问题的默认损失函数，优于其他函数。交叉熵计算一个分数，该分数总结了预测类 1 的实际概率分布和预测概率分布之间的平均差异。最小化分数，将最优交叉熵值设为 0。
- **适用场合**：当目标值在集合 {0，1，3，4，…，n} 中时，每个类被分配一个唯一的整数值。
- **适用的激活函数**：model.add(Dense(4, activation='softmax'))。
- TensorFlow 示例：model.compile(loss='categorical_crossentropy', metrics=['accuracy'])。

稀疏多类交叉熵损失：

- **简要说明**：稀疏交叉熵执行相同的损失交叉熵计算，无须在训练前对目标变量进行独热编码。
- **适用场合**：当目标中有大量类别时，例如，预测字典单词。
- **适用的激活函数**：model.add(Dense(100, activation='softmax'))。
- TensorFlow 示例：model.compile(loss='sparse_categorical_crossentropy', metrics=['accuracy'])。

Kullback-Leibler 散度（Kullback-Leibler Divergence，KLD）损失：

- **简要说明**：KLD 测量概率分布与基线分布的差异，KL 散度损失为 0 表示分布相同。如果利用预测的概率分布来近似期望的目标概率分布，KLD 可用来确定丢失多少信息（以 bit 为单位）。
- **适用场合**：用于解决复杂问题，例如用于学习密集特征的自动编码器。如果将其用于多类分类，则其作用相当于多类交叉熵。
- **适用的激活函数**：model.add(Dense(100, activation='softmax'))。
- TensorFlow 示例：model.compile(loss='kullback_leibler_divergence', metrics=['accuracy'])。

5.1.8 优化算法

神经网络的学习目标是确定损失最小的最优权重（和偏置）。当网络开始学习时，它为每个输入连接分配权重。最初，这些权重很少优化。权重偏离优化权重的程度取决于损失（或误差）。为了确定理想权重，学习算法对损失函数进行优化，从而找到使损失函数最小的权重。更新权重（和偏置），重复这个过程，直到没有更多优化空间。优化损失函数的算法称为**优化算法**或**优化器**。

有几种优化算法可以提供不同程度的精度、速度和并行性。本节将探讨一些流行的优化方法。本节将对优化算法及其应用场合进行简单介绍，不深入研究这些算法中涉及的数学知识。

1. 梯度下降法

梯度下降法是一种优化算法，它寻找损失函数（也称为**代价函数**）为零或最小的权重。梯度下降法是一种寻找最小损失函数法，它的工作原理如下：

1）误差函数由以下等式表示：

$$f(w)=\frac{1}{N}\sum_{i}(y_i-w_ix_i) \tag{5.11}$$

其中 y_i 是实际 / 已知值，w_i 是对应于第 i 个采样特征向量 x_i 的权重。y_i 减去预测值 w_ix_i 表示误差或损失。

根据微积分知识，函数某点的一阶导数表示该点的斜率或梯度。如果绘制损失函数 $f(w)$，将得到一条多维曲线（见图 5-14）。通过计算导数以获得梯度，从而确定沿曲线移动的方向，以获得新的权重集。由于算法的目标是最小化损失，所以算法向负梯度方向移动。

例如，假设只有一个特征，因此我们只需要计算一个权重（w）。损失函数如图 5-14a 所示。

算法首先计算初始权重对应的损失，假设损失为 $f(w)$，并假设在图 5-14a 的第 1 点计算损失。

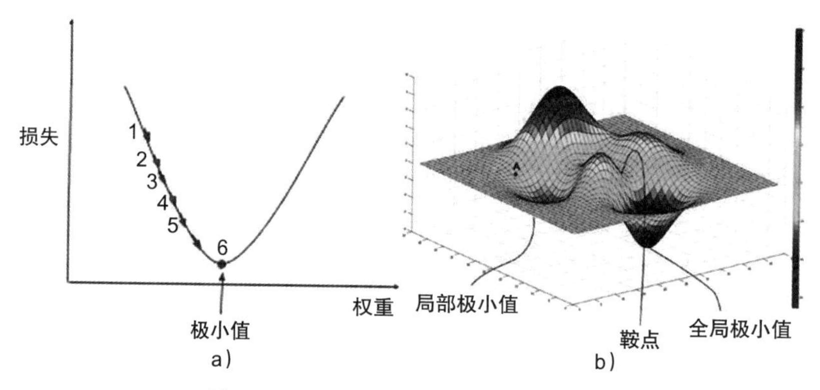

图 5-14　梯度向最小值移动的损失函数

2）算法计算梯度（δ）并沿曲线向下移动，方向由负梯度决定。

3）当它下降时，算法采用以下公式计算新的权重：

$$w_i = w_{i-1}+\alpha\ (-\delta)= w_i-\alpha\delta \tag{5.12}$$

式中 α 被称为**学习率**。学习率决定了梯度沿曲线下降以达到极小值点的步骤数量。

4）利用新的权重再次计算误差，并重复该过程，直到算法找到最小损失。

局部极小值和全局极小值

为了简单起见，我们只考虑一个特征，因此只考虑一个权重。但实际上，可能有几十个甚至几百个特征需要学习权重。图 5-14b 的图像展示了需要优化多个权重时的误差曲线。在这种情况下，曲线可能有多个极小值点，称为**局部极小值**。梯度下降算法的目标是寻找全局极小值以优化权重。

学习率

如式（5.12）所示，参数 α 称为**学习率**。学习率决定了梯度下降算法向下移动以寻找全局极小值的步骤数量。

学习率应该有多大？学习率过大时可能会错过最低点，并来回振荡，永远找不到最低点。另外，学习率过小时需要很多步骤才能到达最低点。

学习率小会使学习速度变慢，图 5-15 展示了过大或过小学习率的影响。

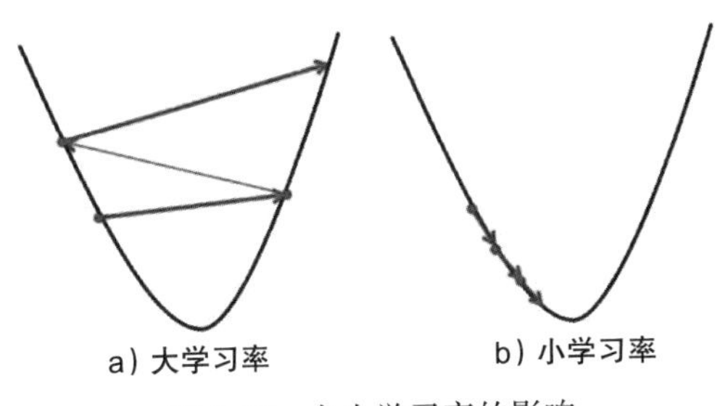

图 5-15　大小学习率的影响

因此，我们必须设置恰当的学习率。一般，学习率的取值范围为 0.01 ～ 0.1，我们通常从这个范围内的学习率开始，并根据需要进行调整。

正则化

如果某个特征的权重高于所有其他特征的权重，会发生什么情况？这一特征将具有更高的权重，并将对整体预测产生重大影响。正则化是一种通过对一个或几个大权重进行惩罚来抑制过拟合的方法。我们在损失函数中添加另一个参数（称为**正则化参数**），以平衡可能导致预测受到严重影响的过大的权重。正则化参数惩罚较大的权重以减少其影响。

为了便于理解，我们将在后面通过编写训练模型的代码来理解正则化概念。

2. 随机梯度下降法

梯度下降法在每一步和每一次迭代中计算全部训练样本的梯度，这涉及大量的计算，它们需要时间来收敛。根据训练集的大小，一台机器可能无法进行算法处理，因为它必须在内存（RAM）中放入全部数据。此外，算法运行过程中不适合进行并行计算。随机梯度下降（Stochastic Gradient Descent，SGD）法克服了上述问题。

SGD 计算训练集的一个小子集的梯度，这个子集可以很容易地放在内存中。

SGD 的工作方式如下：

1）随机化输入数据集以消除偏差。

2）计算随机选择的单个数据或小批量数据的梯度。

3）用 $w_i = w_{i-1} - \alpha\delta$ 来更新权重。

由于权重更新减少了稳定收敛的权重方差，因此，SGD 中的权重更新是针对多个训练样本而不是单个样本计算的。128 或 256 的小批量是一个很好的起点，最佳批尺寸可能因不同的应用程序、架构和计算机硬件容量而异。

用于分布式和并行计算的 SGD

如果训练数据集很大，则可以把随机训练集分成小的小批量数据集。这些小批量数据集可以分布在集群中的多台计算机上。SGD 可以在拥有少量数据的单个计算机中独立、并行计算权重，将单个计算机处理结果合并到中央计算机上，以获得最终及优化的权重。

SGD 还可以在具有多个 CPU 或 GPU 的单个计算机中使用并行处理来优化权重。

计算最优权重时利用 SGD 进行分布式并行运算有助于加快算法收敛速度。

具有动量的 SGD

如果绘制损失函数并查看山沟形曲线（具有陡壁和窄底），则应考虑使用具有动量的 SGD。沟壑在局部最小值附近更为突出，在这种情况下，SGD 在最小值附近振荡，可能无法达到目标值。标准 SGD 通常会延迟转换，尤其是在几次迭代之后，如图 5-16 所示。

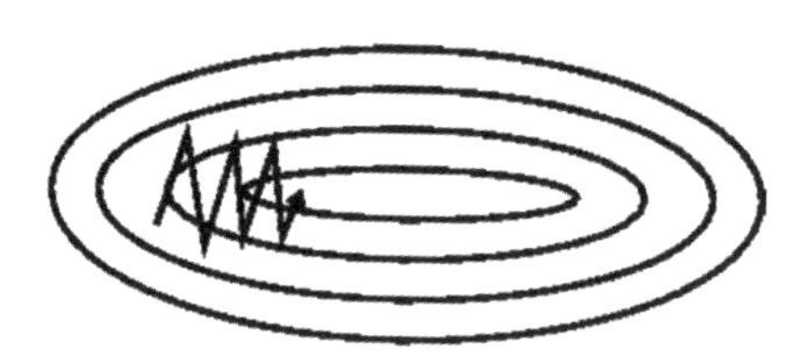

图 5-16 具有动量的 SGD

动量是一种通过控制梯度运动来控制振荡的方法，动量更新由下式给出：

$$v = \gamma \boldsymbol{v} + \alpha \delta \tag{5.13}$$

其中 δ 是利用 SGD 计算的梯度，α 是学习率。$\boldsymbol{v}$ 是与参数（或权重）具有相同维度的速度向量，γ 的值在 (0,1) 区间内，通常默认取 0.9。

最后，采用以下公式更新权重：

$$\boldsymbol{w}_i = \boldsymbol{w}_{i-1} + \boldsymbol{v}$$

3. 自适应梯度算法

梯度下降法和 SGD 需要手动设置和调整学习率。如果学习率太大，算法会错过最低点；如果学习率太小，算法会花费大量时间才能收敛。寻找最佳学习率的过程是一个手动过程。当神经网络具有多维性时，选择合适的学习率尤为困难。一种选择是为每个维度设置不同的学习率。然而，大多数神经网络都有数百甚至数千的维度，这使得人工选择学习率几乎是不可能的。

自适应梯度（Adaptive gradient，Adagrad）算法通过查看过去为每个参数计算正确的学习率，从而解决了学习率选择的问题。Adagrad 为不常见的特征生成更高的学习率，为常见的特征生成更低的学习率，这意味着每个参数都有自己的学习率，这可以改善稀疏梯度问题的性能。

Adagrad 非常适合处理稀疏数据，例如在计算机视觉或 NLP 中。Adagrad 最大的缺点之一是，自适应学习率往往随着时间的推移变得非常小。

4. RMSProp

还记得有动量的 SGD 吗？动量的引入控制了更陡曲线中的梯度运动。RMSProp 强化了具有动量的 SGD，同时，它限制了梯度在垂直方向上的移动。例如，如果有一个陡峭的曲线，水平方向上的一个小的移动将导致垂直方向上的一个大的移动。RMSProp 控制垂直运动，使垂直方向和水平方向的运动保持匀速，从而更快地找到最低点。

5. 自适应矩

自适应矩（Adaptive moment，Adam）优化算法是为深度学习而设计的，是一种首选的优化算法。它将具有动量的 SGD 与 RMSProp 相结合。Adam 根据训练数据迭代更新网络权重。

Adam 没有像 RMSProp 那样基于一阶矩（均值）来调整参数学习率，而是利用梯度二阶矩的均值。

本书不探讨 Adam 背后的数学知识。有关如何计算和更新梯度的详细信息见 https://arxiv.org/pdf/1412.6980.pdf。

Adam 的优点如下：

- 易于实现。
- 计算效率高。
- 内存需求少。
- 对梯度的对角线缩放不变。
- 非常适合数据或参数较大的问题。
- 适用于非平稳目标。
- 适用于有噪声或稀疏梯度的问题。
- 具有直观解释且通常几乎不需要调整的超参数。

5.1.9　反向传播

为了训练神经网络，我们需要有以下三种数据：

- 输入数据或特征。
- 前馈多层神经网络。
- 误差函数。

网络为每个输入特征分配初始权重。采用优化算法（如 SGD 或 Adam）对误差函数进行优化以计算最小误差，并更新权重。

多层感知机至少包含三层：输入层、隐藏层和输出层。它可以有多个隐藏层。

在前馈网络中，神经元的输出是沿正向计算的，从第一隐藏层开始，然后是第二隐藏层，依此类推，最后是输出层。

下一步是估计误差，以便更新权重。在反向传播中，首先计算最后一层的权值梯度，第一层的梯度在最后计算。在计算前一层的梯度时，重复使用每一层梯度的部分计算。这种误差信息的反向流动允许有效地计算每一层的梯度，换句话说，梯度计算不是在每一层独立完成的。

为什么要先计算最后一层的误差？原因很简单，因为隐藏层没有目标变量，只有输出层才能将目标变量映射到标记数据集。为此，首先计算最后一层的误差是非常有意义的。

本节概述了神经网络是如何工作的以及幕后有哪些不同的算法，还探讨了一些参数，如学习率和动量，控制它们可以调整训练。我们还可以设置或调整参数以训练优秀的模型，这一模型参数称为**超参数**，本章后面将会介绍有关超参数的更多信息。

在下面几节中，我们将编写代码来实现本章前面介绍的一些概念。我们将编写 Python 代码并使用 TensorFlow 来完成这些示例。我们将从 TensorFlow 开始介绍与计算机视觉相关的特征和函数。在后面，我们将利用 TensorFlow 代码来实现神经网络概念，并进行相关说明。

5.2 TensorFlow

TensorFlow 是一个用于端到端机器学习的开源平台，它提供了一个高级且易于使用的 API 来创建机器学习模型。TensorFlow 是 Keras 的执行引擎，Keras 是用 Python 编写的高级神经网络 API。

在编写本书时，TensorFlow 2（TF2）已经可用，但本书中涉及的一些核心概念（如目标检测）仅适合用 TensorFlow 1（TF1）。在大多数情况下，我们将使用 TensorFlow 2，TensorFlow 1 主要用于目标检测。

5.2.1 TensorFlow 安装

如果已遵循了第 1 章中的安装说明，那么 TensorFlow 和 Keras 应该已经安装在你的工作环境中了。如果没有，请参阅第 1 章的 TensorFlow 安装说明。

5.2.2 TensorFlow 使用说明

如果想在代码中使用 TensorFlow，请按如下方式导入它：

```
import tensorflow as tf
```

用如下方式可以访问 Keras API：

```
tf.keras
```

在深入研究神经网络之前，我们先了解 TensorFlow 的一些术语。

5.2.3 张量

张量是包含基本数据类型的 n 维数组的数据结构：

- 如果 n 的值为 0，则称为**标量**，标量的秩为 0。
- 如果 n 的值为 1，则称为**向量**，向量的秩为 1。

- 如果 n 的值为 2，则称为**矩阵**，矩阵的秩为 2。
- 如果 n 的值大于或等于 3，则称为**张量**。根据 n 的值，其秩为 3 或更大。

张量是向量和矩阵向更高维的推广，表 5-1 总结了标量、向量、矩阵和张量之间的区别。TensorFlow 在内部定义、操作和计算张量，它可以通过以下方式访问 Tensor 类：

```
tf.Tensor
```

Tensor 类具有以下属性：

- 数据类型，例如 uint8、int32、float32 或 string。张量的每个元素都必须是相同的数据类型。
- 形状，即维度的数目和每个维度的尺寸。

表 5-1 标量、向量、矩阵和张量的定义

数据类型	维度或秩（n 值）	示　例
标量	0	scalar_s = 231
向量	1	vector_v = [1,2,3,4,5]
矩阵	2	matrix_m = [[1,2,3],[4,5,6],[7,8,9]]
张量	3 或更大	tensor_3d = [[[1,2,3], [4,5,6], [7,8,9]], [[11,12,13], [14,15,16], [17,18,19]], [[21,22,23], [24,25,26], [27,28,29]],]

5.2.4 变量

TensorFlow 有一个名为 Variable 的类，可以使用 tf.Variable 访问。tf.Variable 类表示一个张量，张量的值通过读取、修改等操作控制。你将在本章后面看到 tf.keras 利用 tf.Variable 去存储模型参数，代码清单 5-1 展示了使用 Variable 的 Python 示例。

5.2.5 常量

TensorFlow 还支持常量，常量的值在初始化后不能更改。要创建常量，请调用以下函数：

```
tf.constant(value, dtype=None, shape=None, name='Const')
```

其中，value 是实际值或设置为常量的列表；dtype 是由常量表示的生成的张量数据类型；shape 是一个可选参数，表示生成的张量的形状；name 是张量的名字。

如果不指定数据类型，tf.constant() 将从常量的值推断它。tf.constant() 函数返回一个常量张量。

代码清单 5-1 展示了一个创建张量变量的简单代码示例。

代码清单 5-1 创建张量变量

```
Filename: Listing_5_1.py
import tensorflow as tf

# create a tensor variable with zero filled with default datatype float32
```

```
4   a_tensor = tf.Variable(tf.zeros([2,2,2]))
5
6   # Create a 0-D array or scalar variable with data type tf.int32
7   a_scalar = tf.Variable(200, tf.int32)
8
9   # Create a 1-D array or vector with data type tf.int32
10  an_initialized_vector = tf.Variable([1, 3, 5, 7, 9, 11], tf.int32)
11
12  # Create a 2-D array or matrix with default data type which is tf.float32
13  an_initialized_matrix = tf.Variable([ [2, 4], [5, 25] ])
14
15  # Get the tensor's rank and shape
16  rank = tf.rank(a_tensor)
17  shape = tf.shape(a_tensor)
18
19  # Create a constant initialized with a fixed value.
20  a_constant_tensor = tf.constant(123.100)
21  print(a_constant_tensor)
22  tf.print(a_constant_tensor)
```

代码清单 5-1 的第 1 行导入 TensorFlow 包。第 4 行创建张量，其形状 [2,2,2] 用零填充。默认情况下，它创建一个数据类型为 tf.float32（如果在创建张量时没有指定数据类型，则默认为 float32）的张量。但是，数据类型是从初始值推断出来的。

第 7 行创建数据类型为 int32 的标量数据，第 10 行创建数据类型为 int32 的向量，第 13 行创建默认数据类型为 float32 的 2×2 矩阵。

第 16 行展示如何获得张量的秩（见表 5-1），第 17 行展示如何获得形状。

第 20 行创建一个常量张量，其值初始化为 123.100，它的数据类型由初始化时使用的值来推断。

第 20 行和第 21 行显示了打印张量的两种不同方式。执行代码并注意两个 print 语句之间的差异。

要计算张量，请使用 Tensor. eval() 方法，创建与张量形状相同的等效 NumPy 数组。请注意，仅当默认值 tf. Session 激活时才计算张量。

本书讨论 TensorFlow，只介绍与编写构建计算机视觉和深度学习模型的代码相关功能。你应该访问 TensorFlow 官方网站，学习使用 TensorFlow 的 Python 函数，API 说明见 https://www.tensorflow.org/api_docs/python/tf。

我们将在下面的章节中讨论 TensorFlow。

5.3 第一个使用深度学习的计算机视觉模型：手写数字分类

我们现在已做好建立和训练第一个计算机视觉模型的准备，从著名的“Hello World”

类型的深度学习模型开始，学习如何构建简单的多层感知机分类器。当完成本节实践时，你将拥有一个真正的计算机视觉模型。和前面一样，我们将逐行解释在此过程中编写的 TensorFlow 代码。在开始编写第一个模型之前，我们先来了解要构建什么以及所需步骤。

我们的目标是利用人工神经网络训练一个模型来分类手写数字（0 至 9）图像。

我们将建立一个神经网络来执行有监督学习。对于任何有监督学习，都需要一个包含标记数据的数据集。换言之，我们需要用它们所代表的数字标记的图像。例如，如果图像包含手写数字 5，它将被标记为 5。同样，在模型训练中使用的所有图像都必须用相应的标签进行标记。

数据集有十个类，每个数字对应一个类，类索引从 0 开始，因此，类的范围为 0 ～ 9。

将标记图像的数据集分为两部分（通常按 70:30 的比例划分）：

- **训练集**：70% 的标记图像用于实际训练。为了得到好的结果，我们应该确保训练数据是平衡的，这意味着其中所有类的数量几乎相等。

  如果训练集中各类的比例不均衡怎么办？多数类将对模型产生更大的影响，少数类可能永远不会或很少被预测。

  为了平衡类，可以进行过采样或欠采样。过采样应该添加更多少数类图像，使它们的数量接近多数类。欠采样移除多数类图像，使其在数量上接近少数类。

  还有其他的方法可以平衡类，但不建议用于计算机视觉。合成少数过采样方法（Synthetic Minority Oversampling Technique，SMOTE）可以平衡类，但不推荐用于计算机视觉。然而，https://arxiv.org/pdf/1710.05381.pdf 上的研究论文得出结论：欠采样与过采样的性能相当，因此应优先考虑计算效率。

- **测试集**：30% 的标记数据用作测试集。将测试集的图像传递给训练过的模型，并将预测结果与标签进行比较，以评估模型的准确率。

  重要的是要确保测试集没有与训练集相同的图像。另外，测试集包含所有类且各类的比例相当也很重要。

我们将执行以下任务来构建模型：

1）下载包含手写数字及其标签的图像数据集（https://storage.googleapis.com/tensorflow/tf-keras-datasets/mnist.npz）。

2）将 MLP 分类器配置为四层：输入层、两个隐藏层和输出层。

3）用训练集拟合 MLP 模型，拟合模型意味着训练模型。

4）利用测试集评估训练的模型。

5）在不同的数据集（未在训练集或测试集中）上使用模型进行预测并显示结果。

最后，我们可以逐行查看 TensorFlow 代码以了解如何训练基于深度学习的计算机视觉模型，该模型可以对手写数字进行分类。

我们来探索代码清单 5-2，它展示了如何训练基于深度学习的计算机视觉模型。

代码清单 5-2　用于手写数字图像分类的四层 MLP 算法

```
Filename: Listing_5_2.py
1   import tensorflow as tf
2   import matplotlib.pyplot as plt
3   # Load MNIST data using built-in datasets download function
4   mnist = tf.keras.datasets.mnist
5   (x_train, y_train), (x_test, y_test) = mnist.load_data()
6
7   #Normalize the pixel values by dividing each pixel by 255
8   x_train, x_test = x_train / 255.0, x_test / 255.0
9
10  # Build the 4-layer neural network (MLP)
11  model = tf.keras.models.Sequential([
12   tf.keras.layers.Flatten(input_shape=(28, 28)),
13   tf.keras.layers.Dense(128, activation='relu'),
14   tf.keras.layers.Dense(60, activation='relu'),
15   tf.keras.layers.Dense(10, activation='softmax')
16  ])
17
18  # Compile the model and set optimizer,loss function and metrics
19  model.compile(optimizer='adam',
20                loss='sparse_categorical_crossentropy',
21                metrics=['accuracy'])
22
23  # Finally, train or fit the model
24  trained_model = model.fit(x_train, y_train, validation_split=0.3, epochs=100)
25
26  # Visualize loss  and accuracy history
27  plt.plot(trained_model.history['loss'], 'r--')
28  plt.plot(trained_model.history['accuracy'], 'b-')
29  plt.legend(['Training Loss', 'Training Accuracy'])
30  plt.xlabel('Epoch')
31  plt.ylabel('Percent')
32  plt.show();
33
34  # Evaluate the result using the test set.\
35  evalResult = model.evaluate(x_test,  y_test, verbose=1)
36  print("Evaluation", evalResult)
37  predicted = model.predict(x_test)
38  print("Predicted", predicted)
```

第 1 行导入 TensorFlow 包。这个包提供了对 Keras 深度学习库和其他深度学习相关函数的访问。第 2 行导入 matplotlib。

第 4 行初始化 keras.datasets.mnist 模块，此模块提供了一个内置函数来下载修改后的 MNIST 手写数字图像数据。MNIST 数据库（http://yann.lecun.com/exdb/mnist/）是大量手写数字的集合，广泛用于训练各种计算机视觉系统。

第 5 行下载 MNIST 数据集。mnist 模块中的 load_data() 函数下载数字数据库并返回 NumPy 数组的元组。默认情况下，它会在主目录位置 ~/.keras/datasets 下载数据库，默认文件名为 mnist.npz。通过提供绝对文件路径可下载到任何其他位置，例如 load_data(path='/absolute/path/mnist.npz') 中，确保下载目录已经存在。

load_data() 函数返回 NumPy 数组的元组：

- ❑ x_train：这个 NumPy 数组包含用于训练的图像的像素值。
- ❑ y_train：这个 NumPy 数组包含 x_train 中每幅图像的标签。
- ❑ x_test 和 y_test：测试数据集的图像的像素值和相应标签。

在第 8 行，我们知道像素值范围是 0 到 255，需要对像素值进行归一化，使其介于 0 和 1 之间。将每个像素除以 255 获得归一化值，如第 8 行所示。将 x_train 和 x_test NumPy 数组除以 255 可以获取归一化数组。

在本例中，我们使用 TensorFlow 中的内置函数下载公共可用的数据集。如果本地磁盘或分布式文件系统中已有数据，TensorFlow 提供的函数可以加载数据。我们将在本章后面展示如何从本地文件系统加载文件。

第 11 行到第 16 行虽然是一条语句，但为了清晰起见，我们将其分成多行，这就是定义神经网络的地方：

- ❑ tf.keras.models.Sequential：这是一个 TensorFlow 类，它提供了创建神经网络层的函数。在本例中，我们创建了四层，并将其作为数组传递给 Sequential 类的构造函数。
- ❑ tf.keras.layers：本模块提供创建不同类型神经网络层的 API。在本例中：
  - tf.keras.layers.Flatten(input_shape=(28, 28))通过初始化Flatten()函数来定义输入层。我们的输入图像大小为 28×28 像素，单通道。此函数的参数是输入形状。Flatten 函数将在输入层产生 28×28=784 个神经元，因为输入层中的神经元数量与特征的数量相同（如果使用偏置，则加 1）。输入的数字图像大小为 28×28 像素，每个像素值都作为一个输入特征，因此，该层中的节点数是 784。本章后面将会介绍更多具有复杂函数的示例。
  - tf.keras.layers.Dense 在神经网络中创建一个密集层。密集层有两个重要参数：神经元数目和激活函数。请注意，我们的神经网络中有三个密集层：

    隐藏层 1：神经元数目为 128，激活函数为 ReLU。

    隐藏层 2：神经元数目为 60，激活函数为 ReLU。

    输出层（最后一层）：神经元数目为 10，激活函数为 softmax。

为什么隐藏层中的激活函数是 ReLU？ ReLU 总是在（0，∞）范围内产生输出，并且不生成任何负数。归一化后的像素值在区间（0,1）内，因此，ReLU 对于这一层来说很合适。

为什么 softmax 在输出层？记住，softmax 生成神经元输出的概率分布，输出层生成每个类的概率。在本例中，对于每幅输入图像，它将生成 10 个概率，每个对应一个类，这些概率之和等于 1。通常将概率最大的类作为输入图像的预测类。

为什么输出层只有 10 个神经元？因为我们只有 10 个数字需要预测，而分类问题的输出层的神经元数应该与预测类的数量相同。

第 19 行到第 21 行调用 compile() 函数，用我们前面提供的配置构建神经网络。函数 compile() 接受以下内容：

- optimizer = 'adam'：尝试查找损失函数最小值的优化函数名称。
- loss = 'sparse_categorical_crossentropy'：被优化的损失函数。这是一个多类分类问题，我们选择 sparse_categorical_crossentropy 函数。
- metrics= ['accuracy']：模型在训练和测试期间要评估的指标列表。对于分类问题，这是一个单输出模型，因此，指标列表中只传递一个指标，即准确率。

第 24 行拟合模型。当这一行执行时，模型开始学习，需要以下参数：

- x_train：像素归一化的 NumPy 数组。
- y_train：标签的 NumPy 数组。
- validation_split = 0.3，它告诉算法保留 30% 的训练数据用于验证。
- epochs = 100，训练迭代的次数。

如果想用测试数据集或其他任何有访问权限的数据集进行模型验证，可以使用 validation_data=(x_test, y_test)，而不是 validation_split。

问题是，我们应该使用多少次迭代来训练模型？通常，神经网络需要多次迭代才能完成学习，这是需要调整的参数之一。当模型开始学习时，控制台（例如，在 PyCharm 中执行代码时为 PyCharm 控制台）会打印输出。它显示了每个 epoch 的损失和准确率。在每一个 epoch 中，损失都会下降，准确率也会提高。如果损失不再减少或准确率不再提高，则应该将 epoch 值保持在这个水平。

图 5-17 显示了 100 个 epoch 的训练输出示例。

```
Train on 42000 samples, validate on 18000 samples

Epoch 1/100

42000/42000 [==============] - 5s 126us/sample - loss: 0.2858 - accuracy: 0.9165 - val_loss: 0.1709 - val_accuracy:
0.9484

Epoch 2/100

42000/42000 [==============] - 4s 90us/sample - loss: 0.1196 - accuracy: 0.9644 - val_loss: 0.1424 - val_accuracy:
0.9588

......

Epoch 99/100

42000/42000 [==============] - 4s 91us/sample - loss: 0.0064 - accuracy: 0.9987 - val_loss: 0.3400 - val_accuracy:
0.9752

Epoch 100/100

42000/42000 [==============] - 4s 106us/sample - loss: 0.0027 - accuracy: 0.9991 - val_loss: 0.3492 - val_accuracy:
0.9742
```

图 5-17　控制台输出示例，显示每个 epoch 的损失和准确率

第 27 行到第 32 行绘制损失与 epoch 和准确率与 epoch 的关系图，展示训练结果。训练的模型保存以往每个 epoch 的损失和准确率，它们可以通过 history['loss'] 和 history['accuracy'] 来访问。

在图 5-18 中，你会注意到损失随着 epoch 的减少而减少，大约在第十个 epoch 开始变平，此后更多的迭代将不会进一步减少损失。因此，将 epoch 设置为 10，以避免进行更多计算。

同样，准确率也会提高，并且在几次迭代之后变得平坦。损失和准确率都有助于确定训练神经网络的迭代次数。

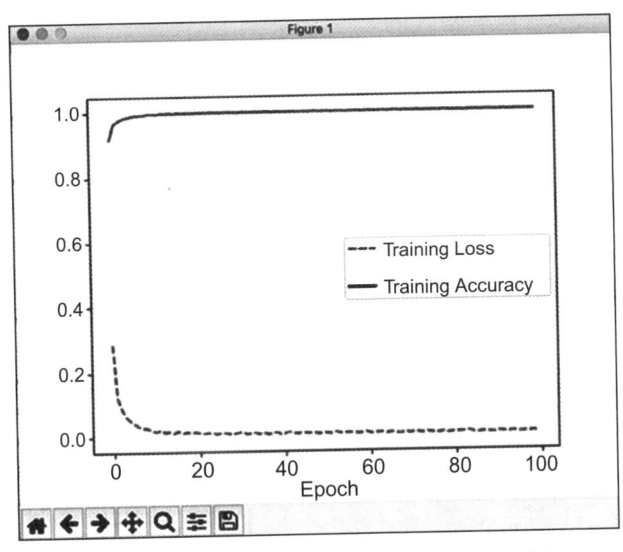

图 5-18　训练损失和准确率与 epoch 的关系图

调用 history.keys() 函数可以打印 History 对象中的关键值。你可能还需要绘制 valu_acc 和 val_loss 图，以查看模型如何利用 30% 验证数据进行评估。

第 35 行根据测试数据集评估模型。我们使用 evaluate() 函数，它接受以下参数：

- 包含所有测试图像的归一化像素的 x_test NumPy。
- 包含测试数据集标签的 y_test NumPy。
- verbose =1 作为打印输出的可选参数。

从图 5-19 的示例输出中可以看到，模型在测试数据集的准确率为 0.9787 或 97.87%，这被认为是一个相当好的模型。

图 5-19 显示了 evaluate() 函数的示例输出，模型评估了 97.87% 的总体准确率，损失为 0.2757。

```
Evaluation [0.2757401464153796, 0.9787]
```

图 5-19　评估输出

如果你有一个测试数据集（比如本例中的数据集），则不需要保留训练集的 30% 作为测试集（见第 24 行）。如果第 35 行使用测试数据执行评估，那么参数 validation_split = 0.3 是可选的。

到目前为止，我们在第 37 行建立、训练并评估了神经网络。第 37 行采用经过训练的模型来预测未知输入图像的类别。任何新图像（具有像素归一化 NumPy）都可以输入模型来预测其类别。

为了预测一个类，我们使用函数 model.predict()，它将图像 NumPy 数组作为参数。

predict() 函数的输出是一个数组，数组的元素对应每个类的概率，最大概率的索引便是该图像的预测类。

例如，带有手写数字的输入图像获得预测概率，如图 5-20 所示。从零开始，第六个索引（突出显示）的概率最高，为 0.998444。因此，输入图像的预测类为 7，与手写数字匹配，如图 5-20 所示。

[1.8943774e-06, 4.848908e-06, 0.00090997526, 0.00060881954, 5.6300826e-07, 1.5920621e-07, 0.998444, 3.4792773e-09, 1.1292449e-05, 1.8514449e-05]

图 5-20　输入图像和预测概率

祝贺你！你建立并训练了第一个计算机视觉神经网络。下面将介绍如何评估模型的好与坏，以及如何调整参数以使模型具有更低的损失和更高的准确率。

5.4　模型评估

在训练模型后，通过分析模型的损失和准确率来对其进行评估。模型的损失和准确率是根据训练数据计算出来的。即使准确率很高，损失很小，我们也不能确定当一组新的数据输入模型中时，模型是否会以同样的准确率进行预测。通过输入不同于训练集的测试数据来分析模型的性能是非常重要的，下面是实践中常用的一些评估方法。

5.4.1　过拟合

过拟合模型充分学习了训练数据，以至于它在训练数据上表现良好，但在评估和测试数据上表现不佳。例如，如果模型在训练数据上的准确率很高（例如 97%），但在测试集或验证集的准确率较低（例如 70%），则称该模型过拟合。图 5-21 描述了测试准确率低于训练准确率的过拟合情况。

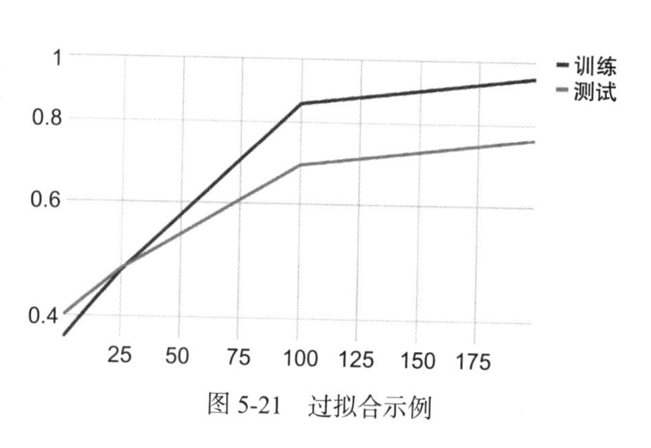

图 5-21　过拟合示例

如何避免过拟合？控制或避免过拟合

的方法如下：

- **正则化**：我们已经介绍过正则化，以及它如何影响模型。
- Dropout：Dropout 也是一种正则化方法。在 Dropout 中，神经元被随机丢弃，这意味着丢弃的神经元的输出不能作为下一层的输入。Dropout 是暂时的，只适用于特定传递过程。在特定传递过程中，权重更新不会应用于暂时移除的神经元。

  在 TensorFlow 中，通过添加称为 Dropout 的层并指定丢弃率或概率（例如，20%）来实现 Dropout。Dropout 层可以添加在输入层或隐藏层。实际应用时，需要保持最小的丢弃概率，以避免损失重要的特征。

在代码清单 5-2 中，我们可以添加一个 Dropout 层，如代码清单 5-3 所示。

代码清单 5-3　显示 Dropout 层的代码片段

```
....
model = tf.keras.models.Sequential([
 tf.keras.layers.Flatten(input_shape=(28, 28)),
 tf.keras.layers.Dense(128, activation='relu'),
 tf.keras.layers.Dropout(0.2),
 tf.keras.layers.Dense(60, activation='relu'),
 tf.keras.layers.Dense(10, activation='softmax')
])
.....
```

5.4.2　欠拟合

当模型不能从训练数据中捕捉到潜在的趋势时，就称之为欠拟合。欠拟合模型仅仅意味着模型不能很好地拟合数据，它通常发生在小数据集或者数据集不能真实反映建模的实际场景中。欠拟合模型在训练集和测试集的准确率都不好，这种模型应该避免。避免欠拟合的一个好方法是向训练集中添加更多的数据（或者有足够包含试图建模的所有变化和趋势的数据）。此外，选择正确特征的特征工程也有助于减少欠拟合的出现。

5.4.3　评估指标

你还应该查看其他评估模型质量的重要指标，本节将介绍一些重要的评估指标。通过将预测结果与标签值进行比较，从测试数据集中计算这些指标。

- **真阳性率（True Positive Rate，TPR）或精度**：如果预测值和标签值匹配，则称为**真阳性**（True Positive，TP）。

  TPR = TP / 阳性总数
- **真阴性率（True Negative Rate，TNR）或特异性**：

  TNR = 真阴性总数 / 阴性总数
- **假阳性率（False Positive Rate，FPR）**：

  FPR = 假阳性总数 / 阴性总数

- ❑ **假阴性率（False Negative Rate，FNR）或漏检率：**
  FNR = 假阴性总数 / 阳性总数
- ❑ **混淆矩阵：**混淆矩阵也称为**误差矩阵**。它以网格形式显示每个类的阳性数和阴性数。例如，如果有两个类（狗和猫），则混淆矩阵可能如下：

	猫（预测值）	狗（预测值）
猫（实际值）	80	10
狗（实际值）	8	92

在本例中，猫类有 80 个真阳性、10 个假阳性和 8 个假阴性。类似地，狗类有 92 个真阳性、8 个假阳性和 10 个假阴性。

代码清单 5-4 展示了计算混淆矩阵的代码示例并以数组形式显示。

代码清单 5-4　混淆矩阵计算

```
.....
40  confusion = tf.math.confusion_matrix(y_test, np.argmax(predicted,
                axis=1), num_classes=10)
41  tf.print(confusion)
.....
```

代码清单 5-4 是代码清单 5-2 的扩展。代码清单 5-2 的第 37 行使用测试数据集进行预测。输出是每个输入的概率 NumPy 数组。np.argmax(predicted, axis=1) 获取数组中最大概率的索引，索引表示预测类。

在代码清单 5-4 中，tf.math.confusion_matrix() 计算混淆矩阵，它接受以下参数：

- x_test：测试数据集的图像特征 NumPy 数组。
- np.argmax(predicted, axis=1)：预测类。
- 可选参数 num_classes = 10 表示希望模型预测的类数量。

confusion_matrix() 函数的作用是返回一个张量。如果使用 print(confusion) 直接打印这个张量，它将不会显示张量的值。你需要执行张量，以便它在显示到控制台前计算所有值。

代码清单 5-4 中的第 40 行和第 41 行展示了如何生成混淆矩阵，并使用 tf.print() 语句将它们打印到控制台。

图 5-22 展示了本例中使用的测试集的混淆矩阵。

```
[[ 972    0    1    0    0    0    2    0    3    2]
 [   0 1117    3    1    0    0    3    1   10    0]
 [   3    0 1011    1    1    0    1    5   10    0]
 [   1    0    5  974    0    7    0    3   10   10]
 [   2    0    2    1  953    0    2    4    2   16]
 [   3    0    0    7    2  860    2    2   11    5]
 [   3    2    1    0    2    1  944    0    5    0]
 [   1    1    6    3    1    0    0 1000    6   10]
 [   3    0    5    0    2    0    0    1  960    3]
 [   4    3    0    2    4    2    1    4    8  981]]
```

图 5-22　混淆矩阵输出示例

- **精度**：真阳性总数与预测阳性总数之比。

  精度 = 真阳性总数 / 预测阳性总数
  = 真阳性总数 /(真阳性总数 + 假阳性总数)
  = TP/(TP + FP)

  理想情况下，模型不应该有任何假阳性结果，即 FP=0，这样，精度为 100%。精度越高，模型就越好。

- **召回率**：真阳性总数和给定集真阳性总数的比值。召回率与真阳性率相同。

  召回率 = 真阳性总数 / 给定集真阳性总数
  = 真阳性总数 /(真阳性总数 + 假阴性总数)
  = TP / (TP + FN)

  理想情况下，模型不应该有任何假阴性，即 FN=0，这样，召回率为 100%。因此，召回率越高，模型越好。

- **F1 分数**：从精度和召回率两方面来比较，对于理想模型，这两个指标都应该接近 100%。如果精度和召回率中的一个比另一个小，如何评估模型？F1 分数可以帮我们做出决定。F1 分数结合精度和召回率，形成了判断模型好坏的综合指标。F1 分数是精度和召回率的调和平均值，使用以下公式计算：

  F1 分数 = 2× 精度 × 召回率 / (精度 + 召回率)

- **准确率**：

  准确率 = (TP + TN)/ 总样本数
  = (TP + TN)/(T + N)
  = (TP + TN)/ (TP + TN + P + FN)

这些指标可以帮助我们确定模型是否适合在生产中应用，是否需要调整参数并重新训练模型。

5.5　超参数

在学习过程开始前，我们设置的神经网络模型参数称为超参数。这些参数被视为外部参数，而不是算法从训练数据计算的参数。在训练模型时，算法无法推断超参数。这些超参数会影响模型的整体性能，包括准确率和训练执行时间。

以下是训练计算机视觉神经网络时需要调整的一些常见超参数：

- 网络中的隐藏层数。
- 隐藏层中的神经元数。
- 丢弃率和学习率。

- 优化算法。
- 激活函数。
- 损失函数。
- 迭代次数或者 epoch 数。
- 验证集的拆分。
- 批大小。
- 动量。

5.5.1 TensorBoard

通常，你需要了解机器学习工作流运行时发生了什么。TensorBoard 是一种工具，它可以帮助你可视化机器学习测量数据和指标。使用 TensorBoard 可以跟踪评估指标，如跟踪损失和准确率，可视化模型图，将嵌入量投影到低维空间等。

TensorBoard 提供了一个 HParams 仪表板，它可以帮助我们确定最佳实验或最有前途的超参数集。我们以之前的神经网络为例，将各种超参数可视化，从而了解如何调整它们。

在执行以下示例之前，请确保已安装 TensorBoard。如果在 virtualenv 命令提示符下，只需运行此命令即可检查 TensorBoard 的安装情况：

```
(cv) username $: tensorboard --logdir mylogdir
```

如果一切顺利，将会得到以下输出：

```
TensorBoard 2.1.0 at http://localhost:6006/ (Press CTRL+C to quit)
```

将浏览器指向 http://localhost:6066，你会获得 TensorBoard Web UI。

5.5.2 超参数调优实验

代码清单 5-5 中的代码示例展示了一个简单的实验，其神经网络只有三个超参数。为了便于学习，我们把这个示例简化。

我们的目标是用以下参数进行实验：

- 第一个隐藏层中的神经元数。
- 优化函数。
- 丢弃率。

实验完成后，我们希望在 TensorBoard Web UI 中可视化结果，并利用 HParams 仪表板分析结果。代码清单 5-5 显示了代码流。

代码清单 5-5 用 TensorBoard 和 HParams 进行超参数调优和可视化

```
import tensorflow as tf
from tensorboard.plugins.hparams import api as hp

# Load MNIST data using built-in datasets download function
mnist = tf.keras.datasets.mnist
```

```
(x_train, y_train), (x_test, y_test) = mnist.load_data()

x_train, x_test = x_train / 255.0, x_test / 255.0

HP_NUM_UNITS = hp.HParam('num_units', hp.Discrete([16, 32]))
HP_DROPOUT = hp.HParam('dropout', hp.RealInterval(0.1, 0.2))
HP_OPTIMIZER = hp.HParam('optimizer', hp.Discrete(['adam', 'sgd']))

METRIC_ACCURACY = 'accuracy'

with tf.summary.create_file_writer('logs/hparam_tuning').as_default():
  hp.hparams_config(
    hparams=[HP_NUM_UNITS, HP_DROPOUT, HP_OPTIMIZER],
    metrics=[hp.Metric(METRIC_ACCURACY, display_name='Accuracy')],
  )


def train_test_model(hparams):
    model = tf.keras.models.Sequential([
        tf.keras.layers.Flatten(),
        tf.keras.layers.Dense(hparams[HP_NUM_UNITS], activation=tf.nn.relu),
        tf.keras.layers.Dropout(hparams[HP_DROPOUT]),
        tf.keras.layers.Dense(10, activation=tf.nn.softmax),
    ])
    model.compile(
        optimizer=hparams[HP_OPTIMIZER],
        loss='sparse_categorical_crossentropy',
        metrics=['accuracy'],
    )

    model.fit(x_train, y_train, epochs=5)
    _, accuracy = model.evaluate(x_test, y_test)
    return accuracy
def run(run_dir, hparams):
  with tf.summary.create_file_writer(run_dir).as_default():
    hp.hparams(hparams)  # record the values used in this trial
    accuracy = train_test_model(hparams)
    tf.summary.scalar(METRIC_ACCURACY, accuracy, step=1)

session_num = 0

for num_units in HP_NUM_UNITS.domain.values:
  for dropout_rate in (HP_DROPOUT.domain.min_value, HP_DROPOUT.domain.max_value):
    for optimizer in HP_OPTIMIZER.domain.values:
      hparams = {
          HP_NUM_UNITS: num_units,
```

```
52            HP_DROPOUT: dropout_rate,
53            HP_OPTIMIZER: optimizer,
54        }
55        run_name = "run-%d" % session_num
56        print('--- Starting trial: %s' % run_name)
57        print({h.name: hparams[h] for h in hparams})
58        run('logs/hparam_tuning/' + run_name, hparams)
59        session_num += 1
```

第 5 行到第 8 行加载的 MNIST 数字数据集与我们之前处理的数据相同。

第 10 行设置神经元的数量：16 和 32。

第 11 行设置丢弃率：0.1 和 0.2。

第 12 行设置优化函数：adam 和 sgd。

代码结构的其余部分很简单，不需要任何解释。请注意，对于三个超参数的任意组合，都会在嵌套 for 循环中调用 model.fit() 函数。指标输出被写入日志文件 logs/hparam_tuning 中。

实验成功执行后，采用以下命令启动 TensorBoard（确保处于虚拟环境中）：

(cv) username $: tensorboard -logdir logs/hparam_tuning

你可能需要将绝对路径传递到 logs/hparam_tuning 目录。

启动浏览器并指向 http://localhost:6006，你会获得 TensorBoard Web UI。从右上角的下拉列表中选择 HPARAMS，你会获得类似于图 5-23 的仪表板。

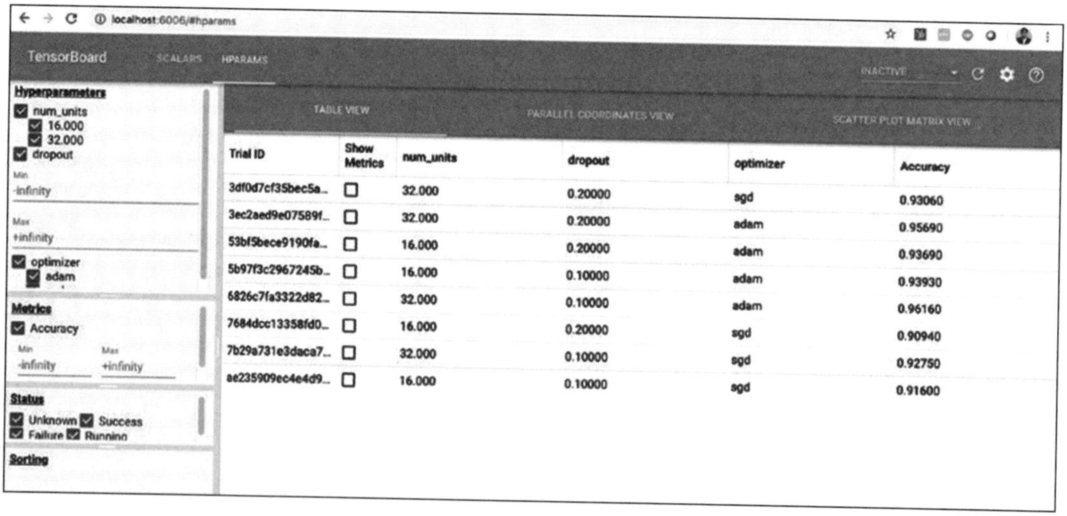

Trial ID	Show Metrics	num_units	dropout	optimizer	Accuracy
3df0d7cf35bec5a...	☐	32.000	0.20000	sgd	0.93060
3ec2aed9e07589f...	☐	32.000	0.20000	adam	0.95690
53bf5bece9190fa...	☐	16.000	0.20000	adam	0.93690
5b97f3c2967245b...	☐	16.000	0.10000	adam	0.93930
6826c7fa3322d82...	☐	32.000	0.10000	adam	0.96160
7684dcc13358fd0...	☐	16.000	0.20000	sgd	0.90940
7b29a731e3daca7...	☐	32.000	0.10000	sgd	0.92750
ae235909ec4e4d9...	☐	16.000	0.10000	sgd	0.91600

图 5-23 显示 HPARAMS 视图的 TensorBoard

从这个仪表板上，可以获得准确率最高（96.160%）的超参数组合：32 个神经元、0.1 的丢弃率以及 Adam 优化器。

单击“并行坐标视图”（Parallel Coordinates View）选项卡启动图 5-24。

如图 5-24 所示，单击指向最高准确率（或要检查的任何准确率）的链接，将获得绿色高亮显示的路径，该路径表示生成对应准确率的超参数组合。

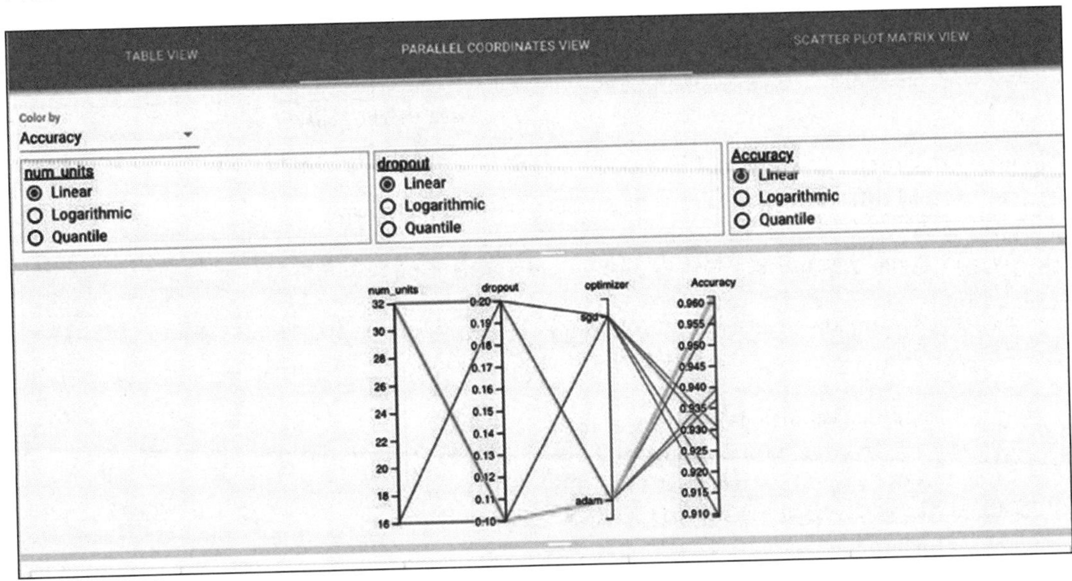

图 5-24　HPARAMS 的并行坐标视图

5.6　保存模型和恢复模型

通常，你会希望保存经过训练的模型，以便以后利用此模型对新图像进行分类或预测。毕竟，你不想每次都训练一个模型。

在实践中，模型训练是一个很耗时的过程。根据数据大小、硬件容量和神经网络配置，训练过程可能需要数小时或数天。你可能希望在训练期间和训练之后保存模型，如果训练被中断，你可以从中断的地方恢复训练，避免浪费训练中断前的训练时间。

本节将探讨如何训练和保存神经网络，然后加载它，并在应用程序中使用它。

5.6.1　在训练过程中保存模型检查点

代码清单 5-6 几乎包含了代码清单 5-2 中的模型训练的所有代码行。我们将突出显示有差异的代码行，以及它们在保存训练权重方面的代码行。

代码清单 5-6　在训练过程中保存模型权重

```
Filename: Listing_5_6.py
import tensorflow as tf
import matplotlib.pyplot as plt
import os

```

```
5    # The file path where the checkpoint will be saved.
6    checkpoint_path = "cv_checkpoint_dir/mnist_model.ckpt"
7    checkpoint_dir = os.path.dirname(checkpoint_path)
8
9    # Create a callback that saves the model's weights.
10   cp_callback = tf.keras.callbacks.ModelCheckpoint(filepath=checkpoint_path,
11                                                    save_weights_only=True,
12                                                    verbose=1)
13
14   # Load MNIST data using built-in datasets download function.
15   mnist = tf.keras.datasets.mnist
16   (x_train, y_train), (x_test, y_test) = mnist.load_data()
17
18   # Normalize the pixel values by dividing each pixel by 255.
19   x_train, x_test = x_train / 255.0, x_test / 255.0
20
21   # Build the ANN with 4-layers.
22   model = tf.keras.models.Sequential([
23     tf.keras.layers.Flatten(input_shape=(28, 28)),
24     tf.keras.layers.Dense(128, activation='relu'),
25     tf.keras.layers.Dense(60, activation='relu'),
26     tf.keras.layers.Dense(10, activation='softmax')
27   ])
28
29   # Compile the model and set optimizer,loss function and metrics
30   model.compile(optimizer='adam',
31                 loss='sparse_categorical_crossentropy',
32                 metrics=['accuracy'])
33
34   # Finally, train or fit the model, pass callbacks to save the model weights.
35   trained_model = model.fit(x_train, y_train, validation_split=0.3,
     epochs=10, callbacks=[cp_callback])
36
37   # Visualize loss  and accuracy history
38   plt.plot(trained_model.history['loss'], 'r--')
39   plt.plot(trained_model.history['accuracy'], 'b-')
40   plt.legend(['Training Loss', 'Training Accuracy'])
41   plt.xlabel('Epoch')
42   plt.ylabel('Percent')
43   plt.show();
44
45   # Evaluate the result using the test set.
46   evalResult = model.evaluate(x_test,  y_test, verbose=1)
47   print("Evaluation Result: ", evalResult)
```

第 3 行导入操作系统包，该包提供与文件系统相关的函数，用于将模型保存到文件路径。

第 6 行是存储模型权重的文件名。

第 7 行创建特定于操作系统的文件路径对象。

第 10 行通过传递以下参数来初始化名为 ModelCheckpoint 的 TensorFlow 回调类：

- ❑ filepath：这是第 7 行中创建的文件路径对象。
- ❑ save_weights_only：不要在训练期间保存整个模型，我们应该只保存权重。默认情况下，该值设置为 False，这意味着保存整个模型。通过将其设置为 True，神经网络将只保存权重。
- ❑ verbose = 1 打印日志并在控制台上运行状态。否则，默认值 0 表示静默。

还有其他的参数，我们可以根据需求进行传递。以下是附加参数列表：

- ❑ save_best_only：默认为 False。如果设置为 True，算法将评估并保存由我们传递的指标确定的最佳权重。
- ❑ save_frequency：默认值是 epoch，这意味着在每个 epoch 的末尾保存检查点。你可以传递一个整数，指示要保存检查点的频率。例如，如果设置 save_frequency = 5，则意味着检查点将每五个 epoch 保存一次。

你可以观察到，代码清单 5-6 中除了第 35 行之外，所有其他行都与代码清单 5-2 中的相同。

第 35 行有一个 fit( ) 函数的附加参数。附加参数 callbacks = [cp_callback] 用于在模型训练期间保存检查点。

注意，代码清单 5-6 中设置了 epoch=10。图 5-25 和图 5-26 展示了模型中示例输出的损失和准确率。模型在测试数据上的准确率为 0.9775，损失为 0.084 755。

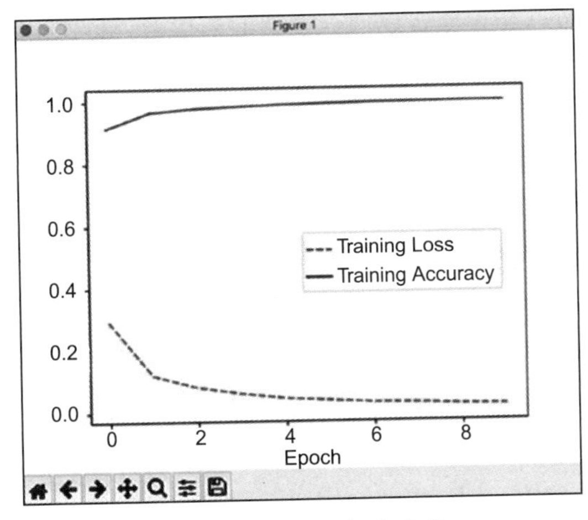

图 5-25 训练损失与准确率

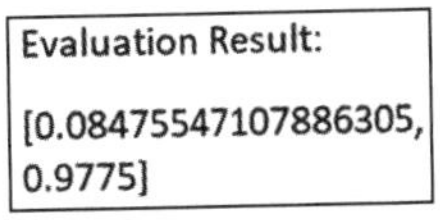

Evaluation Result:

[0.08475547107886305, 0.9775]

图 5-26 epoch=2 时的模型评估结果

5.6.2 手动保存权重

如果要手动保存权重，而不是每个 epoch 或定期保存检查点，只需添加以下函数：

```
# Save the model weights
checkpoint_path = "cv_checkpoint_dir/mnist_model.ckpt"
model.save_weights(checkpoint_path)
```

5.6.3 加载保存的权重并重新训练模型

如果想在中断后恢复训练，或者因为有更多的数据或出于任何其他原因，你想加载保存的权重，只需在创建、配置的神经网络后添加以下行：

```
# Load saved weights
model.load_weights(checkpoint_path)
```

如同代码清单 5-6 的第 22 行和第 30 行一样，需要确保对神经网络进行初始化。需要注意的是，网络架构必须与存储检查点的网络相同。

5.6.4 保存整个模型

调用 model.save() 函数来保存整个模型，包括模型架构、权重和训练配置。确保在调用 fit() 函数后，调用 model.save() 函数。也就是说，在代码清单 5-6 的第 35 行之后调用 save() 函数。以下是保存整个模型的代码段：

```
# Save the entire model to a file name “my_ann_model.h5”.
# You can also give the absolute pass to save the model.
model.save('mv_ann_model.h5')
```

保存完整的模型是很有意义的，因为：

- 可以从模型停止的位置加载和重新训练模型。
- 可以与其他研究人员或团队成员共享模型，以便在不同的系统上运行模型。
- 可以在任何其他应用程序中采用该模型。

5.6.5 重新训练已有模型

如果要使用其他数据重新训练已有模型，以下代码段有助于重新训练已有模型：

```
# Load and create the exact same model, including its weights and the
optimizer
model = tf.keras.models.load_model('mv_ann_model.h5')

# Show the model architecture
model.summary()

#Retrain the model
retrained_model = model.fit(x_train, y_train, validation_split=0.3, epochs=10)
```

5.6.6 在应用程序中使用训练的模型

如果已经在文件系统中保存了经过训练的模型，则可以加载该模型并调用 predict() 函数来使用该模型。例如：

```
# Load and create the exact same model, including its weights and the
optimizer
model = tf.keras.models.load_model('mv_ann_model.h5')

# Predict the class of the input image from the loaded model
predicted = model.predict(x_pixel_data)
print("Predicted", predicted)
```

5.7　卷积神经网络

卷积神经网络（Convolutional Neural Network，CNN）是一种特殊的人工神经网络（ANN）。CNN 与传统 ANN 的最大区别在于特征工程是在 CNN 中自动执行的。

我们将介绍 CNN 从输入图像提取和选择特征的方法。在此过程中，我们还将介绍一些与 CNN 相关的常用术语。我们将编写 TensorFlow 代码来训练 CNN 模型以对图像进行分类，并且像以前一样，我们将提供代码的逐行解释。本节将通过一个例子对胸部 X 片进行分类，以检测是否患有肺炎。

5.7.1　CNN 架构

传统 ANN 或 MLP 由一个输入层、一个或多个隐藏层和一个输出层组成。CNN 有一组附加层，称为**卷积层**（见图 5-27）。输入图像被馈送到该卷积层的第一层。卷积层的输出被馈送到全连接的 MLP 的“输入”层。卷积层实现了对输入图像进行特征工程的算法。MLP 实现了传统的图像分类深度学习算法。

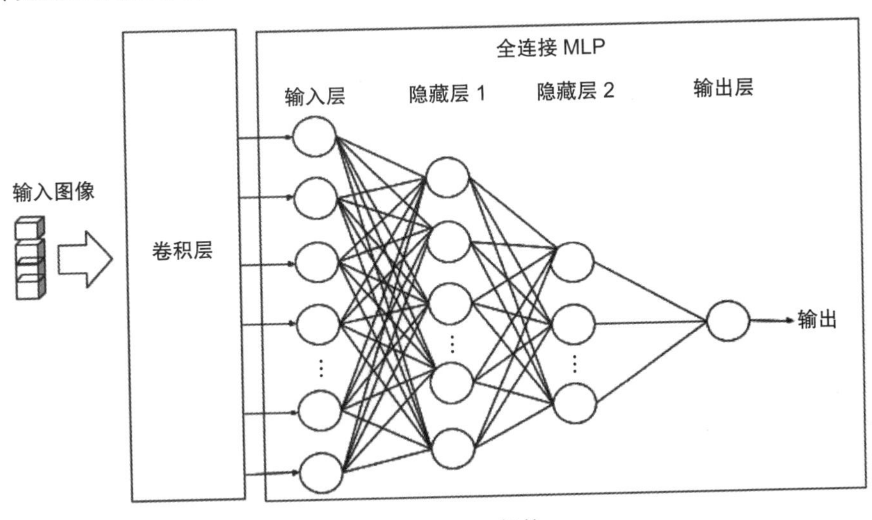

图 5-27　CNN 架构

卷积层由两部分组成：

- **卷积**：这一层从图像中提取特征（特征提取）。

❑ **下采样**：该层从提取的特征中选择特征（特征选择）。

图 5-28 描绘了一个完整的 CNN。

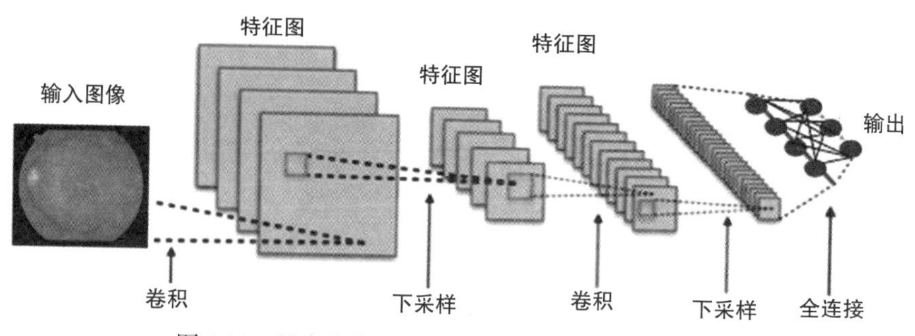

图 5-28　具有卷积、下采样和全连接 MLP 层的 CNN

5.7.2　CNN 工作原理

第 2 章中提到，计算机将单通道的黑白图像视为像素的二维矩阵（见图 5-28）。带有 RGB 通道（三个通道）的彩色图像被当作二维矩阵堆栈。这些矩阵堆栈形成一个三维张量，图 5-29 和图 5-30 显示了三维图像张量的视觉表示。

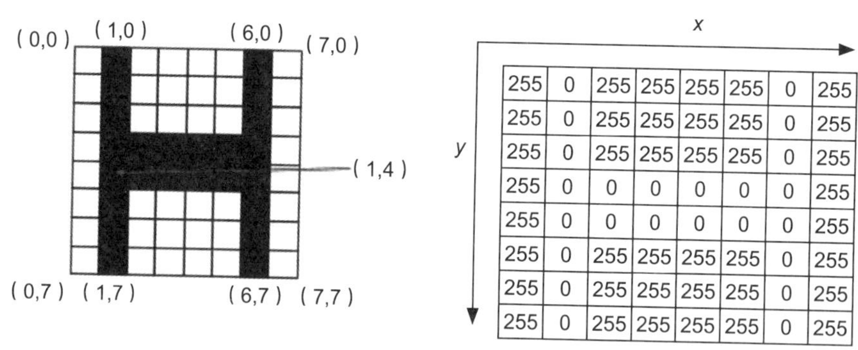

255	0	255	255	255	255	0	255
255	0	255	255	255	255	0	255
255	0	255	255	255	255	0	255
255	0	0	0	0	0	0	255
255	0	0	0	0	0	0	255
255	0	255	255	255	255	0	255
255	0	255	255	255	255	0	255
255	0	255	255	255	255	0	255

图 5-29　黑白图像（左）被计算机视为二维矩阵（右）

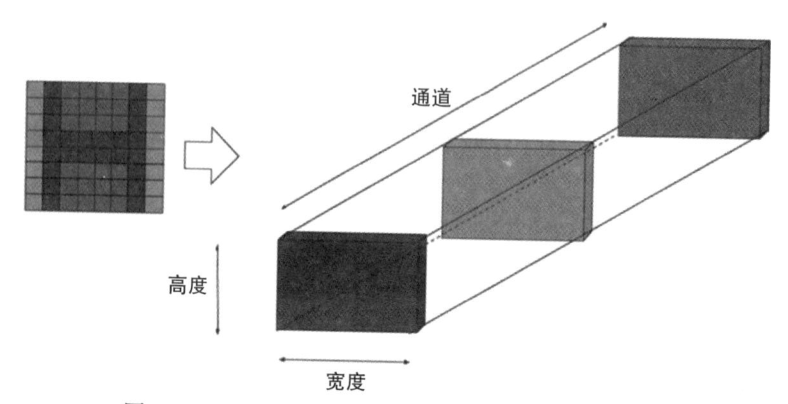

图 5-30　三通道彩色图像张量被表示为二维矩阵堆栈

通过将图像表示为张量的背景知识更容易理解卷积过程。

1. 卷积

假设有一幅图像，用放大镜扫了一眼，记录下观察到的图像模式。这是一个关于卷积如何工作的类比（见图 5-31）。

以下是利用卷积操作从图像中提取重要特征的步骤：

1）将图像分成大小为 $k \times k$ 像素的网格，这称为**卷积核**，它被表示为 $k \times k$ 矩阵。

2）定义一个或多个与核具有相同维度的滤波器。

3）取其中一个通道的第一个卷积核（从二维矩阵的左上角开始），与第一个滤波器进行逐元素乘法，并将乘法结果相加。对其他通道执行相同的操作，并将三个通道的结果相加，就可以获得新创建特征的像素值。

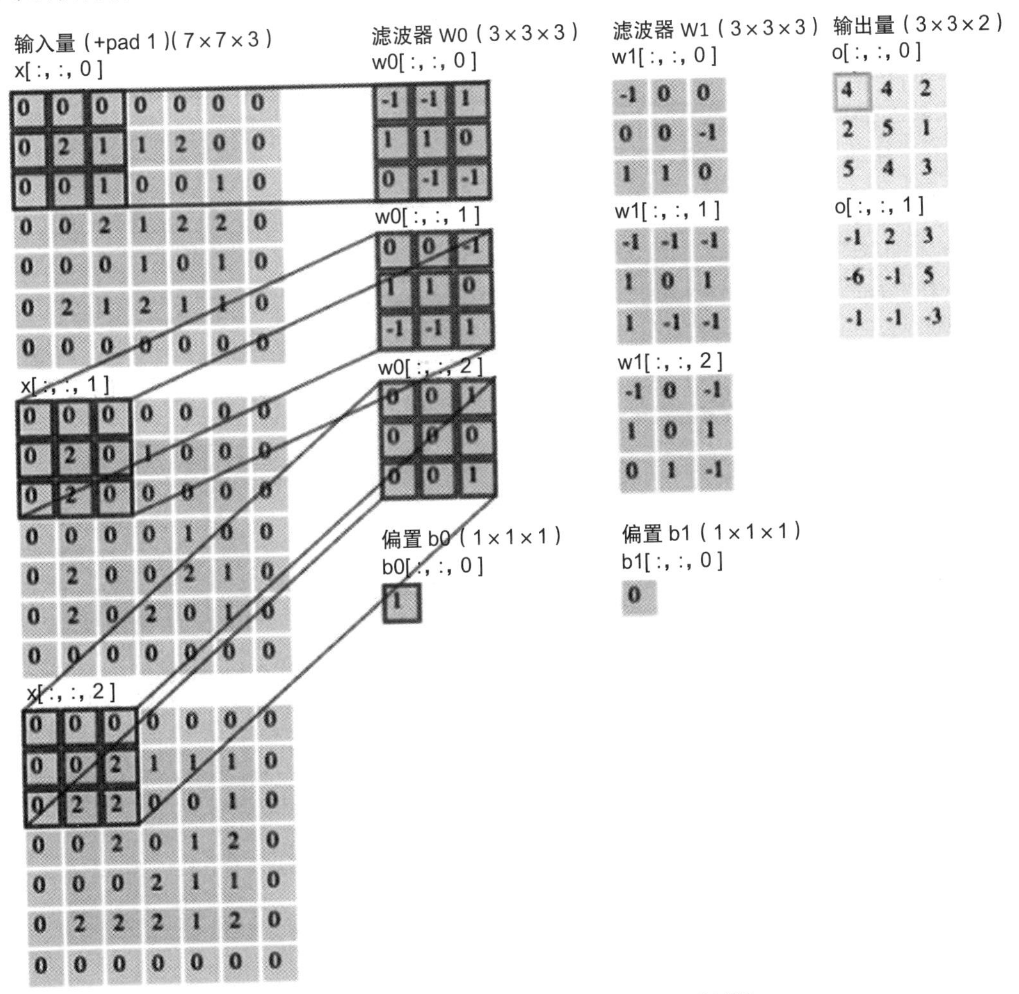

图 5-31 卷积（图片由 Andrej Karpathy 提供）

图 5-31 中 $7\times7\times3$ 图像采用 3×3 的卷积核，有两个滤波器：W0 和 W1。滤波器 W0 的偏置为 1，滤波器 W1 没有任何偏置。

输出计算如下所示：

通道 1 输出 = $0\times(-1)+0\times(-1)+0\times1+0\times1+2\times1+1\times0+0\times0+0\times(-1)+1\times(-1)=2$

通道 2 输出 = $0\times0+0\times0+0\times(-1)+0\times1+2\times1+0\times0+0\times(-1)+2\times(-1)+0\times1=0$

通道 3 输出 = $0\times0+0\times0+0\times1+0\times0+0\times0+2\times0+0\times0+2\times0+2\times1=1$

特征值 = 通道 1 输出 + 通道 2 输出 + 通道 3 输出 + 偏置

特征值 = $2+0+1+1=4$

4）卷积核现在移到右边，按前述方法计算特征值。当卷积核一直向右移动时，它将从该行最左侧的像素开始向下移动到下一行。移动核扫描整个图像的水平和垂直方向的步数称为**步长**，步长表示为 s（例如 2 或 3 等）。步长为 2 意味着核将向右移动 2 个像素，当它到达图像的右边缘时，它将向下移动 2 个像素。

5）扫描整个图像时，会创建一个特征矩阵。示例中特征矩阵的维度是 3×3（对于 $7\times7\times3$ 像素的图像，其核为 3×3，步长为 2×2），该特征矩阵也称为**特征图**，如图 5-31 右侧所示。

6）对下一组滤波器重复相同的卷积过程，并创建特征图。图 5-31 中还展示了第二个滤波器的特征图。

7）对所有滤波器重复此过程，并利用每个滤波器生成特征图。

2. 池化、下采样、降采样

卷积处理可从图像中提取特征，提取的特征用 $n\times n$ 矩阵表示，将这些特征或 $n\times n$ 矩阵输入另一层，即池化层，该层执行“降采样”处理，它类似特征选择。最大池化和平均池化是两种常用的降采样方法。

最大池化

池化层与卷积阶段非常相似，特征矩阵被划分为 $k\times k$（例如图 5-32 中的 2×2 像素）核和步长 s（例如，示例中的步长为 1）的网格。在最大池化层中，取每个核区域的最大像素值生成降采样矩阵。对于前一层的每个滤波器输出，重复以上过程。

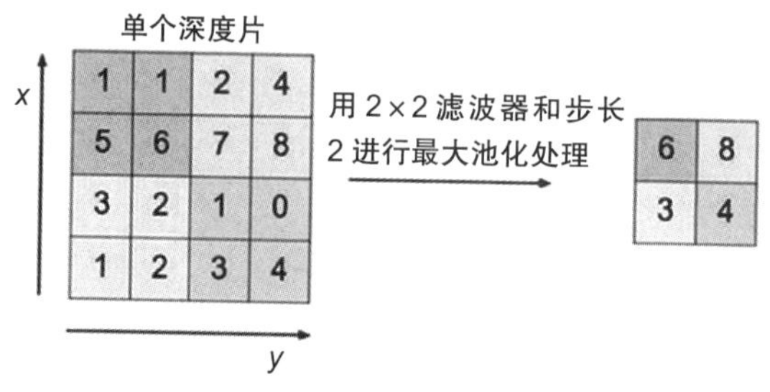

图 5-32 最大池化为降采样特征（图片由 Andrej Karpathy 提供）

平均池化

平均池化的工作方式与最大池化的工作方式相同，只是平均池化取核像素的平均值（而不是最大值）来创建降采样矩阵。

CNN 通常由交替的卷积层和池化层以及 MLP 组成（见图 5-33）。

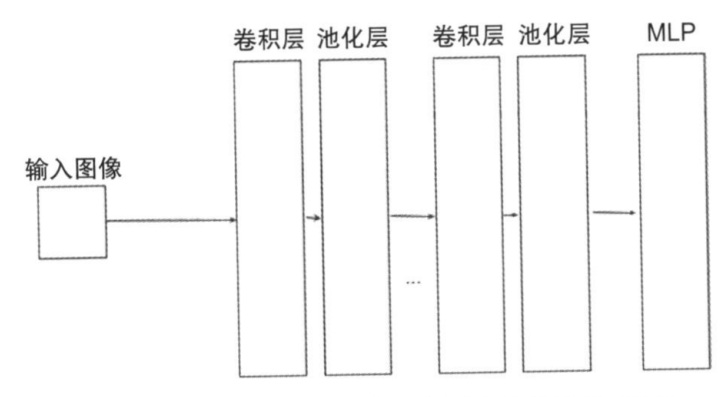

图 5-33　包含 MLP 及交替卷积层和池化层的 CNN

5.7.3　CNN 概念总结

下面是本节介绍的知识点：

- CNN 由交替的卷积层和池化层以及 MLP 组成，MLP 位于池化层的末端。每个卷积层不一定都有降采样层。
- 在卷积层，卷积是一个特征提取过程。
- 定义维度为 $k \times k$ 的卷积核，将输入图像划分为网格。
- 与核维度相同的滤波器与核中的像素相乘，将结果在每个像素和每个图像通道上求和。向结果中添加可选偏置以生成特征矩阵。
- 池化层利用降采样算法（最大池化或平均池化）来对特征进行降采样。
- 对每对卷积池化层重复该过程，其中池化层的输出作为输入馈送到下一个卷积层。
- 最后一个卷积层或池化层向 MLP 的输入层提供特征矩阵。
- 网络中的 MLP 部分作为传统 MLP 网络学习。

5.7.4　训练 CNN 模型：从胸部 X 片检测肺炎

带有 Keras 的 TensorFlow 使得训练 CNN 模型变得非常简单，只需几行代码就可以实现 CNN。

本节将编写代码来训练一个模型，让它从胸部 X 片中检测肺炎。这里采用的模型是一个简单的 CNN，仅用于学术探讨和教学，不得用于诊断任何疾病。

1. 胸部 X 片数据集

我们从 Kaggle 网站（https://www.kaggle.com/paultimothymooney/chest-xray-pneumonia）的

公开数据集中下载了胸部 X 片图像，这些图像在知识共享许可（https://creativecommons.org/licenses/by/4.0/）下可用。

该数据集由代表正常胸部 X 片（无病肺）和肺炎感染肺的 X 片图像组成。这些正常图像和肺炎图像被分开存储在不同的目录中：所有正常图像存储在名为 NORMAL 的目录中，肺炎图像存储在 PNEUMONIA 目录中。此外，数据集被划分为训练集、测试集和验证集。从 Kaggle 网站下载了这些图像后，我们将它们保存在本地磁盘中，目录结构如图 5-34 所示。

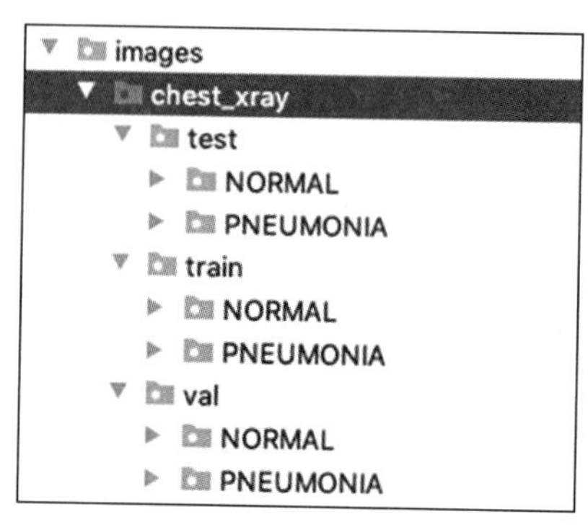

图 5-34　胸部 X 片图像的目录结构

2. 代码结构

我们将保持代码简单易懂，另外，对代码进行组织，使其面向对象且具有可复用性。我们必须参数化代码以获得灵活性和可维护性，并避免任何硬编码。然而，为了便于教学，我们对下面的代码进行了简化，采用一些硬编码值来保持简单性。

3. CNN 模型训练

代码清单 5-7 展示了训练 CNN 模型（用于从胸部 X 片预测肺炎）的代码。

代码清单 5-7　训练 CNN 模型从胸部 X 片预测肺炎的代码

```
import numpy as np
import pathlib
import cv2
import tensorflow as tf
import matplotlib.pyplot as plt


# Section1: Loading images from directories for training and test
trainig_img_dir ="images/chest_xray/train"
test_img_dir ="images/chest_xray/test"

# ImageDataGenerator class provides a mechanism to load both small and
large dataset.
# Instruct ImageDataGenerator to scale to normalize pixel values to
range (0, 1)
```

```
14  datagen = tf.keras.preprocessing.image.ImageDataGenerator(rescale=1./255.)
15  #Create a training image iterator that will be loaded in a small batch size. Resize all images to a #standard size.
16  train_it = datagen.flow_from_directory(trainig_img_dir, batch_size=8, target_size=(1024,1024))
17  # Create a training image iterator that will be loaded in a small batch size. Resize all images to a #standard size.
18  test_it = datagen.flow_from_directory(test_img_dir, batch_size=8, target_size=(1024, 1024))
19
20  # Lines 22 through 24 are optional to explore your images.
21  # Notice, next() function call returns both pixel and labels values as numpy arrays.
22  train_images, train_labels = train_it.next()
23  test_images, test_labels = test_it.next()
24  print('Batch shape=%s, min=%.3f, max=%.3f' % (train_images.shape, train_images.min(), train_images.max()))
25
26  # Section 2: Build CNN network and train with training dataset.
27  # You could pass argument parameters to build_cnn() function to set some of the values
28  # such as number of filters, strides, activation function, number of layers etc.
29  def build_cnn():
30      model =  tf.keras.models.Sequential()
31      model.add(tf.keras.layers.Conv2D(32, (3, 3), activation='relu', strides=(2,2), input_shape=(1024, 1024, 3)))
32      model.add(tf.keras.layers.MaxPooling2D((2, 2)))
33      model.add(tf.keras.layers.Conv2D(64, (3, 3), strides=(2,2),activation='relu'))
34      model.add(tf.keras.layers.MaxPooling2D((2, 2)))
35      model.add(tf.keras.layers.Conv2D(128, (3, 3), strides=(2,2),activation='relu'))
36      model.add(tf.keras.layers.Flatten())
37      model.add(tf.keras.layers.Dense(128, activation='relu'))
38      model.add(tf.keras.layers.Dense(2, activation='softmax'))
39      return model
40
41  # Build CNN model
42  model = build_cnn()
43  #Compile the model with optimizer and loss function
44  model.compile(optimizer='adam',
45                loss='categorical_crossentropy',
46                metrics=['accuracy'])
47
48  # Fit the model. fit_generator() function iteratively loads large number of images in batches
```

```
49 history = model.fit_generator(train_it, epochs=10, steps_per_epoch=16,
50                   validation_data=test_it, validation_steps=8)
51
52 # Section 3: Save the CNN model to disk for later use.
53 model_path = "models/pneumiacnn"
54 model.save(filepath=model_path)
55
56 # Section 4: Display evaluation metrics
57 print(history.history.keys())
58 plt.plot(history.history['accuracy'], label='accuracy')
59 plt.plot(history.history['val_accuracy'], label = 'val_accuracy')
60 plt.plot(history.history['loss'], label='loss')
61 plt.plot(history.history['val_loss'], label = 'val_loss')
62
63 plt.xlabel('Epoch')
64 plt.ylabel('Metrics')
65 plt.ylim([0.5, 1])
66 plt.legend(loc='lower right')
67 plt.show()
68 test_loss, test_acc = model.evaluate(test_images,  test_labels, verbose=2)
69 print(test_acc)
```

代码清单 5-7 中用于 CNN 模型训练的代码在逻辑上分为以下四个部分：

- **加载图像**（第 9 行到第 24 行）：将训练和测试图像存储在前面描述的目录中。为了加载这些图像进行训练和测试，我们使用了 Keras 提供的一个强大的类 ImageDataGenerator。下面是这个类的用法的逐行解释：

  第 9 行和第 10 行的目录的子目录中包含训练和测试图像。

  第 14 行初始化 ImageDataGenerator 类。我们传递了参数 rescale=1/255，它可以将像素归一化到 0 ～ 1 之间。这种归一化是通过将像素乘以 1/255 来实现的，我们称这一行为数据归一化行，正如变量 datagen 的名称所示。

  第 16 行调用 datagen 对象的 flow_from_directory() 函数。此函数以批处理模式（例如，batch_size = 8）从目录 training_img_directory 加载图像，并将图像尺寸调整为 target_size 指示的尺寸（例如，1024 × 1024 像素）。这是一个高度可扩展的函数，可以加载数百万幅图像，而无须将它们全部加载到内存中。它一次加载的图像数量与 batch_size 参数指示的图像数量相同。将所有图像调整为标准尺寸对机器学习至关重要。请注意，此函数的默认调整尺寸值为 256。如果省略 resize 参数，则所有输入图像尺寸都将调整为 256 × 256。

  第 17 行的作用与第 16 行相同，只是它从 test 目录加载图像。尽管目录中有验证数据（从 Kaggle 网站下载的数据集包含验证图像），但数量很少，因此我们决定用测试数据集进行验证。

  函数 flow_from_directory() 返回一个迭代器。如果迭代此迭代器，将会获得两个 NumPy

数组（图像的像素数组和标签数组）的元组。

请注意，标签是由读取图像的子目录解释的。例如，NORMAL 目录的所有图像都将获得标签 NORMAL，同样，PNEUMONIA 子目录的图像将获得 PNEUMONIA 标签。但是，这些标签不是应该是数字吗？这些目录名按其名称排序并从 0 开始索引。在本例中，NORMAL 为 0，PNEUMONIA 为 1。但是，这并不止于此。函数 flow_from_directory( ) 接受一个称为 class_mode 的附加参数。默认情况下，class_mode 的值是 categorical，也可以将 binary 或 sparse 传递给它。这三者的区别如下：

- categorical 将返回一个二维独热编码标签。
- binary 将返回一维二进制标签。
- sparse 将返回一维整数标签。

第 22 行到第 24 行是可选的，训练模型时不需要用到。之所以放在这里是为了展示如何从 flow_from_directory() 函数中寻找迭代器的值。

- **CNN 配置和训练**（第 29 行到第 50 行）：第 29 行到第 39 行实现了构建 CNN 的函数。第 29 行到第 50 行是本节的主要关注点。为此，我们需要了解这里发生了什么。

  第 30 行创建序列神经网络，我们将层叠加到网络中。我们利用 tf.keras.model.Sequential 类来创建序列模型。model 对象的 add() 函数用于按顺序添加层——先添加的层先执行，依此类推。

  第 31 行将第一层添加到网络中。CNN 的第一层必须是一个卷积层，它接受输入（像素值）。这里利用 Conv2D 类来定义卷积层。我们将向 Conv2D() 传递五个重要参数：

  - 滤波器，在示例中是 64。
  - 卷积核维度，在示例中是 3×3 像素，作为元组（3,3）传递。
  - 激活函数，在示例中是 ReLU（因为像素范围从 0 到 1，并且为正数）。
  - 步长，如果未设置，则默认为（1,1）。在示例中，它被设为 (2,2)。
  - 输入尺寸，由于图像被调整为 1024×1024 像素的彩色图像（有三个通道），因此，input_shape 是（1024,1024,3）。

  第 32 行添加了池化层 MaxPooling2D。除了 MLP 层之前的那一层，卷积层和池化层是交替且成对出现的。可以通过传递参数来设置网格或核的大小，在示例中，它被设置为（2,2）。

  第 33、34 和 35 行同样是卷积层和池化层。你可以根据需要拥有尽可能多的卷积层和池化层，以取得所需的准确率。

  卷积层（第 35 行）的输出被输入 MLP 的第一层。MLP 的第一层被称为输入层，然后是隐藏层，最后是输出层。

  第 36 行将第 35 行的输出展平。

  第 37 行是 MLP 的隐藏层。

  第 38 行是最后一层，即输出层。如前所述，我们在解决涉及两个类的分类问题时利用激活函数 softmax。

第 42 行简单地调用 build_cnn() 函数并创建 model 对象。

第 44 行编译模型。你将注意到代码清单 5-6 中的第 44 行和第 30 行之间损失函数的差异。这里采用损失函数 categorical_crossentropy，而不是代码清单 5-6 中采用的 sparse_categorical_crossentropy，你能猜到为什么吗？

第 49 行开始训练。注意，我们没有像代码清单 5-6 中那样调用 fit() 函数，而是调用 fit_generator() 函数，此函数与 ImageDataGenerator 一起小批量加载图像。如果使用简单的 fit() 函数，它将接受第一批输入并训练模型，而这显然不是我们想要的。函数 fit_generator() 接受名为 steps_per_epoch 的重要参数，即它将在每个 epoch 中完成的批处理数量。以下是官方定义：

steps_per_epoch：在声明 epoch 已完成并开始下一个 epoch 之前，从 generator（数据加载器）生成步骤总数（样本批数），它通常应该等于数据集的样本数除以批大小。例如，如果训练集中有 1000 个文件，并且批大小为 8，则应将 steps_per_epoch 设置为 1000/8=125。

此函数的另一个重要参数是 validation_steps，其定义如下：只有 validation_data 是生成器时，它才有意义。它是在停止之前从 generator（数据加载器）生成的步骤（样本批数）总数。

- ❑ **将 CNN 模型保存到磁盘**（第 53 行和第 54 行）：第 54 行将训练好的模型保存到第 53 行指定的目录中。你还可以保存训练检查点。
- ❑ **评估和可视化**（第 57 行到第 69 行）：我们绘制了训练损失、验证损失、训练准确率和测试准确率与 epoch 的关系图。第 68 行评估模型并在第 69 行简单打印准确率。

图 5-35 展示了模型运行时的输出示例。图 5-36 展示了训练指标和验证指标的示例图。如图所示，训练损失和验证损失随着 epoch 的增加而减少，准确率也会随着 epoch 的增加而提高。

```
Epoch 1/10
16/16 [==============================] - 126s 8s/step - loss: 0.6689 - accuracy: 0.6953 - val_loss: 0.6374 - val_accuracy: 0.6719
Epoch 2/10
16/16 [==============================] - 113s 7s/step - loss: 0.4902 - accuracy: 0.7500 - val_loss: 0.5442 - val_accuracy: 0.7344
Epoch 3/10
16/16 [==============================] - 100s 6s/step - loss: 0.3313 - accuracy: 0.8281 - val_loss: 0.2979 - val_accuracy: 0.8438
Epoch 4/10
16/16 [==============================] - 136s 8s/step - loss: 0.3130 - accuracy: 0.8516 - val_loss: 0.2127 - val_accuracy: 0.9219
Epoch 5/10
16/16 [==============================] - 107s 7s/step - loss: 0.2858 - accuracy: 0.8672 - val_loss: 0.3694 - val_accuracy: 0.7656
Epoch 6/10
16/16 [==============================] - 102s 6s/step - loss: 0.2343 - accuracy: 0.9219 - val_loss: 0.2187 - val_accuracy: 0.8906
Epoch 7/10
16/16 [==============================] - 130s 8s/step - loss: 0.3260 - accuracy: 0.8828 - val_loss: 0.1669 - val_accuracy: 0.9531
Epoch 8/10
16/16 [==============================] - 94s 6s/step - loss: 0.1941 - accuracy: 0.9297 - val_loss: 0.4719 - val_accuracy: 0.7812
Epoch 9/10
16/16 [==============================] - 101s 6s/step - loss: 0.3174 - accuracy: 0.8828 - val_loss: 0.1896 - val_accuracy: 0.9375
Epoch 10/10
16/16 [==============================] - 102s 6s/step - loss: 0.2728 - accuracy: 0.8594 - val_loss: 0.3509 - val_accuracy: 0.7969
```

图 5-35 CNN 模型训练的输出示例

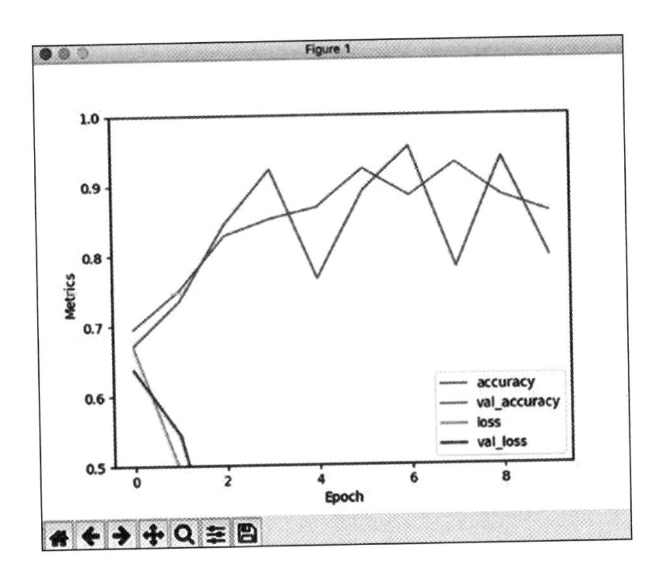

图 5-36　用于训练和评估的指标（损失和准确率）示例图

4. 肺炎预测

代码清单 5-8 展示了如何使用先前训练的 CNN 模型从一组新的图像中预测肺炎。

代码清单 5-8　用训练过的 CNN 模型来预测肺炎的代码

```
import numpy as np
import pathlib
import cv2
import tensorflow as tf
import matplotlib.pyplot as plt

model_path = "models/pneumiacnn"

val_img_dir ="images/chest_xray/val"
# ImageDataGenerator class provides a mechanism to load both small and large dataset.
# Instruct ImageDataGenerator to scale to normalize pixel values to range (0, 1)
datagen = tf.keras.preprocessing.image.ImageDataGenerator(rescale=1./255.)
# Create a training image iterator that will be loaded in a small batch size. Resize all images to a #standard size.
val_it = datagen.flow_from_directory(val_img_dir, batch_size=8, target_size=(1024,1024))


# Load and create the exact same model, including its weights and the optimizer
model = tf.keras.models.load_model(model_path)
```

```
19
20  # Predict the class of the input image from the loaded model
21  predicted = model.predict_generator(val_it, steps=24)
22  print("Predicted", predicted)
```

对肺炎图像进行分类或预测的代码分为三个部分。

- **加载图像**（第 9 行到第 14 行）：从磁盘目录加载图像。第 14 行使用 flow_from_directory()，就像以前那样。
- **加载保存的模型**（第 18 行）：代码清单 5-7 将经过训练的模型保存在目录 models/pneumiacnn 中，因此第 18 行从磁盘目录加载保存的模型。
- **预测肺炎**（第 21 行）：第 21 行采用 model.predict_generator() 函数。此函数类似于 fit_generator() 函数，因为这两个函数都从磁盘中批量读取图像。predict_generator() 函数通过批量加载图像来预测图像是否为肺炎图像。

第 22 行打印预测结果。图 5-37 展示了一个示例预测输出。

```
Predicted [[1.82733138e-03 9.98172641e-01]
 [7.09904909e-01 2.90095031e-01]
 [3.89640313e-03 9.96103644e-01]
 [1.48448147e-04 9.99851584e-01]
 [1.45193795e-02 9.85480607e-01]
 [2.50727627e-02 9.74927187e-01]
 [6.59106731e-01 3.40893269e-01]
 [4.17722315e-02 9.58227813e-01]
 [4.84007364e-03 9.95159924e-01]
 [1.80523517e-03 9.98194754e-01]
 [2.95862323e-04 9.99704063e-01]
 [1.91481262e-02 9.80851829e-01]
 [4.11691464e-04 9.99588311e-01]
 [6.31684884e-02 9.36831534e-01]
```

图 5-37　示例预测输出

预测输出是一个 NumPy 数组，由每幅图像的所有类别的概率组成。在上述示例输出以及第一个打印输出行中，第二类的概率最高，大约是 98%，因此第一个输入的预测类是 1（这是具有最高概率的类的索引）。

CNN 是计算机视觉中最强大的算法之一。本节介绍了 CNN 的概念及其工作原理，还通过一些代码示例训练预测肺炎的 CNN 模型。

5.7.5 流行的 CNN 示例

代码清单 5-7 中构建的 CNN 无法用于生产环境中。本节建立了一个简单的网络来学习基础知识。我们来探索在全球范围内比较流行的一些 CNN 网络。

1. LeNet-5

LeNet-5 CNN 架构由 LeCun 等人于 1998 年在论文 “Gradient-Based Learning Applied to Document Recognition” 中首次提出，这种架构主要用于从文档中识别手写字符和机器生成的字符（光学字符识别）。LeNet-5 CNN 架构由于简单，因此获得了广泛应用。以下是 LeNet-5 架构（见图 5-38）的显著特点：

- 这是一个 CNN 网络，它包含七层。
- 除了这七层，还有三个卷积层（C1、C3 和 C5）。
- 有两个降采样层（S2 和 S4）。
- 有一个全连接层（F6）和一个输出层。
- 卷积层使用步长为 1 的 5 × 5 卷积核。
- 降采样层为 2 × 2 的平均池化层。
- 除输出层使用 softmax 外，整个网络使用 TanH 激活函数。

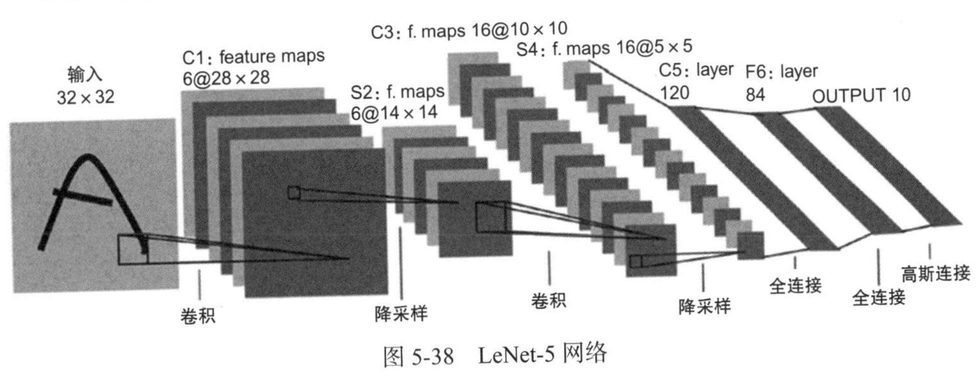

图 5-38　LeNet-5 网络

练习　修改代码清单 5-7 中的 TensorFlow 代码并实现 LeNet-5。

---

2. AlexNet

AlexNet 是 Alex Krizhevsky 等人设计的卷积神经网络，于 2012 年参加 ImageNet 大规模视觉识别挑战赛（ImageNet Large Scale Visual Recognition Challenge，ILSVRC）时流行起来，top-5 误差为 15.3%，比亚军低 10.8 个百分点。AlexNet 是一个深度网络，尽管计算成本很高，但由于采用了 GPU，这个网络变得可行。AlexNet（见图 5-39）的特点如下：

- 它是一个包含八层的深度卷积神经网络。
- 输入为 224 × 224 × 3 的彩色图像。
- 前五层是卷积层和最大池化层的组合，配置如下：
  - 卷积层 1：核 11 × 11，滤波器 96，步长 4 × 4，激活函数 ReLU。
  - 池化层 1：核为 3 × 3，步长为 2 × 2 的最大池化。
  - 卷积层 2：核 5 × 5，滤波器 256，步长 1 × 1，激活函数 ReLU。
  - 池化层 2：核为 3 × 3，步长为 2 × 2 的最大池化。

- 卷积层 3：核 3×3，滤波器 384，步长 1×1，激活函数 ReLU。
- 卷积层 4：核 3×3，滤波器 384，步长 1×1，激活函数 ReLU。
- 卷积层 5：核 3×3，滤波器 384，步长 1×1，激活函数 ReLU。
- 池化层 5：核为 3×3，步长为 2×2 的最大池化。

❑ 最后三层是全连接的 MLP。

❑ 所有卷积层都使用 ReLU 激活函数。

❑ 输出层采用 softmax 激活。

❑ 输出层中有 1000 个类。

❑ 网络有 6000 万个参数和 65 万个神经元，在 GPU 上训练时大约需要 3 天。

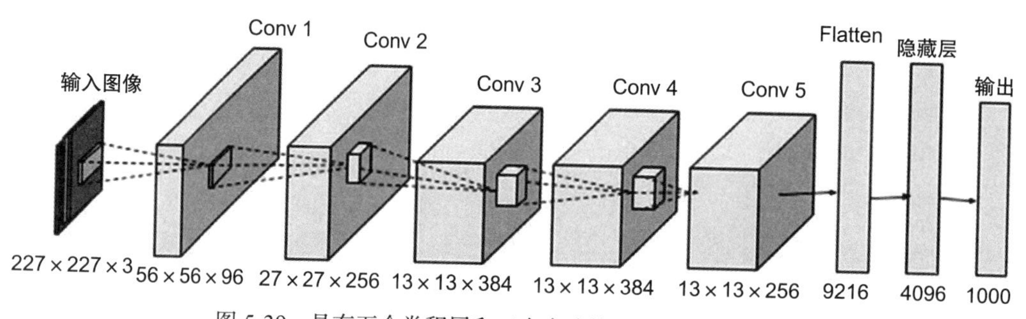

图 5-39　具有五个卷积层和三个全连接的 MLP 的 AlexNet

3. VGG-16

我们将要探索的下一个著名的深度神经网络是 VGG-16，它在 2014 年的 ImageNet 大规模视觉识别挑战赛（ILSVRC）中获胜。VGG 是由牛津视觉几何组（Visual Geometry Group，VGG）的研究人员设计的，可通过网站 https://arxiv.org/abs/1409.1556 获得。

图 5-40 所示的网络为 VGG-16 网络，其显著特点如下：

❑ VGG-16 是一个由 16 层组成的卷积神经网络。

❑ 它有 13 个卷积层和 3 个全连接密集层。

❑ 16 个卷积层的特征如下：

- 卷积层 1：输入大小为 224×224×3，核 3×3，滤波器 64，激活函数 ReLU。
- 卷积层 2：核 3×3，滤波器 64，激活函数 ReLU。
- 池化层：核为 2×2，步长为 2×2 的最大池化。
- 卷积层 3：核 3×3，滤波器 128，激活函数 ReLU。
- 卷积层 4：核 3×3，滤波器 128，激活函数 ReLU。
- 池化层：核为 2×2，步长为 2×2 的最大池化。
- 卷积层 5：核 3×3，滤波器 256，激活函数 ReLU。
- 卷积层 6：核 3×3，滤波器 256，激活函数 ReLU。
- 卷积层 7：核 3×3，滤波器 256，激活函数 ReLU。

- 池化层：核为 2×2，步长为 2×2 的最大池化。
- 卷积层 8：核 3×3，滤波器 512，激活函数 ReLU。
- 卷积层 9：核 3×3，滤波器 512，激活函数 ReLU。
- 卷积层 10：核 3×3，滤波器 512，激活函数 ReLU。
- 池化层：核为 2×2，步长为 2×2 的最大池化。
- 卷积层 11：核 3×3，滤波器 512，激活函数 ReLU。
- 卷积层 12：核 3×3，滤波器 512，激活函数 ReLU。
- 卷积层 13：核 3×3，滤波器 512，激活函数 ReLU。
- 池化层：核为 2×2，步长为 2×2 的最大池化。
- 全连接层 14（MLP 输入层）：Flatten 密集层，输入大小为 25 088。
- 全连接隐藏层 15：输入大小为 4096 的密集层。
- 全连接输出层，可容纳 1000 个类。

❑ 网络有 1.38 亿个参数。

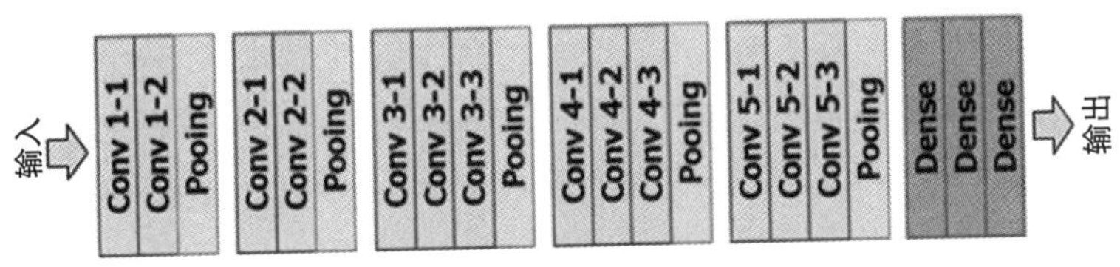

图 5-40　16 层的 VGG-16 架构

练习　修改代码清单 5-7 并使用 TensorFlow 实现 VGG-16 网络。

5.8　总结

本章介绍了人工神经网络和卷积神经网络的基础知识，编写了基于 TensorFlow 的代码来训练 ANN 和 CNN 模型，并评估结果，利用保存的模型对图像进行分类。我们还探讨了如何在 TensorBoard 的 HParams 仪表板中调整超参数并进行可视化分析。此外，还探索了几种流行的 CNN：LeNet-5、AlexNet 和 VGG-16。

本章解决了分类问题，换句话说，模型经过训练可以分辨输入图像属于哪一类。第 6 章将介绍如何检测图像中的目标。

Chapter 6 第 6 章

深度学习用于目标检测

第 5 章介绍了如何采用多层感知机（MultiLayer Perceptron，MLP）和卷积神经网络（Convolutional Neural Network，CNN）对图像进行分类。图像分类只关注图像分类识别，而不关注图像中的目标。本章将检测图像中的目标及其位置。

本章的学习目标如下：

- ❑ 探索一些用于目标检测的深度学习算法。
- ❑ 在 GPU 上使用 TensorFlow 训练目标检测模型。
- ❑ 利用训练过的模型来预测图像中的目标。

本章介绍的概念将在第 7 ～ 9 章中使用，以开发实际的计算机视觉应用程序。

6.1 目标检测

目标检测涉及两种活动：目标定位和目标分类。在图像中确定目标所在位置称为**目标定位**，通常是通过在目标周围绘制边界框来执行的。在深度学习算法流行之前，目标定位通常通过标记包含目标的每个像素来执行，例如，利用边缘检测、轮廓绘制和 HOG 等技术执行目标检测（请参阅第 3 章和第 4 章）。传统目标检测方法是计算密集型的，速度缓慢且准确率低。

与非深度学习方法相比，基于深度学习的目标检测速度更快、准确率更高。虽然学习过程是计算密集型的，但是基于深度学习的实际检测的速度更快，能够满足实时目标检测需求。例如，基于深度学习的目标检测正被用于以下领域：

- ❑ 无人驾驶汽车。

- 机场安全。
- 视频监控。
- 工业生产中的缺陷检测。
- 工业质量保证。
- 面部识别。

随着时间的推移，基于深度学习的目标检测也在不断发展。本章将介绍用于目标检测的卷积神经网络的两种不同方法：两步卷积和单步卷积。**区域卷积神经网络**（Region-based Convolutional Neural Network，R-CNN）是两步卷积法；YOLO（You Only Look Once）和SSD（Single-Shot Detection）是用于目标检测的单步卷积法。

在深入研究目标检测算法之前，我们先定义一个重要的指标，即**交并比**（Intersection over Union，IoU），该指标广泛用于目标检测中。

6.2　交并比

交并比（IoU）也称为 Jaccard 系数，是目标检测算法中最常用的评估指标之一，用于测量两个任意形状的相关性。

在目标检测中，我们通过在目标周围绘制边界框并进行标记以创建训练集，训练集中的边界框也称为**标记框**（Ground Truth）。在模型学习期间，目标检测算法会预测边界框，并将其与标记框进行比较。IoU 用于评估预测框与标记框的重叠程度。

利用图 6-1 中所示公式可以计算出预测框 A 和标记框 B 之间的 IoU。

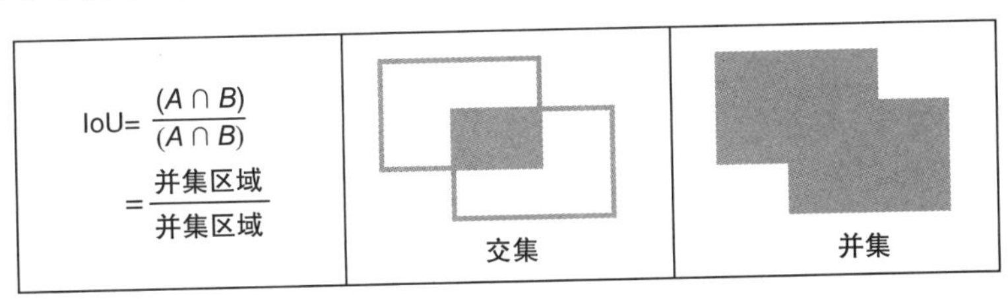

图 6-1　交并比计算方法

在标记图像时，通常会在图像中的目标周围绘制矩形框，围绕目标的这个矩形框就是标记框。当算法学习时，它将预测目标周围的边界框，给出一个预测框，如图 6-2 所示。

利用深度学习计算标记框和预测框之间的 IoU。如果预测框与标记框之间的 IoU 小于 50%，则认为它们之间匹配很差；如果 IoU 在 50% ～ 95% 之间，则认为匹配良好；如果 IoU 大于 95%，则认为完美匹配。

目标检测算法的学习目标是优化 IoU。现在，我们来探讨用于目标检测的各种深度学习算法，对它们的优缺点进行分析和比较。

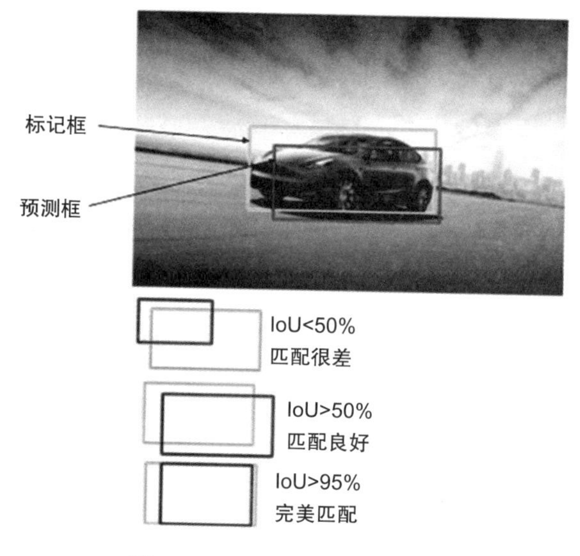

图 6-2　预测框与标记框的 IoU

6.3　R-CNN

R-CNN 是第一个利用大型卷积神经网络检测图像中目标的成功模型。Ross Girshick 等人在其 2014 年题为 "Rich feature hierarchies for accurate object detection and semantic segmentation" 的论文（https://arxiv.org/pdf/1311.2524.pdf）中描述了该目标检测方法，图 6-3 展示了 R-CNN 方法。

R-CNN 由以下三个模块组成：

- **候选区域**：R-CNN 算法首先在图像中查找可能包含目标的区域，这些区域称为**候选区域**。之所以称为"候选"，是因为这些区域可能包含目标，也可能不包含目标，并且学习函数的目的是消除那些不包含目标的区域。这些候选区域就是目标周围的边界框（见图 6-3）。

  Girshick 等人提出了 R-CNN 系统，该系统对于查找候选区域的算法没有详细介绍，这意味着可以使用任意方法（例如 HOG）来查找区域。他们使用的提取候选区域的方法是**选择性搜索**算法，该算法通过不同大小的网格查看图像。对于每个网格大小，选择性搜索算法通过比较纹理、颜色或像素将相邻像素分组在一起以识别目标。采用选择性搜索算法可以创建候选区域。总之，利用选择性搜索算法创建了一组潜在目标边界框。
- **特征提取**：候选区域是从图像中裁剪出来并经过尺寸调整的，然后被送入标准 CNN 提取特征（见图 6-3）。根据原始论文，使用 AlexNet 深度学习 CNN 提取特征，从每个区域中提取 4096 维特征向量。
- **分类器**：利用标准分类算法（例如线性 SVM 模型）对提取的特征进行分类（见图 6-3）。

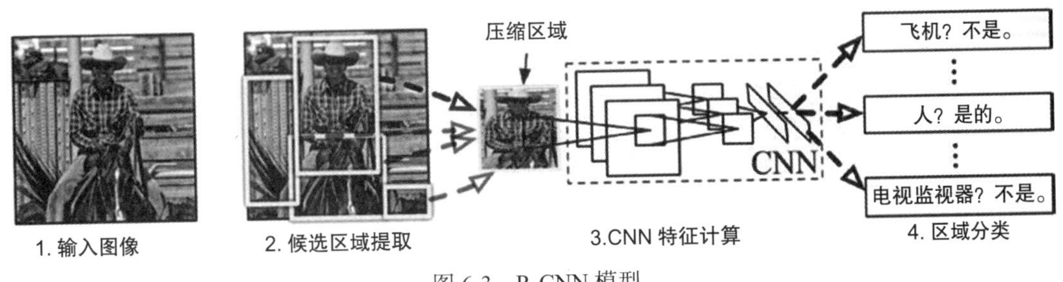

图 6-3　R-CNN 模型

R-CNN 是第一个成功应用于目标检测的深度学习模型，但它在性能方面遇到了严重问题。影响 R-CNN 性能的因素如下：

- 每个候选区域都传递给 CNN 进行特征提取，这相当于每幅图像大约要传递 2000 次。
- 需要训练三种不同的模型：用于特征提取的 CNN、预测图像类别的分类器模型以及用来收紧边界框的回归模型。训练过程是计算密集型的，增加了计算时间。
- 每个候选区域都需要预测。如果区域数量众多，CNN 的预测将会比较慢。

6.4　Fast R-CNN

为了克服 R-CNN 的局限性，微软公司的 Ross Girshick 在 2015 年发表了一篇题为“Fast R-CNN”（https://arxiv.org/pdf/1504.08083.pdf）的论文，提出了一个模型来直接学习、输出区域并分类图像。

Fast R-CNN 还利用算法（例如边框算法）来生成候选区域。与裁剪和调整候选区域的 R-CNN 不同，Fast R-CNN 处理的是整个图像。Fast R-CNN 不是对每个区域进行分类，而是将与每个候选区域相对应的 CNN 特征池化。

Fast R-CNN 架构如图 6-4 所示，它以整个图像为输入生成一组候选区域。深度 CNN 的最后一层有一个特殊的层，称为**感兴趣区域**（Region Of Interest，ROI）池化层。ROI 池化层从给定输入候选区域的特征图中提取固定长度的特征向量。

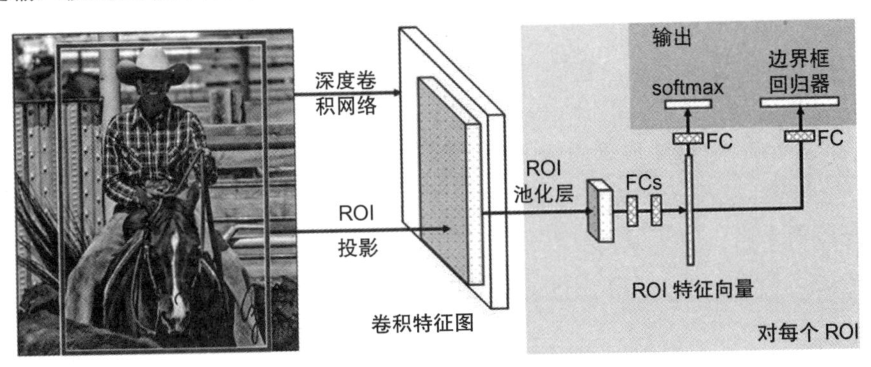

图 6-4　Fast R-CNN 架构（图片来源：Ross Girshick）

来自 ROI 池化层的每个 ROI 特征向量被馈送到全连接（Fully Connected，FC）MLP，该 MLP 生成两组输出：一组用于目标分类，另一组用于生成边界框。softmax 激活函数预测目标类别，线性回归器生成与预测类别相对应的边界框，对 ROI 池化层的每个感兴趣区域重复此过程。

如原始论文所述，Ross Girshick 将带有 VGG-16 的 Fast R-CNN 应用于微软 COCO 数据集，以建立初步的基准线。COCO 数据集（http://cocodataset.org/）是在公共领域免费提供的大规模目标检测、分割和字幕数据集。Fast R-CNN 训练集由 80 000 幅图像组成，并且训练迭代了 240 000 个 epoch，其模型质量评估如下：

- PASCAL 目标数据集的平均精度均值（mean Average Precision，mAP）：35.9%。
- COCO 数据集的平均精度（Average Precision，AP）：19.7%。

与 R-CNN 相比，Fast R-CNN 的训练和预测速度要快得多。但是，它仍然需要给出每幅输入图像的一组候选区域，并需要一个单独的模型来预测这些区域。

6.5 Faster R-CNN

2016 年，微软研究部的 Shaoqing Ren 等人发表了一篇题为“Faster R-CNN: Towards Real-Time Object Detection with Region Proposal Networks”（https://arxiv.org/pdf/1506.01497.pdf）的论文。该论文从训练速度和检测精度的角度改进了 Fast R-CNN，除了候选区域方法外，Faster R-CNN 在架构上类似于 Fast R-CNN。

Faster R-CNN 架构由候选区域网络（Region Proposal Network，RPN）组成，该网络与检测网络共享完整的图像卷积特征，从而实现几乎无成本的候选区域。

RPN 是一个全卷积网络，它同时预测图像每个位置的目标边界和得分。RPN 经过了端到端的训练，可以生成高质量的候选区域。这些候选区域被 Fast R-CNN 用于检测，如图 6-5 所示。

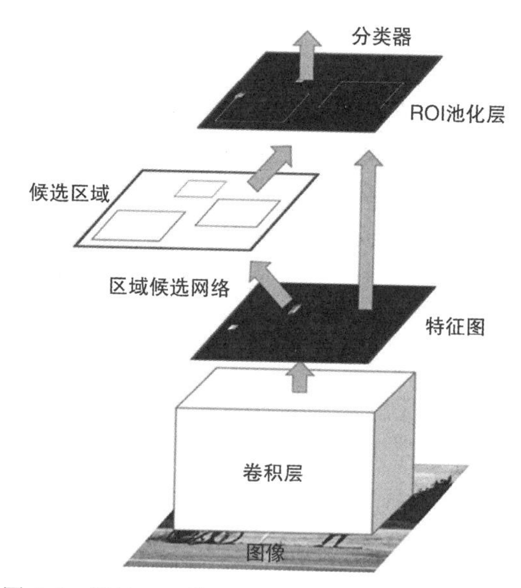

图 6-5 带有 RPN 的 Faster R-CNN，一个用于快速目标检测的统一网络（图片来源：Shaoqing Ren 等人）

Faster R-CNN 包含两部分：RPN 和 Fast R-CNN。

6.5.1 RPN

区域候选网络（RPN）是一种深度 CNN，它接收图像输入并生成一组矩形候选目标作为输出，每个矩形候选区域都有一个“唯一”分数。

图 6-6 显示了 RPN 生成候选区域的过程。我们利用最后一个共享卷积层生成卷积特征图，并滑动一个小网络。这个小网络以卷积特征图的 $n \times n$ 空间窗口作为输入。每个滑动窗口都映射到一个低维特征，例如 AlexNet 的 256 维特征或 VGG-16 的 5126 维特征。

这些特征被输入两个全连接层中，两个全连接层分别为用于预测边界框的回归层和用于预测目标类别的分类层。

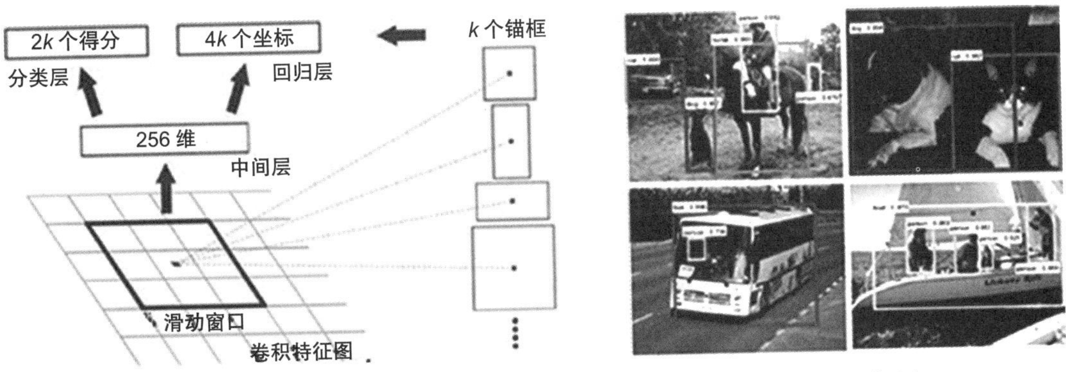

图 6-6 利用滑动窗口和锚点进行区域检测（图片来源：Shaoqing Ren 等人）

每个滑动窗口位置处都会预测多个候选区域。假设每个窗口位置的最大候选区域数为 k，则边界框坐标总数为 $4k$，目标类别数为 $2k$（一个作为目标概率，另一个作为非目标的概率）。每个窗口的这些区域框称为锚点。

6.5.2 Fast R-CNN

Faster R-CNN 的第二部分是检测网络，这部分与 Fast R-CNN（如前所述）完全相同。Fast R-CNN 从 RPN 获取输入以检测图像中的目标。

6.6 Mask R-CNN

Mask R-CNN 扩展了 Faster R-CNN。Faster R-CNN 因其检测速度而广泛用于目标检测。我们已经注意到，对于给定的图像，Faster R-CNN 可以预测图像中每个目标的类标签和边界框坐标。Mask R-CNN 增加了一个额外的分支，用于在预测目标类别和边界框坐标的同时预测目标掩码（请参阅第 3 章中掩码概念）。

以下是 Mask R-CNN 与其前身 Faster R-CNN 的区别：

- ❑ Faster R-CNN 有两个输出：类标签和边界框坐标。
- ❑ Mask R-CNN 有三个输出：类标签、边界框坐标和目标掩码。

Ross Girshick 等人在 2017 年题为“Mask R-CNN”（https://arxiv.org/pdf/1703.06870.pdf）的论文中介绍了 Mask R-CNN。在 Mask R-CNN 中，每个像素被分类为一组固定类别，

而不区分目标实例。它在神经网络的输出层和输入层之间引入了**像素到像素对齐**的概念。每个像素的类别决定了 ROI 中的掩码。

图 6-7 给出了 Mask R-CNN 网络的架构，网络包含三个模块：主干网、RPN 和输出端。

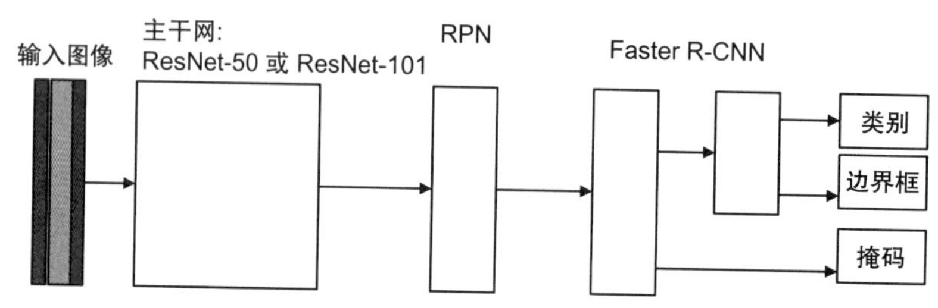

图 6-7　Mask R-CNN，它在 Faster R-CNN 中附加了掩码预测分支

6.6.1　主干网

主干网是标准的深度神经网络，原论文中描述的主干网采用 ResNet-50 或 ResNet-101。主干网的主要作用是提取特征。

除了 ResNet 之外，论文中还采用了特征金字塔网络（Feature Pyramid Network，FPN）来提取图像中更精细的特征细节。

FPN 由不断减小的 CNN 层组成，在这种情况下，每个前向层的神经元数量较少。

如图 6-8 所示，较高层将特征传递给较低层，并在每个层中进行预测。较高层的尺寸较小，这意味着特征尺寸将比之前的层更小。这种方法以不同的尺度捕获图像的特征，以便检测图像中较小的目标。

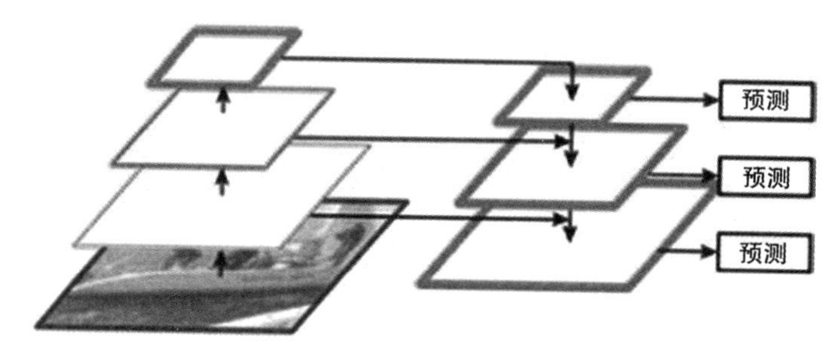

图 6-8　FPN（图片来源：Tsung-Yi Lin 等人）

FPN 是主干网的附加组件，通常独立于 ResNet 或其他主干网执行。FPN 不仅可以添加到 Mask R-CNN 中，还可以添加到 Fast R-CNN 中，以便检测不同大小的目标。

6.6.2　RPN

如前所述，RPN 模块用于生成候选区域。Mask R-CNN 的 RPN 架构与 Faster R-CNN 类似。

6.6.3 输出端

如图 6-8 所示，最后一个模块由带有附加输出分支的 Faster R-CNN 组成，因此，此模块总共生成三个输出。输出目标类标签和边界框坐标与 Faster R-CNN 一样，第三个输出是目标掩码，它是定义目标轮廓的像素列表。

6.6.4 掩码的意义

Mask R-CNN（类似于 Faster R-CNN）生成目标类标签和边界框，这两者结合起来有助于定位图像中的目标。网络输出的掩码用于目标分割，这种目标分割广泛应用于光学字符识别（Optical Character Recognition，OCR）中以从文档中提取文本。利用 Mask R-CNN 的另一个示例是机场安检，其中旅客的行李被扫描并通过掩码可视化。图 6-9 展示了 Mask R-CNN 的典型应用。

图 6-9 显示带有边界框和掩码的图像（图片来源：Ross Girshick 等人）

6.6.5 用于人体姿态估计的 Mask R-CNN

Mask R-CNN 一个有趣的用途是评估人体姿态。Mask R-CNN 网络经过扩展可以将关键点的位置建模为独热掩码。关键点被定义为图像上的兴趣点。对于人类而言，这些关键点指主要关节，例如肘部、肩膀或膝盖。关键点应不会随旋转、移动、收缩、平移和变形而变化。Mask R-CNN 经过训练，可预测 K 个掩码，分别对应 K 个关键点类型（如左肩、右肘），如图 6-10 所示。

为了训练网络以估计人体姿态，用于训练的图像目标用 K 个关键点标记。对于每个关键点，训练目标是一个独热的 $m \times m$ 二进制掩码，其中只有一个像素被标记为最显著。

根据原始论文，作者使用 ResNet-FPN 架构的一种变体作为特征提取主干网，输出端架构（或输出模块）类似于常规的 Mask R-CNN。关键点包括 8 个 3×3 512-D 卷积层，后跟一个反卷积层和两个双线性放大，产生的输出分辨率为 56×56。据估计，Mask R-CNN 关键点的定位精度要求高分辨率输出（与掩码相比）。

图 6-10 利用关键点预测展示人体姿态估计（图片来源：Ross Girshick 等人）

6.7 单发多盒检测

R-CNN 及其变体是两级检测器。它们有两个专用网络：一个网络生成候选区域以预测边界框，另一个网络预测目标类别。这种两级检测器相当精确，但是计算成本很高，这意味着这种检测器不适合实时检测流视频中的目标。

单发目标检测器在网络的单次前向传递中同时预测边界框和目标类别。

Wei Liu 等人在 2016 年题为"SSD：Single Shot MultiBox Detector"（https://arxiv.org/pdf/1512.02325.pdf）的论文中介绍了单发多盒检测（Single-Shot multibox Detection，SSD）。首先，我们回顾一下 SSD 的工作原理，本章后面将使用 TensorFlow 训练自定义 SSD 模型。

6.7.1 SSD 网络架构

SSD 神经网络包含两个组件：

- ❑ **基础网络**：基础网络是在任何分类层之前截断的深度卷积网络，例如，删除 ResNet 或VGG的全连接层即可创建SSD的基础网络。基础网络用于从输入图像中提取特征。
- ❑ **检测网络**：在基础网络上，附加一些额外的卷积层，这些卷积层实际上可以预测边界框和目标类别，检测网络具有以下特征。

1. 用于检测的多尺度特征图

连接到基础网络末端的卷积层的设计方式应使得这些层的尺寸逐渐减小，这样我们就能够在多个尺度上预测目标，如图 6-11 所示。

如图 6-11 所示，每个检测层以及基础网络的最后一层（可选）预测边界框的四个坐标的偏移量和目标类别。如何预测边界框和目标？通过锚框。我们来介绍锚框的概念。

2. 用于检测的锚框和卷积预测器

锚是在特征图映射的每个卷积点处设置的一个或多个矩形形状。在图 6-12 中，一个点上设置了五个矩形锚。

在 SSD 中，通常在每个点选择五个锚框，每一个锚框都充当一个检测器。这意味着在特征图的每个位置通常都有五个检测器，并且每个检测器都检测五个不同的目标（或没有目标）。这些检测器尺寸的变化使它们能够检测不同尺寸的目标，较小的检测器将检测较小的目标，而较大的检测器则能够检测较大的目标。

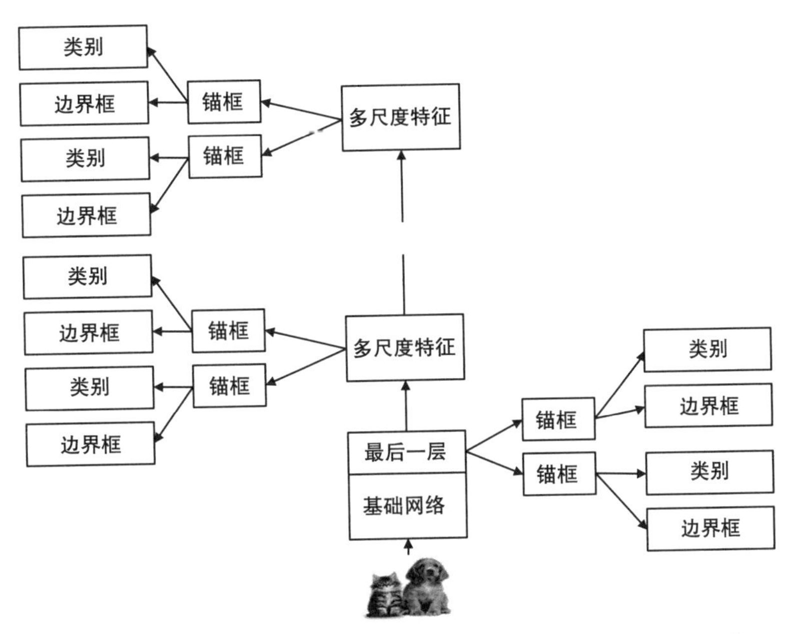

图 6-11 尺度递减的卷积层可以在不同尺度上预测目标类别和边界框

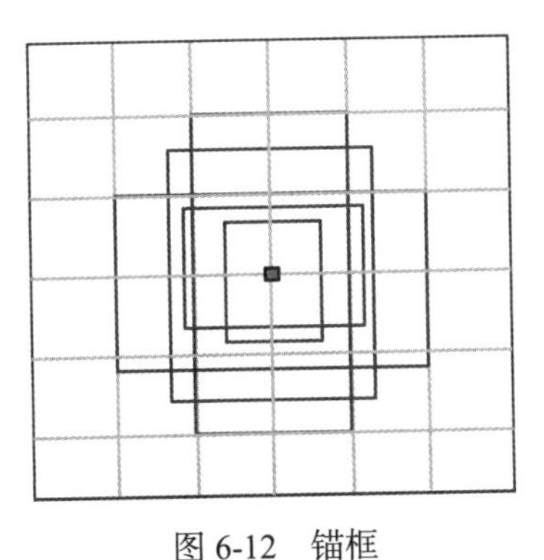

图 6-12 锚框

在特征图的每个卷积点（见图 6-12 中的中心点）上，算法可以预测相对于锚框的边界框偏移量，还可以预测每个框中的类别分数。

3. 默认框和纵横比

需要注意的是，锚框预先选择为常量。在 SSD 中，一组固定的“默认锚框”映射到每个卷积点。

假设每个位置有 K 个锚框，我们计算 C 个类别分数和相对于默认框的四个偏移坐标，这将导致每个卷积点周围总共（C+4）K个滤波器。假设特征尺寸为$m \times n$，则输出张量尺寸为（C+4）$\times K \times m \times n$。

将默认锚框应用于每个检测卷积层（见图 6-11）。卷积层的尺寸逐渐减小，这样就能生成几个不同分辨率的特征图。图 6-13 展示了整体网络架构。

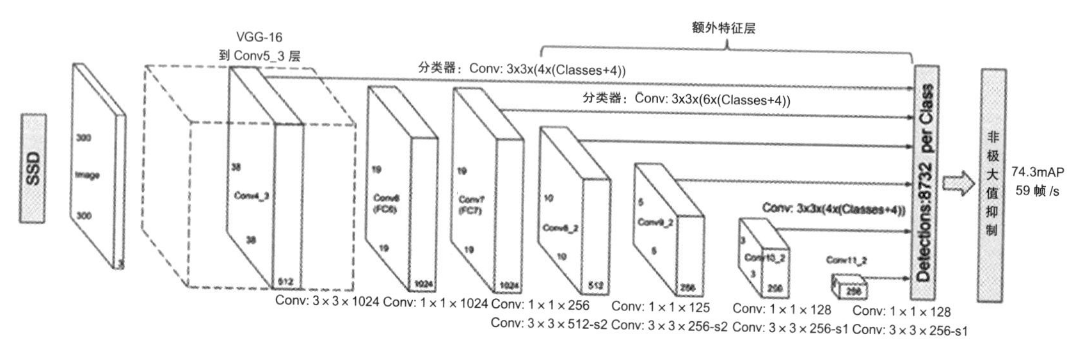

图 6-13 用于检测的带有附加卷积层的截断的 VGG 主干网（图片来源：Liu 等人，https://arxiv.org/pdf/1512.02325.pdf）

6.7.2 训练

下面将探索 SSD 模型如何通过优化损失函数进行学习，以及它遵循的目标匹配策略。

1. 匹配策略

在训练过程中，首先需要确定与标记框相关的默认框，然后相应地训练网络。为了使默认框与标记框相匹配，采用 IoU 确定它们的重叠程度。这种基于 IoU 的重叠也称为 Jaccard 重叠。将 IoU 阈值设为 0.5 可以确定默认框是否与标记框重叠。在每一层上执行利用 IoU 的重叠识别，从而使网络可以大规模学习。SSD 首先以默认框作为预测，并尝试回归到接近标记框，图 6-14 介绍了重叠和默认框选择的概念。

图 6-14 默认框与标记框的匹配概念

2. 训练目标

SSD 的学习目标是优化损失函数，即优化所有匹配默认框的定位损失（loc）和置信损失（conf）的加权和。

3. 选择默认框的尺度和纵横比

SSD 网络检测层的尺寸不断缩减，使其能够学习不同的目标尺寸。随着训练的进行，特征图的尺寸会减小，需要根据特征图确定每层默认框的大小。

对于每一层，采用以下公式计算尺度：

$$S_k = S_{\min} + \{(S_{\max} - S_{\min})/(m-1)\}(k-1), k \in [1, m]$$

其中 m 是特征图的尺寸，最低层的 $S_{\min}$=0.2，最高层的 $S_{\max}$ = 0.9。中间所有其他层均匀分布。回想一下，SSD 中使用了五个默认框，这些默认框被设置为不同的纵横比：$a_r \in$ {1，2，3，½，⅓}。每个默认框的宽度和高度使用以下公式计算：

$$宽度 = S_k\sqrt{a_r}$$

$$高度 = S_k/\sqrt{a_r}$$

对于纵横比为 1 的情况，锚框尺度为 $S_k' = \sqrt{(S_k S_{k+1})}$。这意味着每个特征图将确定六个默认框。默认框的中心采用以下公式设置：$((i+0.5)/|f_k|, (j+0.5)/|f_k|)$，其中 $|f_k|$ 是第 k 个正方形特征图的大小，即 $i, j \in (0, |f_k|)$。

将特征图位置上具有不同尺度和纵横比的默认框预测结果组合起来，生成一组不同的预测结果。这涵盖了输入目标的各种大小和形状。

6.8 节将介绍 YOLO 利用 K 均值聚类来动态选择锚框。此外，在 YOLO 中，锚称为**先验**或**边界框先验**。

4. 困难负样本

在每一层和每个特征图上，都创建了许多默认框。与标记框匹配（IoU ≥ 0.5）后，这些默认框中的大多数将不会与标记框重叠。这些不重叠的默认框（IoU ＜ 0.5）称为**负框**，与标记框匹配的框都是**正框**。在大多数情况下，负框要比正框多得多，这会导致类别失衡，从而使预测不正确。为了平衡类别，对负框进行排序，取最可能的负框，然后丢弃其余的负框，使负框与正框之比最大为 3 ∶ 1。研究发现，这个比例可以使速度优化更快。

5. 数据扩充

SDD 对输入目标的各种尺寸和形状均要求具有鲁棒性。为了使其具有鲁棒性，通过以下选项对每幅训练图像进行采样：

- ❑ 采用整个原始图像。
- ❑ 对补丁进行采样，以使最小 IoU 为 0.1、0.3、0.5、0.7 或 0.9。
- ❑ 随机采样补丁。

每个样本的特征如下：

- ❑ 每个采样补丁的大小占原始图像尺寸的比例位于区间 [0.1, 1]。
- ❑ 纵横比在 1/2 ～ 2 之间。
- ❑ 如果标记框的中心位于采样补丁中，则保留其重叠部分。

在这些采样步骤之后，除了应用一些光度失真之外，每个采样的补丁都被调整为固定大小，并以 0.5 的概率水平翻转。

6. 非极大值抑制

在推断时，SSD 前向传递过程中产生大量的边界框。处理所有这些边界框将需要大量的计算和时间。因此，重要的是摆脱那些包含目标的置信度低且 IoU 低的边界框。只选择具有最大 IoU 和置信度的前 N 个边界框，丢弃或抑制非极大值，这就消除了重复，并确保网络只保留最可能的预测。

6.7.3 SSD 结果

SSD 是一种快速、稳健且准确的模型。凭借 VGG-16 基础架构，SSD 在准确率和速度方面均优于其最新的目标检测器。SSD-512 模型（采用 512 × 512 的最高分辨率网络）与 PASCAL VOC 和 COCO 数据集上最新的 Faster R-CNN 相比，至少快三倍且更准确。SSD-300 模型以每秒 59 帧的速度在流视频中更准确地执行实时目标检测，这比第一个版本的 YOLO 更快。第 7 章将介绍如何使用 SSD 来检测视频中的目标。

6.8 YOLO

YOLO 是一种快速、实时的多目标检测算法。YOLO 包含单个卷积神经网络，它可同时预测目标边界框和其中的目标类别概率。YOLO 在完整的图像上训练，并设置网络来解决回归问题以检测目标。因此，YOLO 不需要复杂的处理流水线，这使其速度非常快。

基础网络在 Titan X GPU 上以每秒 45 帧的速度运行。采用更高版本的 GPU 时，速度会更高，并且可能高达每秒 150 帧。这使 YOLO 适用于实时检测流视频中的目标，且延迟少于 25 毫秒。此外，YOLO 的平均精度均值（mAP）达到了其他实时系统的两倍以上。

YOLO 由 Joseph Redmon、Santosh Divvala、Ross Girshick 和 Ali Farhadi 于 2016 年在题为 “You Only Look Once: Unified, Real-Time Object Detection”（https://arxiv.org/pdf/1506.02640.pdf）的论文中提出。

检测过程如图 6-15 所示，原论文中描述的过程如下：

1）输入图像被分为 $S \times S$ 的网格。

2）如果目标的中心落在网格内，则由该网格负责检测目标。

3）每个网格单元预测 B 个边界框和边界框的置信度得分。

4）采用以下公式计算置信度得分：

置信度得分 = 目标的概率 × 预测框和标记框之间的 IoU

如果边界框不包含任何目标，则置信度得分为零。

5）对于每个边界框，网络都会给出五个参数预测：x、y、w、h 和置信度。

- (x,y) 表示边界框相对于网格单元中心的坐标。
- w 和 h 是相对于整个图像的宽度和高度。

- 置信度代表预测框和标记框之间的 IoU。

6）对于每个网格单元，网络预测一个以网格单元包含目标为条件的类条件概率 C，不论预测多少个边界框 B，每个网格单元仅预测一个条件概率。

7）为了获得每个边界框的类置信度得分，采用以下公式：

$$类置信度得分 = \mathrm{Pr}(类别 \mid 目标) \times \mathrm{Pr}(目标) \times 预测框和标记框之间的\ \mathrm{IoU}$$

其中 Pr（类别 | 目标）表示给定目标在网格单元内的类概率。

8）这些预测结果被编码为 $S \times S \times (B \times 5+C)$ 张量。

YOLO 的提出者使用以下设置进行评估：

- 数据集：PASCAL 视觉目标类（Visual Object Class，VOC），见 http://host.robots.ox.ac.uk/pascal/VOC/。
- S=7。
- B=2。
- C=20，因为 PASCAL VOC 有 20 个目标类。

最终预测结果一个 7×7×（2×5 +20）=7×7×30 的张量。

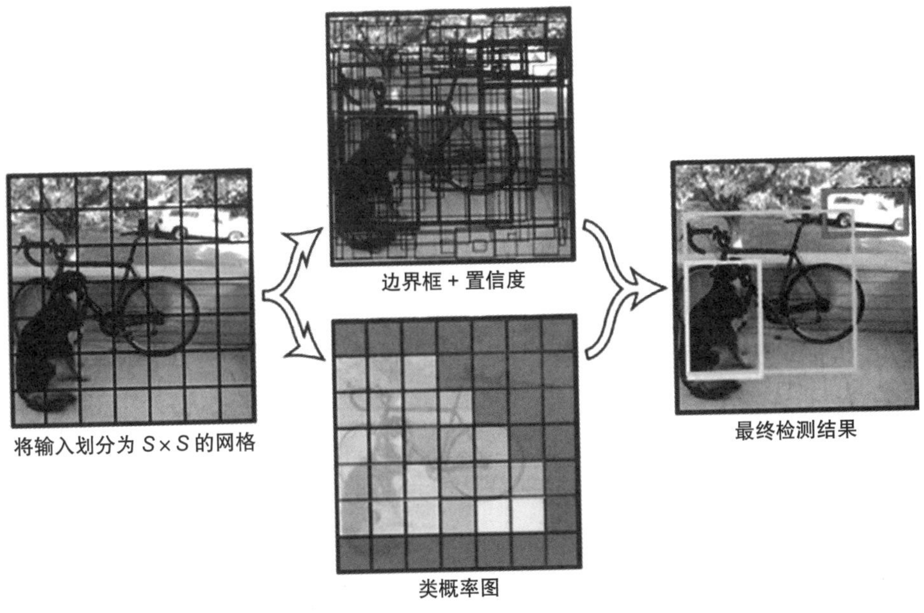

图 6-15　YOLO 目标检测示意图（图片来源：Joseph Redmon 等人）

YOLO 网络设计

YOLO 网络架构受用于图像分类的 GoogLeNet 的启发。用于 YOLO 的改进 GoogLeNet 包含 24 个卷积层和最大池化层，以及两个全连接层。请注意，图 6-16 中完整网络中最后一层生成的输出张量或维度为 7×7×30。

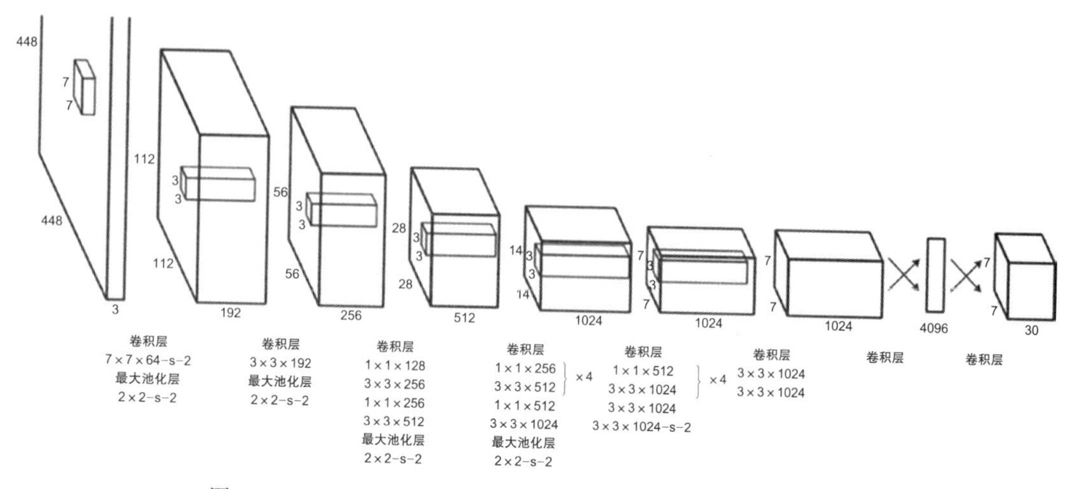

图 6-16 YOLO 神经网络架构（图片来源：Joseph Redmon 等人）

6.9 YOLO 的局限性

尽管 YOLO 是最快的目标检测算法之一，但它也有一些局限性：

- 它很难处理成群的小目标（如成群的鸟）。
- 它只能预测网格单元内的一类目标。
- 如果目标的纵横比不同于训练集中的纵横比，也未曾在训练集中出现过，则预测效果不理想。
- 其准确率低于某些最新算法，例如 Faster R-CNN。

6.9.1 YOLO9000 或 YOLOv2

YOLOv2 是 YOLO 的改进版本，与 YOLO 相比，它的检测准确率和速度提高了。经过训练，它可以检测 9000 多个目标类，因此，它被命名为 YOLO9000。在 2016 年 12 月，Joseph Redmon 和 Ali Farhadi 发表了题为“YOLO9000: Better, Faster, Stronger”（https://arxiv.org/pdf/1612.08242.pdf）的论文，其中介绍了这种改进思路和 YOLO9000 的算法。

YOLOv2 旨在克服 YOLO 的某些限制，尤其是精度和召回率。此外，它能够检测训练集中未曾出现过的纵横比的目标。以下是 YOLOv2 中为实现更好、更快、更强大的效果而进行的改进：

- **批处理归一化**：YOLOv2 在 YOLO 中的所有卷积层添加了批处理归一化操作。上文介绍过，批量归一化有助于正则化模型。通过采用批处理归一化，mAP 提高了 2% 以上。
- **高分辨率分类器**：YOLOv2 经过微调可从更高分辨率的输入图像中学习。在 448×448 分辨率下，网络输出的 mAP 提高了 4%。

- **与锚框的卷积**：YOLOv2 去掉了全连接层，采用全卷积层，它还引入锚框来预测边界框。虽然准确率略有下降，但使用锚框，YOLOv2 能够在一幅图像中检测超过 1 000 个目标，而 YOLO 为 98 个。
- **维度簇**：锚框的大小通过利用 VOC 2017 训练集的 K 均值聚类来确定。K=5 是平均 IoU 和模型复杂度之间的最佳权衡结果，平均 IoU 为 61.0%。
- **细粒度特征**：YOLOv2 采用传递层，通过将相邻特征堆叠到不同通道（而不是空间位置）来连接更高分辨率的特征，这种方法只能适度提高 1% 的性能。
- **多尺度训练**：YOLOv2 能够检测图像中不同尺寸的目标。YOLOv2 不固定输入图像的大小，而是每隔几次迭代就动态更改网络，例如，网络每 10 批次随机选择一个新图像维度，这意味着同一网络可以预测不同分辨率的检测结果。在低分辨率下，YOLOv2 具有低成本和高精确度优势。

  288 × 288 YOLOv2 网络以超过 90 帧 /s 的速度运行，mAP 几乎与 Fast R-CNN 一样好，这使其非常适合较小的 GPU、高帧率视频或多个视频流。在高分辨率下，YOLOv2 是一种最先进的检测器，在 VOC 2007 上的 mPA 为 78.6%，且运行速度可满足实时要求。
- **用 Darknet 代替 GoogLeNet**：YOLOv2 利用称为 Darknet-19 的卷积神经网络，该网络有 19 个卷积层和 5 个最大池化层。Darknet-19 每幅图像只需要 55.8 亿次操作，而 VGG 则为 306.7 亿次，YOLO 需要 85.2 亿次。然而，它实现了 72.9% 的 top-1 准确率和 91.2% 的 top-5 准确率。图 6-17 展示了 Darknet-19 的网络架构。

类型	滤波器	尺寸 / 步长	输出
卷积层	32	3 × 3	224 × 224
最大池化层		2 × 2/2	112 × 112
卷积层	64	3 × 3	112 × 112
最大池化层		2 × 2/2	56 × 56
卷积层	128	3 × 3	56 × 56
卷积层	64	1 × 1	56 × 56
卷积层	128	3 × 3	56 × 56
最大池化层		2 × 2/2	28 × 28
卷积层	256	3 × 3	28 × 28
卷积层	128	1 × 1	28 × 28
卷积层	256	3 × 3	28 × 28
最大池化层		2 × 2/2	14 × 14
卷积层	512	3 × 3	14 × 14
卷积层	256	1 × 1	14 × 14
卷积层	512	3 × 3	14 × 14
卷积层	256	1 × 1	14 × 14
卷积层	512	3 × 3	14 × 14
最大池化层		2 × 2/2	7 × 7
卷积层	1024	3 × 3	7 × 7
卷积层	512	1 × 1	7 × 7
卷积层	1024	3 × 3	7 × 7
卷积层	512	1 × 1	7 × 7
卷积层	1024	3 × 3	7 × 7
卷积层	1000	1 × 1	7 × 7
平均池化层		Global	1000
softmax			

图 6-17 Darknet-19（图片来源：Joseph Redmon 等人，https://arxiv.org/pdf/1612.08242.pdf）

- **联合分类和检测**：YOLOv2 可以从包含用于分类和检测的标签的数据集中学习。在训练时，当网络收到标记图像时，它执行完整的 YOLOv2 损失函数优化。进行图像分类时，它会利用网络分类部分反向传播损失。YOLOv2 的数据集是通过合并 COCO 和 ImageNet 的数据创建的。与普通的 YOLO 相比，能够从分类和检测数据集学习的 YOLOv2 网络产生的模型更强大。

下表总结了 YOLOv2 的改进之处及其对准确率和速度的影响（与普通 YOLO 相比）：

	改进之处	效果
更好	批处理理归一化	mAP 提高 2%
	高分辨率分类器	mAP 提高 4%
更快	与锚框卷积	每幅图像能够检测 1000 多个目标
	维度簇	mAP 提高 4.8%
	细粒度特征	mAP 提高 1%
	多尺度训练	mAP 提高 1.1%
	Darknet-19	计算量降低 33%，mAP 提高 0.4%
更强	卷积预测层	mAP 提高 0.3%
	联合分类和检测	能够检测 9000 多个目标

6.9.2 YOLOv3

YOLO 的最新版本是 YOLOv3，它对 YOLOv2 进行了一些改进。Joseph Redmon 和 Ali Farhadi 于 2018 年 4 月发表的题为“YOLOv3：An Incremental Improvement”（https://arxiv.org/pdf/1804.02767.pdf）的论文中介绍了 YOLOv3。

YOLOv3 的特征和改进如下：

- **边界框预测**：在检测边界框方面，与 YOLOv2 相比，YOLOv3 没有变化。YOLOv3 在训练期间使用平方误差损失之和，它还采用 Logistic 回归预测每个边界框的目标得分。如果边界框先验与标记框重叠部分比任何其他边界框先验都多，则目标得分为 1，每个标记框目标只分配一个边界框先验。如果边界框先验不是最佳边界框，但确实与标记框重叠部分超出某个阈值时，则预测结果将被忽略。YOLOv3 的提出者使用的阈值为 0.5，系统为每个标记框目标分配一个边界框先验。
- **目标类别预测**：网络会预测边界框内一个目标可能对应的多个类别。softmax 激活函数不适用于预测多标签类别，因此，YOLOv3 使用回归分类器代替 softmax。
- **跨尺度的预测**：YOLOv3 预测三种不同尺度的边界框，它仍然利用 K 均值聚类簇来确定边界框先验——它具有 9 个聚类簇和 3 个任意选择的尺度，然后将簇均匀地划分到各个尺度上。例如，在 COCO 数据集上，9 个聚类簇分别为（10×13）、（16×30）、（33×23）、（30×61）、（62×45）、（59×119）、（116×90）、（156×198）和（373×326）。
- **特征提取器**：作为特征提取主干网，YOLOv3 采用了 Darknet-19 的改进版本，名称为 Darknet-53。它具有 53 个卷积层，其架构如图 6-18 所示。

	类型	滤波器	尺寸 / 步长	输出
	卷积层	32	3×3	256×256
	卷积层	64	3×3 / 2	128×128
1×	卷积层	32	1×1	
	卷积层	64	3×3	
	残差连接			128×128
	卷积层	128	3×3 / 2	64×64
2×	卷积层	64	1×1	
	卷积层	128	3×3	
	残差连接			64×64
	卷积层	256	3×3 / 2	32×32
8×	卷积层	128	1×1	
	卷积层	256	3×3	
	残差连接			32×32
	卷积层	512	3×3 / 2	16×16
8×	卷积层	256	1×1	
	卷积层	512	3×3	
	残差连接			16×16
	卷积层	1024	3×3 / 2	8×8
4×	卷积层	512	1×1	
	卷积层	1021	3×3	
	残差连接			8×8
	平均池化层		全局	
	连接的		1000	
	softmax			

图 6-18　YOLOv3 中使用的 Darknet-53（https://arxiv.org/pdf/1804.02767.pdf）

- **训练**：与 YOLOv2 相比，YOLOv3 中的训练方法没有变化。训练是在完整图像上进行的，具有多尺度数据、批处理归一化以及混合分类和检测标签。

YOLOv3 的结果如下：

- 对于整体 mAP，YOLOv3 由于更宽的网络（53 层，而 YOLOv2 中只有 19 层）而导致性能显著下降。
- 对于 608×608 分辨率的图像 YOLOv3 可以在 51 毫秒的推理时间内获得 33.0% 的 mAP，而 RetinaNet-101–50–500 反而在 73 毫秒的推理时间内才获得 32.5% 的 mAP。
- YOLOv3 的准确率水平与 SSD 变体相当，但检测速度提高了 3 倍。

6.10　目标检测算法的比较

本节将探索三种不同的目标检测算法：R-CNN 及其变体，SSD 和 YOLO。这些算法在两个流行的数据集（VOC 和 COCO）上进行了训练，并针对速度和准确率进行基准测试。本节提供的比较结果可以用作指导，以确定两种算法在目标检测系统方面的适用性和实用性。性能指标和基准测试结果主要来源于 Zhong-qiu Zhao、Peng Zheng、Shou-tao Xu 和 Xindong Wu 等人于 2019 年 4 月发表的论文 " Object Detection with Deep Learning: A review" (https://arxiv.org/pdf/1807.05511.pdf)。

6.10.1 架构比较

表 6-1 给出了目标检测算法及其神经网络架构方面的比较结果。

表 6-1 目标检测算法及其神经网络架构方面的比较

目标检测算法	候选区域	激活函数	损失函数	softmax 层
R-CNN	选择性搜索	SGD	合页损失（分类）+ 边界框回归	是
Fast R-CNN	选择性搜索	SGD	类对数损失 + 边界框回归	是
Faster R-CNN	RPN	SGD	类对数损失 + 边界框回归	是
Mask R-CNN	RPN	SGD	类对数损失 + 边界框回归 + 语义 sigmoid 损失	是
SSD	无	SGD	类平方和误差损失 + 边界框回归	否
YOLO	无	SGD	类平方和误差损失 + 边界框回归 + 目标置信度 + 背景置信度	是
YOLOv2	无	SGD	类平方和误差损失 + 边界框回归 + 目标置信度 + 背景置信度	是
YOLOv3	无	SGD	类平方和误差损失 + 边界框回归 + 目标置信度 + 背景置信度	Logistic 分类器

6.10.2 性能比较

表 6-2 给出了在微软 COCO 数据集上训练的目标检测算法的性能比较结果。训练是在具有单核和 NVIDIA Titan X GPU 的 Intel i7-6700K CPU 上进行的。

表 6-2 目标检测算法的性能比较

目标检测算法	训练数据集	mAP/%	测试速度（s/ 图）	帧率	是否适合实时视频检测
R-CNN	COCO 2007	66.0	32.84	0.03	否
Fast R-CNN	COCO 2007 及 2012	66.9	1.72	0.60	否
Faster R-CNN（VGG-16）	COCO 2007 及 2012	73.2	0.11	9.1	否

（续）

目标检测算法	训练数据集	mAP/%	测试速度（s/图）	帧率	是否适合实时视频检测
Faster R-CNN(ResNet-101)	COCO 2007 及 2012	83.8	2.24	0.4	否
SSD300	COCO 2007 及 2012	74.3	0.02	46	是
SSD512	COCO 2007 及 2012	76.8	0.05	19	是
YOLO	COCO 2007 及 2012	73.4	0.02	46	是
YOLOv2	COCO 2007 及 2012	78.6	0.03	40	是
YOLOv3 608×608	COCO 2007 及 2012	76.0	0.029	34	是
YOLOv3 416×416	COCO 2007 及 2012	75.9	0.051	19	是

6.11 利用 TensorFlow 训练目标检测模型

现在，我们已做好编写代码来构建和训练目标检测模型的准备。我们将使用 TensorFlow API 和 Python 编写代码。目标检测模型的计算量很大，并且需要大量内存和强大的处理器。大多数笔记本计算机可能无法满足构建和训练目标检测模型所需的计算量要求，例如，具有 32 GB RAM 和八核 CPU 的 MacBook Air 无法运行涉及约 7000 幅图像的检测模型。幸运的是，Google 免费提供了数量有限的基于 GPU 的计算功能。事实证明，这些模型在 GPU 上的运行速度比在 CPU 上快许多倍。因此，学习如何在 GPU 上训练模型非常重要。为了演示，我们将使用免费版本的 Google GPU。首先，定义学习目标以及如何实现它。

- **目标**：介绍利用 Keras 和 TensorFlow 训练目标检测模型。
- **数据集**：Oxford-IIIT 宠物数据集，可以从网站 robots.ox.ac.uk/~vgg/data/pets/ 上免费获得。数据集包含 37 个宠物类别，每个类别大约有 200 幅图像。图像在尺度、姿势和光照方面有很大的变化。这些图像已经用边界框进行注释和标记。
- **执行环境**：采用 Google Colaboratory（http://colab.research.google.com/），简称为 Colab。利用 Colab 免费提供的 GPU 硬件加速器。Google Colab 是免费的 Jupyter Notebook 环境，无须设置即可在云端运行。Jupyter Notebook 是基于 Web 的开源应用程序，可以用来编写和执行 Python 程序。了解更多有关如何使用 Jupyter Notebook 的信息，请访问 https://jupyter.org，文档详见 https://jupyter-notebook.readthedocs.io/en/stable/。我们将通过代码学习 Colab。

重要说明 在编写本书时，TensorFlow 版本 2 不支持目标检测的自定义模型训练。因此，本书采用 TensorFlow1.15 来训练模型。TensorFlow 团队和开源社区正在迁移版本 1 代码，以支持版本 2 对自定义检测模型的训练。因此，这里的一些步骤将来可能会发生变化。本书的 GitHub 存储库未来将包含版本 2 的更新步骤。

我们将在 Google Colab 上使用 TensorFlow 1 训练检测模型，模型训练后，我们将下载并使用 TensorFlow 2。我们还将介绍如何做得更好。

基于 GPU 的 Google Colab 上的 TensorFlow

Google Colab 免费提供用于机器学习教学和训练的 Jupyter Notebook，它提供约 13 GB 的 RAM，130 GB 的磁盘和 NVIDIA GPU，可连续使用 12 h。如果会话过期或超过 12 小时限制，则可以重新创建运行时环境。当执行代码时，它会在私人账户创建的虚拟机上执行。会话过期后，虚拟机将终止，虚拟磁盘中保存的所有数据都将丢失。但是，Colab 提供了一种将 Google Drive 目录挂载到 Colab 虚拟磁盘的方法，之后数据将存储在 Google Drive 中，你可以在创建 Google Colab 会话时检索这些数据。我们从 Google Colab 开始并设置运行时环境，以利用它来执行 TensorFlow 代码。

1. 访问 Google Colab

你必须具有 Google（或 Gmail）账户才能访问 Google Colab。如果还没有，请先在 https://accounts.google.com 上注册账户。

利用 Web 浏览器，访问位于 http://colab.research.google.com 的 Google Colab URL。如果已经使用自己的 Google 账户登录，则可以访问 Colab；否则，需要登录账户才能访问该 Colab。

2. 连接到托管运行时

单击位于屏幕右上方、用户和设置图标下方的"连接"(Connect) 按钮，然后单击"连接到托管运行时"(Connect to hosted runtime)(见图 6-19)。至此，Colab 会话已创建。

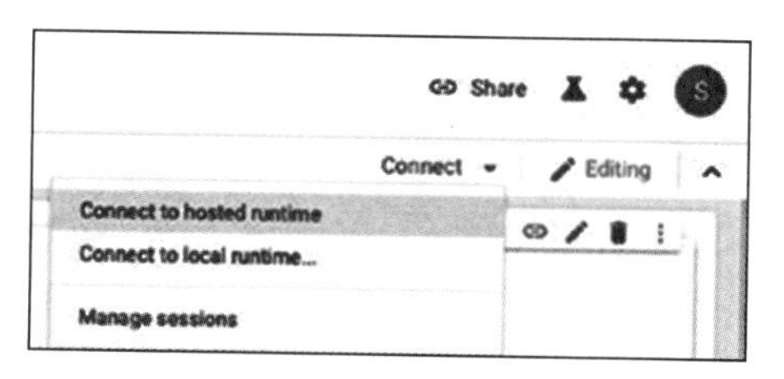

图 6-19 连接到托管运行时

3. 选择 GPU 硬件加速器

单击"编辑"(Edit)，然后单击"笔记本设置"(Notebook settings)(见图 6-20)，打开一个模态窗口。选择 GPU 作为硬件加速器，确保选择了 Python 3 运行时，单击"保存"(Save) 按钮（见图 6-21）。

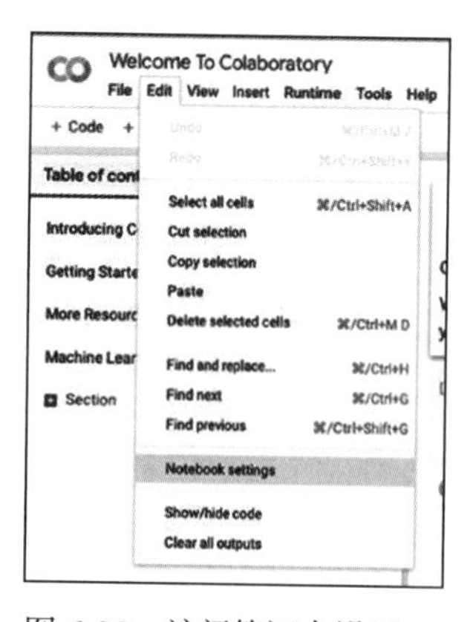

图 6-20 访问笔记本设置

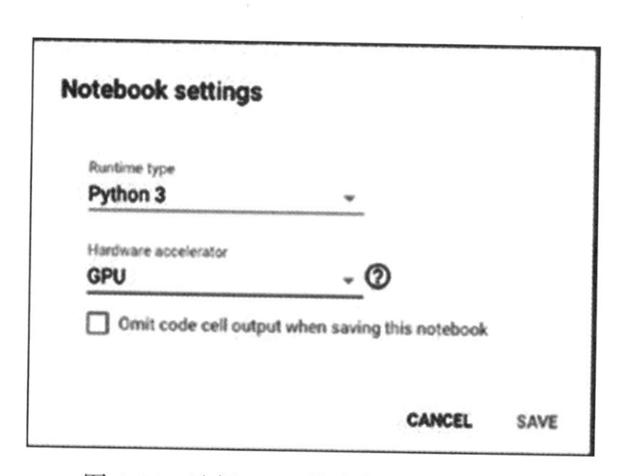

图 6-21 选择 GPU 作为加速器

4. 创建 Colab 项目

单击“文件”(File)，然后单击“新建 Python 3 笔记本”(New Python 3 notebook)，新笔记本将在新的浏览器选项卡中打开，给该笔记本起一个有意义的名称，例如“目标检测模型训练”。默认情况下，此笔记本保存在 Google Drive 中。

5. 为 TensorFlow 和模型训练设置运行时环境

单击“ +Code”，将代码单元格插入笔记本。请注意笔记本主区域中带有空单元格的代码块，你可以在此单元格中编写任何 Python 代码，然后单击“执行”图标（●）来执行它。

Google Colab 是一个交互式编程环境，不能直接访问底层操作系统。你可以使用 %% shell 来调用 shell，它在调用的单个代码块中保持活动状态。你可以根据需要从多个代码块中调用 shell。

如果想设置运行环境，需要遵循以下步骤：

1）安装执行 TensorFlow 代码和训练模型所需的库。代码清单 6-1 显示了安装所需库要执行的命令。

代码清单 6-1 安装所需的库和软件包

```
Filename: Listing_6_1
1    %%shell
2    %tensorflow_version 1.x
3    sudo apt-get install protobuf-compiler python-pil python-lxml python-tk
4    pip install --user Cython
5    pip install --user contextlib2
6    pip install --user pillow
7    pip install --user lxml
8    pip install --user matplotlib
```

第 1 行在其代码块的上下文中调用 shell。这允许在此块中运行任何 shell 命令。

第 2 行告诉计算机采用 TensorFlow 1.*x* 版本而不是最新版本 2，版本 2 是在 Google Colab 上进行机器学习的默认执行引擎。如果你因使用 TensorFlow 2 的 Colab 实例而遇到任何问题，请执行命令 pip install TensorFlow==1.15 安装 TensorFlow 1.15。第 3 行使用操作系统命令安装 Protobuf 编译器和其他一些软件。Protobuf 用于编译 TensorFlow 源代码。第 4 至 8 行安装 Python 库。

2）从 GitHub 存储库下载 TensorFlow“模型”项目，并在工作环境中进行构建和安装。代码清单 6-2 展示了如何执行此操作。

代码清单 6-2 下载 TensorFlow“模型”项目，构建并设置它

```
%%shell
mkdir computer_vision
cd computer_vision
git clone https://github.com/ansarisam/models.git
#git clone https://github.com/tensorflow/models.git
```

```
6   cd models/research
7
8   protoc object_detection/protos/*.proto --python_out=.
9
10  export PYTHONPATH=$PYTHONPATH:/content/computer_vision/models/research
11  export PYTHONPATH=$PYTHONPATH:/content/computer_vision/models/research/slim
12
13
14  python setup.py build
15  python setup.py install
```

第 1 行调用 shell。第 2 行创建名为 computer_vision 的新目录，我们将要在其中组织所有代码和数据。第 3 行将当前工作目录更改到刚刚创建的新目录。第 4 行复制 GitHub 存储库并下载 TensorFlow 模型项目的源代码，这个存储库是从官方数据库中派生出来的 TensorFlow 模型的存储库，官方存储库列在第 5 行供参考。

models 存储库包含许多在 TensorFlow 中实现的模型。下载源代码后，你将在 models 目录中观察到两个子目录：official 和 research。official 目录包含 TensorFlow 官方支持的所有模型，并在安装 TensorFlow 时安装所有模型。research 目录包含大量由研究人员创建和维护的模型，但尚未得到官方的支持。我们感兴趣的目标检测模型位于 research 目录中，尚不属于官方模型。

第 6 行将工作目录更改为 models / research 目录。第 8 行使用 Protobuf 编译器构建与目标检测相关的源代码。第 10 和 11 行将 PYTHONPATH 环境变量设置为 research 和 research/slim 目录。第 14 行使用 setup.py 执行构建命令，该脚本在 Python script 目录中提供。同样，第 15 行安装了我们工作环境中的目标检测模型。

如果需要测试代码，请逐个执行每个单元块或单击“运行时”(Runtime)，然后从 Colab 的顶部菜单上下文中选择“全部运行”（Run all)。如果一切顺利，TensorFlow 1.*x* 版本环境已准备就绪，可以训练目标检测模型了。

6. 下载 Oxford-IIIT 宠物数据集

我们在笔记本中插入另一个代码单元格。我们将从官方网站下载带有注释和标签的宠物数据集到 Colab 工作区的目录中。代码清单 6-3 包含了下载宠物数据集和注释的代码。

代码清单 6-3　下载和解压宠物数据集的图像和注释

```
%%shell
cd computer_vision
mkdir petdata
cd petdata
wget http://www.robots.ox.ac.uk/~vgg/data/pets/data/images.tar.gz
wget http://www.robots.ox.ac.uk/~vgg/data/pets/data/annotations.tar.gz
tar -xvf annotations.tar.gz
tar -xvf images.tar.gz
```

第 1 行调用 shell，如果想采用任何 shell 命令，则需要在每个单元块中执行此操作。第 2 行将工作目录更改为 computer_vision 目录。第 3 行在 computer_vision 目录中创建另一个名为 petdata 的目录，我们将在 petdata 目录中下载宠物数据集。第 4 行将工作目录更改为 petdata 目录。第 5 行下载宠物图像，第 6 行下载注释。第 7 和 8 行解压下载的图像和注释文件。

如果执行此代码块，你将在 petdata 目录中得到下载的图像和注释。图像将存储在 images 子目录中，而注释将存储在 petdata 目录内的 annotations 子目录中。

7. 生成 TensorFlow TFRecord 文件

TFRecord 是一种用于存储二进制记录序列的简单格式。TFRecord 格式的数据被序列化并存储在较小（例如 100MB 至 200MB）的块中，这使它们能更有效地跨网络传输和串行读取。第 9 章将介绍 TFRecord 的格式及如何以 TFRecord 文件格式转换图像和相关注释。现在，我们将从 GitHub 下载的 TensorFlow 源代码的 research 目录中提供 Python 脚本，该脚本路径为 research/object_detection/dataset_tools/create_pet_tf_record.py。

目标检测算法将 TFRecord 文件作为神经网络的输入，TensorFlow 提供了一个 Python 脚本，可将 Oxford 宠物图像注释文件转换为一组 TFRecord 文件。代码清单 6-4 将训练集和测试集都转换为 TFRecord 文件。

代码清单 6-4　将图像注释文件转换为 TFRecord 文件

```
1   %%shell
2   cd computer_vision
3   cd models/research
4
5   python object_detection/dataset_tools/create_pet_tf_record.py \
6       --label_map_path=object_detection/data/pet_label_map.pbtxt \
7       --data_dir=/content/computer_vision/petdata \
8       --output_dir=/content/computer_vision/petdata/
```

第 2 行和第 3 行将工作目录更改为 research 目录。第 5 至 8 行运行 Python 脚本 create_pet_tf_record.py，它接受以下参数：

- label_map_path：此文件具有 ID 的映射（从 1 开始）和相应的类名。对于宠物数据集，映射文件已在 object_detection/data/pet_label_map.pbtxt 中可用，如何生成此映射文件详见第 9 章。这是一个 JSON 格式的文件，映射文件的几个示例条目如下：

```
item {
  id: 1
  name: 'Abyssinian'
}
item {
  id: 2
  name: 'american_bulldog'
}
...
```

- data_dir：这是子目录 images 和 annotations 的父目录。
- output_dir：这是储存 TFRecord 文件的目标目录。你可以提供任何现有的目录名称。转换图像和注释后，TFRecord 文件将保存在此目录中。

执行此代码块后，它将在 output_directory 中创建一组 *.record 文件。脚本 create_pet_tf_record.py 创建训练集和评估集：

- **训练集**：输出目录现在应包含 10 个训练文件和 10 个评估文件。*.record 文件的数量可能会因输入大小而异。训练集的 *.record 文件命名为 pet_faces_train.record-?????-of-00010。正则表达式 ????? 按顺序从 00001 至 00010。
- **评估集（测试集）**：评估集名为 pet_faces_eval.record-?????-00010。

8. 下载用于迁移学习的预训练模型

即使采用 GPU，从头开始训练最新的目标检测模型也需要花费几天时间。为了加快训练速度，我们将下载已在不同数据集（例如 COCO）上训练的模型，并重复使用其某些参数（包括权重）来初始化新模型。利用预先训练的模型的权重和参数来训练新模型的过程称为**迁移学习**。本节将介绍迁移学习。

在 COCO 和其他数据集训练的目标检测模型集合位于“TensorFlow detection model zoo”（https://github.com/tensorflow/models/blob/master/research/object_detection/g3doc/detection_model_zoo.md）。

以下是 COCO 训练的模型：

模型名称	速度 /ms	COCO mAP/%	输出
ssd_mobilenet_v1_coco	30	21	Boxes
ssd_mobilenet_v1_0.75_depth_coco ☆	26	18	Boxes
ssd_mobilenet_v1_quantized_coco ☆	29	18	Boxes
ssd_mobilenet_v1_0.75_depth_quantized_coco ☆	29	16	Boxes
ssd_mobilenet_v1_ppn_coco ☆	26	20	Boxes
ssd_mobilenet_v1_fpn_coco ☆	56	32	Boxes
ssd_resnet_50_fpn_coco ☆	76	35	Boxes
ssd_mobilenet_v2_coco	31	22	Boxes
ssd_mobilenet_v2_quantized_coco	29	22	Boxes
ssdlite_mobilenet_v2_coco	27	22	Boxes
ssd_inception_v2_coco	42	24	Boxes
faster_rcnn_inception_v2_coco	58	28	Boxes
faster_rcnn_resnet50_coco	89	30	Boxes
faster_rcnn_resnet50_lowproposals_coco	64		Boxes
rfcn_resnet101_coco	92	30	Boxes
faster_rcnn_resnet101_coco	106	32	Boxes
faster_rcnn_resnet101_lowproposals_coco	82		Boxes
faster_rcnn_inception_resnet_v2_atrous_coco	620	37	Boxes

（续）

模型名称	速度 /ms	COCO mAP/%	输出
faster_rcnn_inception_resnet_v2_atrous_lowproposals_coco	241		Boxes
faster_rcnn_nas	1833	43	Boxes
faster_rcnn_nas_lowproposals_coco	540		Boxes
mask_rcnn_inception_resnet_v2_atrous_coco	771	36	Masks
mask_rcnn_inception_v2_coco	79	25	Masks
mask_rcnn_resnet101_atrous_coco	470	33	Masks
mask_rcnn_resnet50_atrous_coco	343	29	Masks

对于我们的训练，从 http://download.tensorflow.org/models/object_detection/ssd_inception_v2_coco_2018_01_28.tar.gz 下载 ssd_inception_v2_coco 模型。你可以下载任意经过训练的模型，然后按照步骤来训练自己的模型。代码清单 6-5 中设置的命令将下载 SSD Inception 模型。

代码清单 6-5　下载预训练的 SSD Inception 目标检测模型

```
1   %%shell
2   cd computer_vision
3   mkdir pre-trained-model
4   cd pre-trained-model
5   wget http://download.tensorflow.org/models/object_detection/ssd_
    inception_v2_coco_2018_01_28.tar.gz
6   tar -xvf ssd_inception_v2_coco_2018_01_28.tar.gz
```

我们在 computer_vision 目录中创建名为 pre-trained-model 的新目录，并将工作目录更改为新目录（第 2、3 和 4 行）。第 5 行使用 wget 命令将 ssd_inception-v2_coco 模型下载为压缩文件。第 6 行将下载的文件解压到目录 ssd_inception_v2_coco_2018_01_28 中。

在 Google Colab 窗口中，展开左侧面板并检查“文件”（Files）选项卡，可以观察到类似于图 6-22 所示的目录结构。

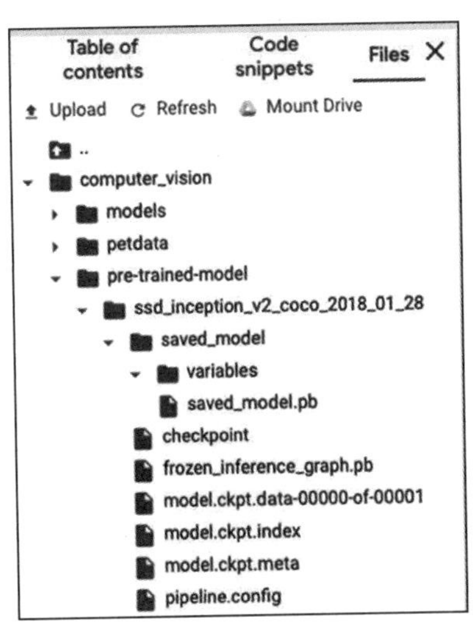

图 6-22　预训练模型的目录结构

9. 配置目标检测流水线

我们需要向 TensorFlow 目标检测 API 提供配置文件以训练模型，此配置文件称为**训练流水线**，它有一个明确定义的架构。训练流水线的架构位于 research 目录中的 object_detection/protos/pipeline.proto 位置。

JSON 格式的训练流水线大致分为五个部分，如下所示：

```
model: {
        (... Add model config here...)
}

train_config : {
        (... Add train_config here...)
}

train_input_reader: {
        (... Add train_input configuration here...)
}

eval_config: {
        (... Add eval_configuration here...)
}

eval_input_reader: {
        (... Add eval_input configuration here...)
}
```

- model：定义了需要训练的模型类型。
- train_config：定义了模型参数设置。
- eval_config：确定指标集以进行评估。
- train_input_config：定义了模型应该用哪些数据集进行训练。
- eval_input_config：定义了评估模型的数据集。

在图 6-22 中，请注意模型目录 ssd_inception_v2_coco_2018_01_28 中的文件 pipeline.config。从 Colab 下载 pipeline.config 文件（单击右键并下载），将其保存在本地计算机中，然后对其进行编辑以配置模型流水线。以下是将用于模型训练的已编辑文件的示例：

```
model {
  ssd {
    num_classes: 37
    image_resizer {
      fixed_shape_resizer {
        height: 300
        width: 300
      }
    }
    feature_extractor {
      type: "ssd_inception_v2"
      depth_multiplier: 1.0
      min_depth: 16
      conv_hyperparams {
        regularizer {
          l2_regularizer {
            weight: 3.99999989895e-05
```

```
          }
        }
        initializer {
          truncated_normal_initializer {
            mean: 0.0
            stddev: 0.0299999993294
          }
        }
        activation: RELU_6
        batch_norm {
          decay: 0.999700009823
          center: true
          scale: true
      epsilon: 0.0010000000475
      train: true
    }
  }
    override_base_feature_extractor_hyperparams: true
}
box_coder {
  faster_rcnn_box_coder {
    y_scale: 10.0
    x_scale: 10.0
    height_scale: 5.0
    width_scale: 5.0
  }
}
matcher {
  argmax_matcher {
    matched_threshold: 0.5
    unmatched_threshold: 0.5
    ignore_thresholds: false
    negatives_lower_than_unmatched: true
    force_match_for_each_row: true
  }
}
similarity_calculator {
  iou_similarity {
  }
}
box_predictor {
  convolutional_box_predictor {
    conv_hyperparams {
      regularizer {
        l2_regularizer {
          weight: 3.99999989895e-05
        }
      }
```

```
        initializer {
          truncated_normal_initializer {
            mean: 0.0
            stddev: 0.0299999993294
          }
        }
        activation: RELU_6
      }
      min_depth: 0
      max_depth: 0
      num_layers_before_predictor: 0
      use_dropout: false
      dropout_keep_probability: 0.800000011921
      kernel_size: 3
      box_code_size: 4
      apply_sigmoid_to_scores: false
    }
  }
  anchor_generator {
    ssd_anchor_generator {
      num_layers: 6
      min_scale: 0.20000000298
      max_scale: 0.949999988079
      aspect_ratios: 1.0
      aspect_ratios: 2.0
      aspect_ratios: 0.5
      aspect_ratios: 3.0
      aspect_ratios: 0.333299994469
      reduce_boxes_in_lowest_layer: true
    }
  }
  post_processing {
    batch_non_max_suppression {
      score_threshold: 0.300000011921
      iou_threshold: 0.600000023842
        max_detections_per_class: 100
        max_total_detections: 100
      }
      score_converter: SIGMOID
    }
    normalize_loss_by_num_matches: true
    loss {
      localization_loss {
        weighted_smooth_l1 {
        }
      }
      classification_loss {
        weighted_sigmoid {
```

```
        }
      }
      hard_example_miner {
        num_hard_examples: 3000
        iou_threshold: 0.990000009537
        loss_type: CLASSIFICATION
        max_negatives_per_positive: 3
        min_negatives_per_image: 0
      }
      classification_weight: 1.0
      localization_weight: 1.0
    }
  }
}
train_config {
  batch_size: 24
  data_augmentation_options {
    random_horizontal_flip {
    }
  }
  data_augmentation_options {
    ssd_random_crop {
    }
  }
  optimizer {
    rms_prop_optimizer {
      learning_rate {
        exponential_decay_learning_rate {
          initial_learning_rate: 0.00400000018999
          decay_steps: 800720
          decay_factor: 0.949999988079
        }
      }
      momentum_optimizer_value: 0.899999976158
      decay: 0.899999976158
      epsilon: 1.0
    }
  }
  fine_tune_checkpoint: "PATH_TO_BE_CONFIGURED/model.ckpt"
  from_detection_checkpoint: true
  num_steps: 100000
}
train_input_reader {
  label_map_path: "PATH_TO_BE_CONFIGURED/mscoco_label_map.pbtxt"
  tf_record_input_reader {
    input_path: "PATH_TO_BE_CONFIGURED/mscoco_train.record"
  }
}
```

```
eval_config {
  num_examples: 8000
  max_evals: 10
  use_moving_averages: false
}
eval_input_reader {
  label_map_path: "PATH_TO_BE_CONFIGURED/mscoco_label_map.pbtxt"
  shuffle: false
  num_readers: 1
  tf_record_input_reader {
    input_path: "PATH_TO_BE_CONFIGURED/mscoco_val.record"
  }
}
```

由于 pipeline.config 文件是在训练我们下载的用于迁移学习的模型时保存的，因此，除了粗体突出显示的部分之外，大部分内容将保持不变。以下是基于 Colab 环境中的设置而变换的参数：

- Num_classes：37，代表宠物数据集有 37 个类别。
- fine_tune_checkpoint:/content/computer_vision/pre-trained-model/ssd_inception_v2_coco_2018_01_28/model.ckpt，这是存放预训练模型检查点的路径。请注意，图 6-22 中模型检查点的文件名是 model.ckpt.data-00000-of-00001，但是在 fine_tune_checkpoint 配置中，我们只提供 model.ckpt（禁止使用检查点文件的全名）。要获取此检查点文件路径，请在 Colab 文件浏览器中右键单击文件名，然后单击"复制路径"(Copy path)。
- num_steps：100000，这是算法应执行的步骤数。你可能需要调整这个数字，以获得理想的精度水平。
- Train_input_reader → label_map_path: /content/computer_vision/models/research/object_detection/data/pet_label_map.pbtxt，这是包含映射 ID 和类名称的文件路径。对于宠物数据集，位于 research 目录中。
- Train_input_reader → input_path: /content/computer_vision/petdata/pet_faces_train.record-?????-of-00010，这是训练数据集的 TFRecord 文件的路径。请注意，我们在训练集路径中使用了正则表达式（?????），这对于包含所有训练 TFRecord 文件很重要。
- Eval_input_reader → label_map_path: /content/computer_vision/models/research/object_detection/data/pet_label_map.pbtxt，与训练标签图相同。
- Eval_input_reader → input_path: /content/computer_vision/petdata/pet_faces_eval. record-?????-of-00010，这是评估数据集的 TFRecord 文件路径。请注意，我们在评估集路径中使用了正则表达式（?????），这对于包含所有评估 TFRecord 文件很重要。

需要注意的是，pipeline.config 将参数 override_base_feature_extractor_hyperparams 设置为真。

编辑 pipeline.config 文件后，需要将其上传到 Colab。你可以将其上传到任意目录，但是在本例中，我们将文件上传到下载它的原始位置。首先，删除旧的 pipeline.config 文件，然后上传更新的文件。

要从 Colab 目录位置删除旧的 pipeline.config 文件，请右键单击它，然后单击“删除”(Delete)。要从本地计算机上传更新的 pipeline.config 文件，请右键单击 Colab 目录（ssd_inception_v2_coco_2018_01_28），单击“上传”(Upload)，然后从计算机浏览并上传文件。

10. 执行模型训练

我们准备开始训练，代码清单 6-6 执行模型训练。

代码清单 6-6 执行模型训练

```
%%shell
export PYTHONPATH=$PYTHONPATH:/content/computer_vision/models/research
export PYTHONPATH=$PYTHONPATH:/content/computer_vision/models/
research/slim
cd computer_vision/models/research/
PIPELINE_CONFIG_PATH=/content/computer_vision/pre-trained-model/ssd_
inception_v2_coco_2018_01_28/pipeline.config
MODEL_DIR=/content/computer_vision/pet_detection_model/
NUM_TRAIN_STEPS=1000
SAMPLE_1_OF_N_EVAL_EXAMPLES=1
python object_detection/model_main.py \
    --pipeline_config_path=${PIPELINE_CONFIG_PATH} \
    --model_dir=${MODEL_DIR} \
    --num_train_steps=${NUM_TRAIN_STEPS} \
    --sample_1_of_n_eval_examples=$SAMPLE_1_OF_N_EVAL_EXAMPLES \
    --alsologtostderr
```

TensorFlow 提供了一个 Python 脚本 model_main.py 来触发模型训练，该脚本位于目录 models/research/object_detection 中，接受以下参数：

- ❑ pipeline_config_path：pipeline.config 文件的路径。
- ❑ model_dir：保存训练后的模型的目录。
- ❑ num_train_steps：网络训练步骤数，它将覆盖 pipeline.config 文件中的 num_steps 参数。
- ❑ sample_1_of_n_eval_examples：从模型应用于评估的样本数中确定一个样本。

在 Colab 中执行前面的代码块，然后利用模型从图像集中学习。在模型学习的同时，你将在 Colab 控制台中得到打印的迭代损失。如果一切顺利，将在 model_dir 目录中保存一个经过训练的目标检测模型。

11. 导出 TensorFlow 图

模型训练成功后，模型和检查点将保存在 model_dir 中，示例中是 pet_detection_model 模型。此目录包含训练期间生成的所有检查点，这些检查点必须转换为最终模型。如果在预测目标和边界框时采用此模型，我们需要导出此模型。导出模型的步骤如下。

首先，确定要导出的候选检查点，我们可以通过查看文件名中的序列号来识别检查点。检查点通常由以下三个文件组成（暂时忽略目录中的其余文件）：

- model.ckpt-${CHECKPOINT_NUMBER}.data-00000-of-00001
- model.ckpt-${CHECKPOINT_NUMBER}.index
- model.ckpt-${CHECKPOINT_NUMBER}.meta

取得最大 ${CHECKPOINT_NUMBER} 值的检查点。我们的模型运行了 10 000 步，因此，最大检查点文件如下所示：

- model.ckpt-10000.data-00000-of-00001
- model.ckpt-10000.index
- Model.ckpt-10000.meta

代码清单 6-7 将目标检测训练模型导出到用户定义的目录中。

代码清单 6-7 导出 TensorFlow 图

```
1   %%shell
2   export PYTHONPATH=$PYTHONPATH:/content/computer_vision/models/research
3   export PYTHONPATH=$PYTHONPATH:/content/computer_vision/models/
    research/slim
4   cd computer_vision/models/research
5
6   python object_detection/export_inference_graph.py \
7      --input_type image_tensor \
8      --pipeline_config_path /content/computer_vision/pre-trained-model/
       ssd_inception_v2_coco_2018_01_28/pipeline.config \
9      --trained_checkpoint_prefix /content/computer_vision/pet_detection_
       model/model.ckpt-100 \
10     --output_directory /content/computer_vision/pet_detection_model/
       final_model
```

第 6 行到第 10 行通过调用位于目录 models/research/object_detection 中的脚本 export_inference_graph.py 导出 TensorFlow 图，此脚本接受以下参数：

- input_type：对于我们的模型，它将为 image_tensor。
- pipeline_config_path：这与我们之前使用的 pipeline.config 文件路径相同。
- trained_checkpoint_prefix：这是我们之前确定的候选检查点路径（model.ckpt-ckpt-10000），不要在检查点前缀中使用 .index 或 .meta 或其他内容。
- output_directory：这是将保存导出图形的

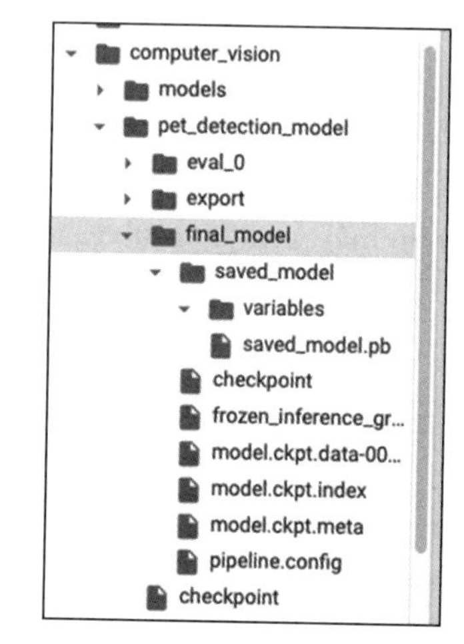

图 6-23 导出到目录 final_model 中的模型

目录，图 6-23 展示了执行导出脚本后的输出目录结构。

12. 下载目标检测模型

Google Colab 不允许下载目录，我们可以下载文件，但不能下载目录。你也可以从 final_model 目录逐个下载每个文件，但效率不高。我们需要学习如何将训练好的模型保存到私人 Google Drive。

Google Colab 将在连续使用 12 小时或会话过期后终止虚拟机并删除所有数据。这意味着，如果不能及时下载模型文件，我们将丢失模型数据。我们可以直接将模型和数据保存到 Google Drive 中。如果模型要运行数小时，那么在开始训练之前，最好将所有数据和模型保存在 Google Drive 中。

以下是执行此操作的步骤。

要安装 Google Drive，请从左侧面板单击“文件”（Files），然后单击“Mount Drive”，这会在笔记本区域插入一些新代码。通过单击位于代码块中的 ● 图标来执行此代码。

单击授权链接生成授权码。这可能需要再次登录谷歌账户，此时复制授权码并将其粘贴到笔记本中，然后按 <Enter> 键，如图 6-24 所示。安装驱动器后，可以在左侧面板的“File”选项卡中获得目录列表（见图 6-25）。请注意，图 6-25 中的 Google Drive 中有一个名为 computervision 的目录，该目录已在驱动器中创建，你可以随意创建任何想要的目录。

将 final_model 目录移动到 Google Drive 目录。

要将训练好的目标检测模型保存到 Google Drive 目录，只需将 final_directory 从 Colab 目录拖到 Google Drive 目录即可。

还必须将以下检查点文件复制到 Google Drive：

- ❑ Model.ckpt-10000.data-00000-of-00001
- ❑ Model.ckpt-10000.index
- ❑ Model.ckpt-10000.meta

如果需要从 Google Drive 下载模型，只需登录 Google Drive 并将训练好的模型下载到本地计算机中即可。你应该下载整个 final_model 目录。

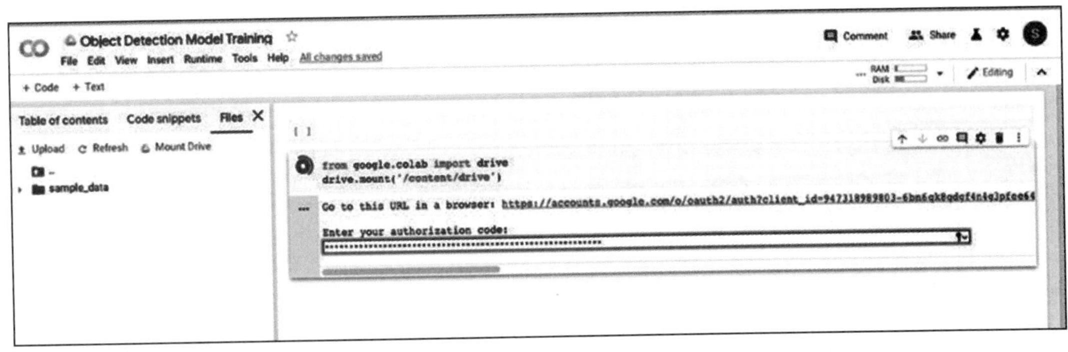

图 6-24　Google Drive 安装

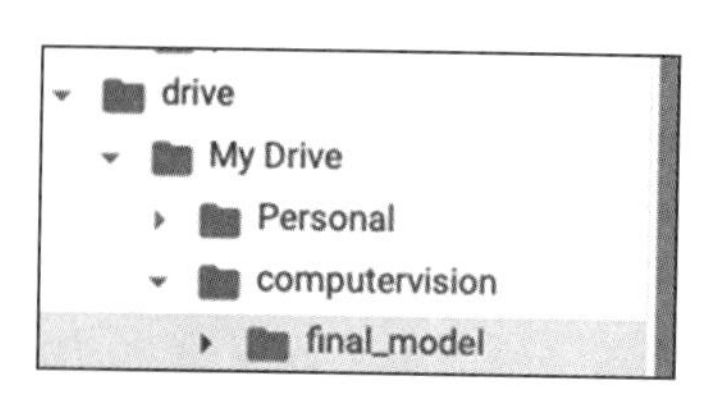

图 6-25　Google Drive 目录结构

13. 在 TensorBoard 中可视化训练结果

如果需要查看训练统计信息和模型结果，请在 Colab 中用代码清单 6-8 中的代码启动 TensorBoard 仪表板。--logdir 是保存模型检查点的目录。

代码清单 6-8　启动 TensorBoard 仪表板以查看训练结果

```
1    %load_ext tensorboard
2    %tensorboard --logdir /content/computer_vision/pet_detection_model
```

第 1 行加载 TensorBoard 笔记本扩展，这将显示嵌入在 Colab 屏幕中的 TensorBoard 仪表板。

图 6-26 展示了 TensorBoard 仪表板，该仪表板显示了 Image 页面。

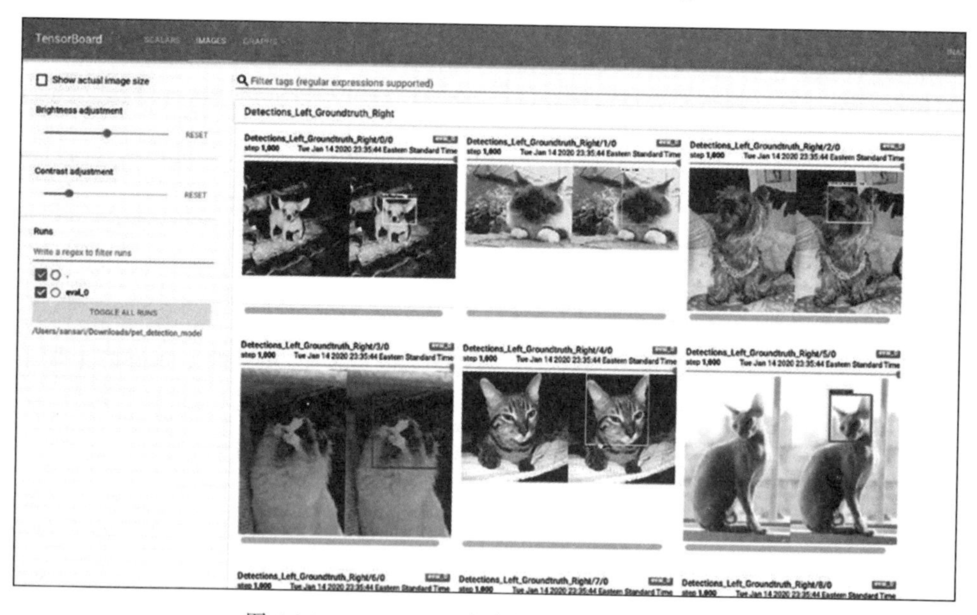

图 6-26　TensorBoard 仪表板中的模型训练结果

如果想在本地计算机中（而不是 Colab 上）离线评估模型，可以下载保存模型检查点的整个 pet_detection_model 目录。我们将训练模型导出到 final_model 目录，该目录不包含完整的模型统计信息和训练结果。因此，必须下载整个 pet_detection_model 目录。

在计算机终端（或命令提示符）中，通过将路径传递到 pet_detection_model 目录来启动 TensorBoard，确保系统处于虚拟环境中（如第 1 章所述），以下是命令：

```
(cv) username$ tensorboard --logdir ~/Downloads/pet_detection_model
```

成功执行上一个命令后，打开 Web 浏览器并转到 http//localhost：6006 以查看 TensorBoard 仪表板。单击顶部菜单中的"图像"(Image）选项卡，以查看图像上带有边界框的评估输出，如图 6-26 所示。

6.12 利用训练的模型检测目标

正如之前所介绍的，模型训练并不是一项频繁的活动。当我们有一个比较好的模型（高准确率或 mAP）时，只要模型能给出准确的预测结果，就不需要重新训练模型。此外，模型训练是计算密集型的，即使在 GPU 上训练一个好的模型也要花费数小时或数天的时间。在云上训练计算机视觉模型并使用 GPU 有时是可取的且低成本的。模型准备就绪后，将其下载到本地计算机或应用程序服务器中使用，从而利用此模型来检测图像中的目标。

本节将介绍如何用在 Google Colab 上训练的模型在本地计算机中设计目标检测器，同时使用书中一直采用的 IDE PyCharm。读者也可以利用 Colab 来开发目标检测器，但从生产部署角度来看效果并不理想。

尽管 TensorFlow 2 版本中尚不支持目标检测模型训练，但我们将在此处编写的检测代码适用于 TensorFlow 2。

我们将遵循这个高级计划来开发检测器：

1）从 GitHub 存储库下载并安装 TensorFlow models 项目。

2）编写 Python 代码，利用导出的 TensorFlow 图以预测新图像（未包含在训练集或测试集中）中的目标。

6.12.1 安装 TensorFlow 的模型项目

TensorFlow models 项目的安装过程与我们在 Google Colab 上的安装过程相同。不同之处在于 Protobuf 的安装，因为它依赖于平台的软件。在开始之前，请确保 PyCharm IDE 已配置为使用第 1 章中创建的虚拟环境，我们将在 PyCharm 的终端窗口中执行命令。如果选择调用操作系统 shell 执行命令，请确保已激活 shell 会话的虚拟环境（请参阅第 1 章查看 virtualenv)。以下是安装和配置 models 项目的完整步骤：

1）安装 models 项目所需的库。在终端或命令提示符（从 virtualenv 内部）下，执行表 6-3 中显示的命令。

表 6-3 安装依赖项的命令

pip install --user Cython
pip install --user contextlib2
pip install --user pillow
pip install --user lxml

2）安装谷歌的 Protobuf 编译器。安装过程取决于采用的操作系统。请按照操作系统进行操作：

a）在 Ubuntu 上：sudo apt-get install protobuf-compiler。

b）在其他 Linux 操作系统上：

```
wget -O protobuf.zip
https://github.com/google/protobuf/releases/download/v3.0.0/
protoc-3.0.0-linux-x86_64.zip
unzip protobuf.zip
```

记住安装 Protobuf 的目录位置，因为在构建 TensorFlow 代码时需要提供 bin/protoc 的完整路径。

c）On Mac 操作系统上：brew install protobuf。

3）采用以下命令从 GitHub 复制 TensorFlow models 项目：

```
git clone https://github.com/ansarisam/models.git
```

还可以从 TensorFlow 官方存储库下载模型，下载网址为 https://github.com/tensorflow/models.git。

如图 6-27 所示，我们已将 TensorFlow models 项目下载到名为 chapter6 的目录中。

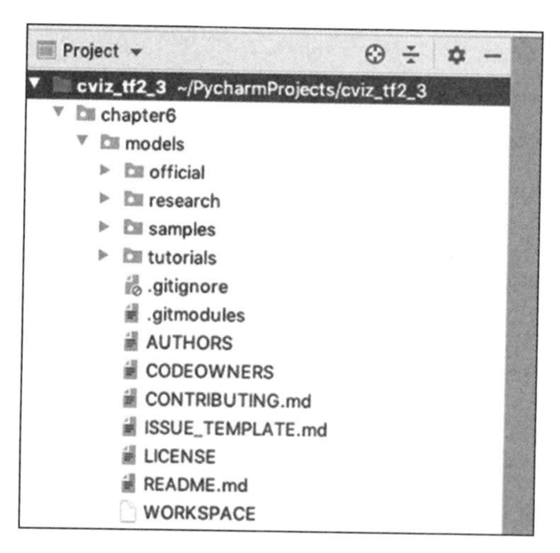

图 6-27　包含 TensorFlow models 项目的示例目录结构

4）利用 Protobuf 编译器编译 models 项目，从 models/research 目录运行以下命令集：

```
$ cd models/research
$ protoc object_detection/protos/*.proto --python_out=.
```

如果手动安装 Protobuf 并在目录中解压它，请在上一个命令中提供到 bin/protoc 的完整路径。

5）设置以下环境变量。在 ~/.bash_profile 中设置这些环境变量是标准做法，以下是执行此操作的说明：

a）打开命令提示符或终端，然后输入 vi ∽ /.bash_profile。也可以使用任何其他编辑器（例如 nano）来编辑 .bash_profile 文件。

b）在 .bash_profile 的末尾添加以下三行，确保路径与你自己的计算机中的目录路径匹配。

```
export
PYTHONPATH=$PYTHONPATH:~/cviz_tf2_3/chapter6/models/
research/object_detection

export
PYTHONPATH=$PYTHONPATH:~/cviz_tf2_3/chapter6/models/
research

export
PYTHONPATH=$PYTHONPATH:~/cviz_tf2_3/chapter6/models/
research/slim
```

c）添加上述行后，保存文件∽ /.bash_profile。

d）关闭终端，然后重新启动以完成更改。你需要关闭 PyCharm IDE 才能在 IDE 中更新环境变量。要测试设置，请在 PyCharm 终端窗口中输入命令 echo $ PYTHONPATH，它应该打印我们设置的路径。

6）利用 Protobuf 构建并安装刚创建的 research 项目。从 models/research 目录执行以下命令：

```
python setup.py build
python setup.py install
```

如果命令成功运行，则应在最后显示如下内容：

```
Finished processing dependencies for object-detection==0.1
```

我们已做好了环境准备，可以编写代码来检测图像中的目标了。我们将采用从 Colab 下载的导出模型。如果将模型保存在 Google Drive 中，那么是时候从 Google Colab 或 Google Drive 下载最终模型了。

6.12.2　目标检测代码

现在编码环境已经准备就绪，GitHub 上已有 TensorFlow models 项目的检查点且已完成所有必要的设置，可以准备编写代码进行目标检测并在其周围绘制边界框了。为了使代码简单易懂，将其分为以下几部分。

1. 配置和初始化

这一部分代码将初始化模型路径、图像输入和输出目录。代码清单 6-9 展示了代码的第一部分，其中包括库导入和路径设置语句。

代码清单 6-9　目标检测代码的导入和路径初始化部分

```
Filename: Listing_6_9.py
import os
import pathlib
```

```
3   import random
4   import numpy as np
5   import tensorflow as tf
6   import cv2
7   # Import the object detection module.
8   from object_detection.utils import ops as utils_ops
9   from object_detection.utils import label_map_util
10
11  # to make gfile compatible with v2
12  tf.gfile = tf.io.gfile
13
14  model_path = "ssd_model/final_model"
15  labels_path = "models/research/object_detection/data/pet_label_map.pbtxt"
16  image_dir = "images"
17  image_file_pattern = "*.jpg"
18  output_path="output_dir"
19
20  PATH_TO_IMAGES_DIR = pathlib.Path(image_dir)
21  IMAGE_PATHS = sorted(list(PATH_TO_IMAGES_DIR.glob(image_file_pattern)))
22
23  # List of the strings that is used to add the correct label for each box.
24  category_index = label_map_util.create_category_index_from_labelmap
    (labels_path, use_display_name=True)
25  class_num =len(category_index)
```

第 1 行至第 6 行是通常的导入语句。第 8 行和第 9 行从 TensorFlow models 项目的 research 模块导入目标检测 API。确保正确设置了 PYTHONPATH 环境变量（如前所述）。

第 12 行在 TensorFlow 2 兼容模式下初始化 gfile，gfile 在 TensorFlow 中提供 I/O 功能。第 14 行初始化目标检测训练模型所在的目录路径。

第 15 行初始化映射文件路径。我们设置相同的 JSON 格式文件，其中包含用于训练的类 ID 和类名映射。

第 16 行是包含需要检测目标的图像的输入目录路径。

第 17 行定义了输入图像路径中文件名的模式。如果要加载目录中所有文件，请使用 *.*。

第 18 行是输出目录路径，检测的目标周围带有边界框的图像将被保存于此。

第 20 和 21 行用于创建将迭代的目标路径，逐个读取图像并在每幅图像中检测目标。

第 24 行使用标签映射文件创建类别或类索引。

第 25 行将类号分配给 class_num 变量。

除了先前的初始化外，我们还初始化了一个颜色表，以在绘制边界框时使用，代码详见代码清单 6-10。

代码清单 6-10　根据目标类别的数量创建颜色表

```
27  def get_color_table(class_num, seed=0):
28      random.seed(seed)
```

```
    color_table = {}
    for i in range(class_num):
        color_table[i] = [random.randint(0, 255) for _ in range(3)]
    return color_table

colortable = get_color_table(class_num)

```

2. 通过加载训练过的模型来创建模型对象

代码清单 6-11 展示了函数 load_model()，它将模型路径作为输入。第 40 行从目录中加载保存的模型，并创建由此函数返回的模型对象。我们将使用此模型对象来预测目标和边界框。

代码清单 6-11 从目录加载模型

```
36 # # Model preparation and loading the model from the disk
37 def load_model(model_path):
38
39     model_dir = pathlib.Path(model_path) / "saved_model"
40     model = tf.saved_model.load(str(model_dir))
41     model = model.signatures['serving_default']
42     return model
43
```

3. 运行预测并以实用形式构建输出

我们编写了一个名为 run_inference_for_single_image() 的函数，它有两个参数：模型对象和图像 NumPy。该函数返回一个 Python 字典。输出字典包含以下密钥对：

- detection_boxes：一个由边界框四个角组成的二维数组。
- detection_scores：与每个边界框相关联的一维得分数组。
- detection_classes：一个整数表示的一维数组，整数代表与每个边界框关联的目标类索引。
- num_detections：一个标量，指示预测的目标类别数量。

代码清单 6-12 展示了函数 run_inference_for_single_image () 的实现。我们逐行检查一下代码清单。

TensorFlow 模型对象利用一批图像张量预测目标类别及其周围的边界框。第 48 行将图像 NumPy 转换为张量。由于我们一次只处理一幅图像，而模型对象需要一批，为此，需要将图像张量转换为一批图像。第 50 行就是这样做的。tf.newaxis 表达式用于将现有数组的维数增加 1（使用一次）。因此，一维数组将变为二维数组，二维数组将变为三维数组，依此类推。

代码清单 6-12 预测目标和边界框并组织输出

```
44 # Predict objects and bounding boxes and format the result
45 def run_inference_for_single_image(model, image):
```

```
46
47      # The input needs to be a tensor, convert it using `tf.convert_to_
        tensor`.
48      input_tensor = tf.convert_to_tensor(image)
49      # The model expects a batch of images, so add an axis with `tf.newaxis`.
50      input_tensor = input_tensor[tf.newaxis, ...]
51
52      # Run prediction from the model
53      output_dict = model(input_tensor)
54
55      # Input to model is a tensor, so the output is also a tensor
56      # Convert to numpy arrays, and take index [0] to remove the batch
        dimension.
57      # We're only interested in the first num_detections.
58      num_detections = int(output_dict.pop('num_detections'))
59      output_dict = {key: value[0, :num_detections].numpy()
60                     for key, value in output_dict.items()}
61      output_dict['num_detections'] = num_detections
62
63      # detection_classes should be ints.
64      output_dict['detection_classes'] = output_dict['detection_
        classes'].astype(np.int64)
65
66      # Handle models with masks:
67      if 'detection_masks' in output_dict:
68          # Reframe the the bbox mask to the image size.
69          detection_masks_reframed = utils_ops.reframe_box_masks_to_
            image_masks(
70              output_dict['detection_masks'], output_dict['detection_boxes'],
71              image.shape[0], image.shape[1])
72          detection_masks_reframed = tf.cast(detection_masks_reframed > 0.5,
73                                             tf.uint8)
74          output_dict['detection_masks_reframed'] = detection_masks_
            reframed.numpy()
75
76      return output_dict
```

第 53 行是进行实际目标检测的行。函数 model(input_tensor) 预测目标类别、边界框和相关得分。model(input_tensor) 函数返回字典，我们将以实用的形式格式化，使它仅包含与输入图像对应的输出。

由于模型需要一批图像，该函数返回该批图像的输出。因为我们只有一幅图像，所以我们对此输出字典（由第 0 个索引访问）的第一个结果感兴趣。第 59 行提取第一个输出并重新分配 output_dict 变量。

第 61 行在字典中存储了大量检测结果，以便在处理结果时可以方便利用此数字。

当需要预测掩码时，第 66 行至第 74 行仅适用于 Mask R-CNN。对于所有其他预测器，可以省略这些。

第 76 行返回输出字典，该词典由检测的边界框、目标类别、得分和检测次数组成。在 Mask R-CNN 的情况下，它还包括目标掩码。

接下来，我们将检查如何使用 output_dict 绘制图像中检测到的目标周围的边界框。

4. 编写代码来推断输出、绘制边界框并存储结果

代码清单 6-13 中的函数 infer_object() 用于推断函数 run_inference_for_single_image() 返回的 output_dict()。infer_object() 函数围绕检测到的每个目标绘制边界框，同时还采用类名和得分标记目标，最后将结果保存到输出目录位置。代码清单 6-13 逐行给出了代码。

代码清单 6-13　在输入图像中绘制检测目标周围的边界框

```
def infer_object(model, image_path):
    # Read the image using openCV and create an image numpy
    # The final output image with boxes and labels on it.
    imagename = os.path.basename(image_path)

    image_np = cv2.imread(os.path.abspath(image_path))
    # Actual detection.
    output_dict = run_inference_for_single_image(model, image_np)

    # Visualization of the results of a detection.
    for i in range(output_dict['detection_classes'].size):

        box = output_dict['detection_boxes'][i]
        classes = output_dict['detection_classes'][i]
        scores = output_dict['detection_scores'][i]

        if scores > 0.5:
            h = image_np.shape[0]
            w = image_np.shape[1]
            classname = category_index[classes]['name']
            classid =category_index[classes]['id']
            #Draw bounding boxes
            cv2.rectangle(image_np, (int(box[1] * w), int(box[0] * h)),
            (int(box[3] * w), int(box[2] * h)), colortable[classid], 2)

            #Write the class name on top of the bounding box
            font = cv2.FONT_HERSHEY_COMPLEX_SMALL
            size = cv2.getTextSize(str(classname) + ":" + str(scores),
            font, 0.75, 1)[0][0]

            cv2.rectangle(image_np,(int(box[1] * w), int(box[0] * h-20)),
            ((int(box[1] * w)+size+5), int(box[0] * h)),
            colortable[classid],-1)
            cv2.putText(image_np, str(classname) + ":" + str(scores),
```

```
109                    (int(box[1] * w), int(box[0] * h)-5), font, 0.75,
                       (0,0,0), 1, 1)
110         else:
111             break
112     # Save the result image with bounding boxes and class labels in
        file system
113     cv2.imwrite(output_path+"/"+imagename, image_np)
```

第 79 行定义了函数 infer_object()，它的 2 个参数为模型对象和输入图像的路径。

第 82 行仅获取第 110 行中采用的图像文件名称，并将生成的图像以相同的名称储存到输出目录。

第 84 行使用 OpenCV 读取图像，并将其转换为 NumPy 数组。

第 85 行通过传递模型对象和图像 NumPy 数组来调用函数 run_inference_for_single_image()，该函数返回一个包含检测目标和边界框的字典。

输出字典可能包含多个目标和边界框。我们需要循环该字典并在得分超过阈值的目标周围绘制边界框。在前面的代码示例中，第 13 行循环遍历每个检测到的目标类。输出字典中的得分按降序排列，因此，当得分小于阈值时，退出循环。

第 91 行到第 93 行仅提取三个重要的输出数组：边界框坐标、边界框内检测到的目标类以及相关的预测得分，并将它们分配给相应的变量。

第 91 行的变量 box 是一个包含边界框四个角的数组，如下所述：

- box[0] 是矩形边界框左上角的 y 坐标，box[0] 是 x 坐标。
- box[1] 和 box[2] 是边界框右下角的 y 坐标和 x 坐标。

第 95 行检查得分是否大于阈值。在此示例中，我们使用阈值 0.5，但你可以采用适合特定应用程序的阈值。只有得分大于阈值时，才能在图像上绘制边界框；否则，将退出 for 循环。

上文介绍过，在将图像输入模型进行训练之前会调整它们的大小。根据我们用于训练的 pipeline.config 中的高度和宽度设置调整图像尺寸。因此，根据调整的图像，预测的边界框也会进行缩放。因此，我们需要根据用于检测的输入图像尺寸重新缩放边界框。将边界框坐标与图像高度和宽度相乘可缩放图像尺寸的坐标。

第 101 行利用 OpenCV 的 rectangle() 函数（请参阅第 2 章）绘制矩形边界框。请注意，针对不同类别，我们利用 colortable 变量动态获取其颜色。

第 105 行将预测的类名和相应的得分写在边界框的正上方。如果愿意，还可以在第 104 行更改字体样式。在示例中，文本的字体颜色和边界框的边框是同色的。当然，也可以通过调用具有不同值的 colortable 函数来使用不同的颜色。例如，在类索引中添加常数，然后调用文本颜色的 colortable。

正如前面提到的，得分按照降序排列，将最高分排在数组顶部。阈值后的第一个得分将打破循环，以避免不必要的处理。

第 113 行将结果图像（及检测目标周围的边界框）保存到输出目录中。现在，我们已定义所有正确的设置和函数，我们需要调用它们来触发检测过程。代码清单 6-14 展示了如何触发检测过程。

代码清单 6-14 触发检测过程的函数调用

```
116 # Obtain the model object
117 detection_model = load_model(model_path)
118
119 # For each image, call the prediction
120 for image_path in IMAGE_PATHS:
121     infer_object(detection_model, image_path)
```

在代码清单 6-14 中，第 117 行通过将训练模型路径传递给函数来调用 load_model() 函数。此函数返回将在后续调用中使用的目标模型。

第 120 行遍历每个图像文件，并为每幅图像调用 infer_object() 函数。每幅图像都调用函数 infer_object()，并将边界框的最终输出保存在输出目录中。

我们将所有这些放在一起来查看完整的目标检测源代码。代码清单 6-15 是完整的代码。

代码清单 6-15 利用预训练模型进行目标检测的完整代码

```
Filename: Listing_6_15.py
import os
import pathlib
import random
import numpy as np
import tensorflow as tf
import cv2
# Import the object detection module.
from object_detection.utils import ops as utils_ops
from object_detection.utils import label_map_util

# to make gfile compatible with v2
tf.gfile = tf.io.gfile

model_path = "ssd_model/final_model"
labels_path = "models/research/object_detection/data/pet_label_map.pbtxt"
image_dir = "images"
image_file_pattern = "*.jpg"
output_path="output_dir"

PATH_TO_IMAGES_DIR = pathlib.Path(image_dir)
IMAGE_PATHS = sorted(list(PATH_TO_IMAGES_DIR.glob(image_file_pattern)))

# List of the strings that are used to add the correct label for each box.
category_index = label_map_util.create_category_index_from_labelmap
(labels_path, use_display_name=True)
```

```
class_num =len(category_index)

def get_color_table(class_num, seed=0):
    random.seed(seed)
    color_table = {}
    for i in range(class_num):
        color_table[i] = [random.randint(0, 255) for _ in range(3)]
    return color_table

colortable = get_color_table(class_num)

# # Model preparation and loading the model from the disk
def load_model(model_path):

    model_dir = pathlib.Path(model_path) / "saved_model"
    model = tf.saved_model.load(str(model_dir))
    model = model.signatures['serving_default']
    return model

# Predict objects and bounding boxes and format the result
def run_inference_for_single_image(model, image):

    # The input needs to be a tensor, convert it using `tf.convert_to_tensor`.
    input_tensor = tf.convert_to_tensor(image)
    # The model expects a batch of images, so add an axis with `tf.newaxis`.
    input_tensor = input_tensor[tf.newaxis, ...]

    # Run prediction from the model
    output_dict = model(input_tensor)

    # Input to model is a tensor, so the output is also a tensor
    # Convert to numpy arrays, and take index [0] to remove the batch
    dimension.
    # We're only interested in the first num_detections.
    num_detections = int(output_dict.pop('num_detections'))
    output_dict = {key: value[0, :num_detections].numpy()
                   for key, value in output_dict.items()}
    output_dict['num_detections'] = num_detections

    # detection_classes should be ints.
    output_dict['detection_classes'] = output_dict['detection_
    classes'].astype(np.int64)

    # Handle models with masks:
    if 'detection_masks' in output_dict:
        # Reframe the the bbox mask to the image size.
        detection_masks_reframed = utils_ops.reframe_box_masks_to_
        image_masks(
```

```
            output_dict['detection_masks'], output_dict['detection_boxes'],
            image.shape[0], image.shape[1])
        detection_masks_reframed = tf.cast(detection_masks_reframed > 0.5,
                                            tf.uint8)
        output_dict['detection_masks_reframed'] = detection_masks_
        reframed.numpy()

    return output_dict


def infer_object(model, image_path):
    # Read the image using openCV and create an image numpy
    # The final output image with boxes and labels on it.
    imagename = os.path.basename(image_path)

    image_np = cv2.imread(os.path.abspath(image_path))
    # Actual detection.
    output_dict = run_inference_for_single_image(model, image_np)

    # Visualization of the results of a detection.
    for i in range(output_dict['detection_classes'].size):

        box = output_dict['detection_boxes'][i]
        classes = output_dict['detection_classes'][i]
        scores = output_dict['detection_scores'][i]

        if scores > 0.5:
            h = image_np.shape[0]
            w = image_np.shape[1]
            classname = category_index[classes]['name']
            classid =category_index[classes]['id']
            #Draw bounding boxes
            cv2.rectangle(image_np, (int(box[1] * w), int(box[0] * h)),
            (int(box[3] * w), int(box[2] * h)), colortable[classid], 2)

            #Write the class name on top of the bounding box
            font = cv2.FONT_HERSHEY_COMPLEX_SMALL
            size = cv2.getTextSize(str(classname) + ":" + str(scores),
            font, 0.75, 1)[0][0]

            cv2.rectangle(image_np,(int(box[1] * w), int(box[0] *
            h-20)), ((int(box[1] * w)+size+5), int(box[0] * h)),
            colortable[classid],-1)
            cv2.putText(image_np, str(classname) + ":" + str(scores),
                    (int(box[1] * w), int(box[0] * h)-5), font, 0.75,
                    (0,0,0), 1, 1)
        else:
            break
```

```
        # Save the result image with bounding boxes and class labels in
        file system
        cv2.imwrite(output_path+"/"+imagename, image_np)
        # cv2.imshow(imagename, image_np)

    # Obtain the model object
    detection_model = load_model(model_path)

    # For each image, call the prediction
    for image_path in IMAGE_PATHS:
        infer_object(detection_model, image_path)
```

图 6-28 展示了一些示例输出，其中检测目标被包围在边界框内。

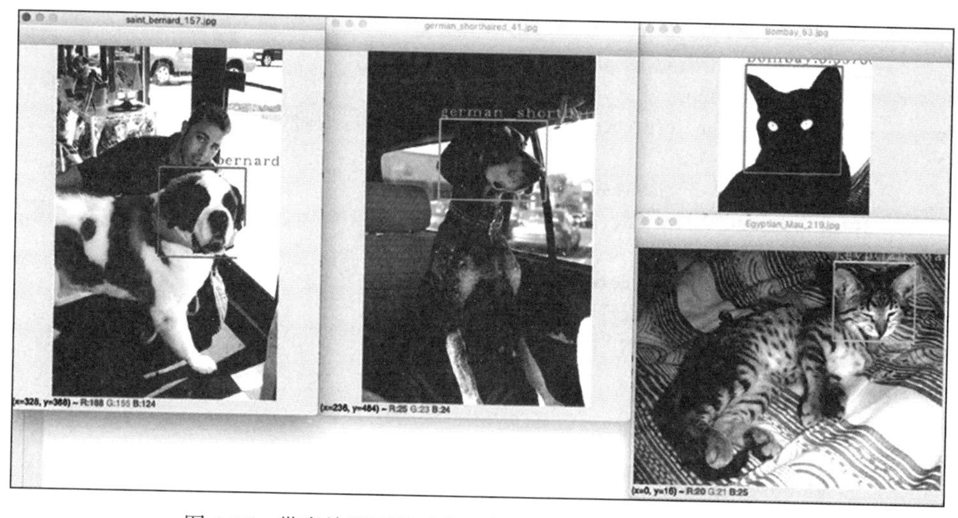

图 6-28　带有检测到的动物面部和边界框的输出图像示例

6.13　用于目标检测的 YOLOv3 模型训练

YOLOv3 是本章研究的所有目标检测算法中最新的一种，它还没有 TensorFlow 目标检测 API。YOLOv3 的作者 Joseph Redmon 和 Ali Farhadi 已经公开了他们的 API。他们还提供了基于 COCO 数据集训练的模型的权重。如 6.9.2 节所述，YOLOv3 利用 Darknet-53 架构来训练模型。

我们将利用官方 API 和预训练模型的权重，从先前 SSD 模型中采用的同一个 Oxford-IIIT 宠物数据集执行 YOLOv3 模型的迁移学习。我们将在 Google Colab 上运行训练，并使用 GPU 硬件加速器。

在开始之前，先登录到 Google Colab 账户创建一个新项目。如果遵循 SSD 训练流程，应该会很容易，否则，请查看前面几节的 Google Colab 部分。

6.13.1 安装 Darknet 框架

Darknet 是一个用 C 和 CUDA 编写的开源神经网络框架，可在 CPU 和 GPU 上运行。首先，复制 Darknet GitHub 存储库，然后构建源代码。代码清单 6-16 展示了如何在 Google Colab 笔记本中实现这一点。

代码清单 6-16 复制 Darknet 存储库

```
1  %%shell
2  git clone https://github.com/ansarisam/darknet.git
3  # Official repository
4  #git clone https://github.com/pjreddie/darknet.git
```

第 2 行从 GitHub 存储库中签出 Darknet 项目，该存储库是从官方 Darknet 存储库派生出来的。如果你喜欢从官方存储库下载它，请取消第 4 行和第 2 行的注释。

复制存储库后，打开文件浏览器，导航到 darknet 目录，并将 Makefile 下载到本地计算机。编辑 Makefile（以粗体突出显示）并更改 GPU=1 和 OPENCV=1：

GPU=1

CUDNN=0

OPENCV=1

OPENMP=0

DEBUG=0

确保没有对 Makefile 进行其他更改，否则可能无法生成 Darknet 代码。在进行之前的更改后，将 Makefile 上传到 Colab 的 darknet 目录。现在，我们已经做好准备构建 Darknet 框架了。代码清单 6-17 展示了构建命令。

代码清单 6-17 运行 make 命令以构建 Darknet

```
%%shell
cd darknet/
make
```

在构建过程完成之后，运行代码清单 6-18 中的命令来测试安装过程。如果安装成功，它应该打印 usage：./darknet<function>。

代码清单 6-18 测试 Darknet 安装

```
%%shell
cd darknet
./darknet
```

6.13.2 下载预训练的卷积权重

代码清单 6-19 下载了在 Darknet-53 框架上训练的 COCO 数据集的预训练权重。

代码清单 6-19 下载预训练的 Darknet-53 权重

```
%%shell
mkdir pretrained
cd pretrained
wget https://pjreddie.com/media/files/darknet53.conv.74
```

6.13.3 下载带注释的 Oxford-IIIT 宠物数据集

代码清单 6-20 下载了包含图像和注释的宠物数据集。这已在 6.7 节与 SSD 训练的相关部分中进行了解释。

代码清单 6-20 下载宠物数据集图像和注释

```
%%shell
mkdir petdata
cd petdata
wget http://www.robots.ox.ac.uk/~vgg/data/pets/data/images.tar.gz
wget http://www.robots.ox.ac.uk/~vgg/data/pets/data/annotations.tar.gz
tar -xvf images.tar.gz
tar -xvf annotations.tar.gz
```

注意 images 目录中包含了一些扩展名为 .mat 的文件，这会导致训练中断。代码清单 6-21 删除了这些 .mat 文件。

代码清单 6-21 删除无效的文件扩展名 .mat

```
%%shell
cd /content/petdata/images
rm *.mat
```

6.13.4 准备数据集

YOLOv3 训练 API 希望数据集具有特定格式和目录结构。我们下载的宠物数据有两个子目录：images 和 annotations。images 目录包含将用于训练和测试的所有标记图像。annotations 目录包含 XML 格式的注释文件，每幅图像一个 XML 文件。

YOLOv3 需要以下文件：

- train.txt：此文件包含将用于训练的图像的绝对路径（每行一个图像路径）。
- test.txt：此文件包含将用于测试的图像的绝对路径（每行一个图像路径）。
- class.data：此文件包含目标类别名称的列表（每行一个名称）。
- labels：此目录与 train.txt 和 test.txt 位于同一位置。labels 目录包含注释文件，每幅图像一个文件。此目录中的文件名必须与图像文件名相同，扩展名为 .txt，例如，如果图像文件名为 Abyssinian_1.jpg，则 labels 目录下的注释文件名必须是 Abyssinian_1.txt。

每个注释文本文件必须在一行中包含注释边界框和目标类，格式如下：

```
<object-class> <x_center> <y_center> <width> <height>
```

其中 <object class> 是目标的整数类索引，从 0 到（num_class-1）。<x_center> 和 <y_center> 表示边界框中心相对于图像高度和宽度的浮点值。<width> 和 <height> 是边界框相对于图像的宽度和高度。

请注意，此文件中的条目由空格分隔，而不是逗号或任何其他分隔符分隔。

注释文本文件的示例条目如下（确保字段由空格分隔，而不是由逗号或任何其他分隔符分隔）：

10 0.63 0.28500000000000003 0.28500000000000003 0.215

代码清单 6-22 将宠物数据注释转换为 YOLOv3 所需的格式。这是标准的 Python 代码，并不需要任何解释。

代码清单 6-22　将图像注释格式从 XML 转换为 TXT

```python
import os
import glob
import pandas as pd
import xml.etree.ElementTree as ET


def xml_to_csv(path, img_path, label_path):
    if not os.path.exists(label_path):
        os.makedirs(label_path)

    class_list = []
    for xml_file in glob.glob(path + '/*.xml'):
        xml_list = []
        tree = ET.parse(xml_file)
        root = tree.getroot()
        for member in root.findall('object'):
            imagename = str(root.find('filename').text)
            print("image", imagename)
            index = int(imagename.rfind("_"))
            print("index: ", index)
            classname = imagename[0:index]

            class_index = 0
            if (class_list.count(classname) > 0):
                class_index = class_list.index(classname)

            else:
                class_list.append(classname)
                class_index = class_list.index(classname)

```

```
            print("width: ", root.find("size").find("width").text)
            print("height: ", root.find("size").find("height").text)
            print("minx: ", member[4][0].text)
            print("ymin:", member[4][1].text)
            print("maxx: ", member[4][2].text)
            print("maxy: ", member[4][3].text)
            w = float(root.find("size").find("width").text)
            h = float(root.find("size").find("height").text)
            dw = 1.0 / w
            dh = 1.0 / h
            x = (float(member[4][0].text) + float(member[4][2].text)) /
                                                 2.0 - 1
            y = (float(member[4][1].text) + float(member[4][3].text)) /
                                                 2.0 - 1
            w = float(member[4][2].text) - float(member[4][0].text)
            h = float(member[4][3].text) - float(member[4][1].text)
            x = x * dw
            w = w * dw
            y = y * dh
            h = h * dh

            value = (class_index,
                     x,
                     y,
                     y,
                     h
                     )
            print("The line value is: ", value)
            print("csv file name: ", os.path.join(label_path,
            imagename.rsplit('.', 1)[0] + '.txt'))
            xml_list.append(value)
            df = pd.DataFrame(xml_list)
            df.to_csv(os.path.join(label_path, imagename.rsplit('.', 1)
            [0] + '.txt'), index=None, header=False, sep=' ')

    class_df = pd.DataFrame(class_list)
    return class_df


def create_training_and_test(image_dir, label_dir):
    file_list = []
    for img in glob.glob(image_dir + "/*"):
        print(os.path.abspath(img))

        imagefile = os.path.basename(img)

        textfile = imagefile.rsplit('.', 1)[0] + '.txt'

```

```
        if not os.path.isfile(label_dir + "/" + textfile):
            print("delete image file ", img)
            os.remove(img)
            continue
        file_list.append(os.path.abspath(img))

    file_df = pd.DataFrame(file_list)
    train = file_df.sample(frac=0.7, random_state=10)
    test = file_df.drop(train.index)
    train.to_csv("petdata/train.txt", index=None, header=False)
    test.to_csv("petdata/test.txt", index=None, header=False)


def main():
    img_dir = "petdata/images"
    label_dir = "petdata/labels"

    xml_path = os.path.join(os.getcwd(), 'petdata/annotations/xmls')
    img_path = os.path.join(os.getcwd(), img_dir)
    label_path = os.path.join(os.getcwd(), label_dir)

    class_df = xml_to_csv(xml_path, img_path, label_path)
    class_df.to_csv('petdata/class.data', index=None, header=False,
    delimiter=r"\s+")
    create_training_and_test(img_dir, label_path)
    print('Successfully converted xml to csv.')


main()
```

6.13.5　配置训练输入

我们需要一个配置文件，其中包含训练和测试集的路径信息。配置文件的格式如下：

```
classes= 37
train  = /content/petdata/train.txt
valid  = /content/petdata/test.txt
names = /content/petdata/class.data
backup = /content/yolov3_model
```

其中 classes 变量保存训练图像所拥有的目标类别数量（在本示例中为 37 个宠物类），train 和 valid 变量保存之前创建的训练和验证列表的路径，names 获取包含类名的文件路径，backup 变量指向保存训练好的 YOLO 模型的目录路径。确保这些目录存在，否则执行过程中会抛出异常。

保存此文本文件并为其命名，扩展名为 .cfg。在示例中，我们将此文件保存为 pet_input.cfg，然后将在目录路径 /content/darknet/cfg 中将此文件上传到 Colab。

6.13.6 配置 Darknet 神经网络

从 Colab 的 /content/darknet/cfg/yolov3-voc.cfg 下载网络配置文件，并将其保存在本地计算机中。你可以将此文件名与数据集相关。例如，在本练习中，我们将其命名为 yolov3-pet.cfg。

我们将编辑文件以匹配数据，需要编辑的文件中最重要的部分是 yolo 层。

在配置文件中搜索 [yolo] 部分，应该有三个 yolo 层。我们将编辑目标类别的数量，在本例中是 37。在这三个地方，我们将把类别的数量改为 37，此外，将在 yolo 层之前的卷积层中更改 filters 的值。卷积层的 filters 值由以下公式确定：

$$filters = num/3 * (num\_class+5)$$

$$filters = (9/3) * (37+ 5) = 126$$

有关 [yolo] 部分和 [yolo] 部分之前的 [convolutional] 部分的示例，请参阅以下代码：

```
....
[convolutional]
size=1
stride=1
pad=1
filters=126
activation=linear

[yolo]
mask = 0,1,2
anchors = 10,13, 16,30, 33,23, 30,61, 62,45, 59,119, 116,90, 156,198, 373,326
classes=37
num=9
jitter=.3
ignore_thresh = .5
truth_thresh = 1
random=1
...
```

确保更改了配置文件中三个位置的 classes 和 filters 值。需要编辑的其他参数有：

- width=416，即输入图像的宽度，所有图像都将调整为该宽度。
- height=416，即输入图像的高度，所有图像都将调整为该高度。
- batch=64，表示我们希望权重更新的频率。
- subdivisions=16，表示如果 GPU 没有足够大的内存来加载与批量相等的数据示例，内存中最大加载量是多少。如果在训练时收到“内存不足”异常，请调整此数字并逐渐减小，直到没有内存错误。
- max_batches = 74000，表示训练应运行的批次。如果设置得太高，训练可能需要很长时间才能完成。如果设置得太低，网络学习不充分。实际上，已经确定 max_batch 的大小应该是 2000 乘以类别数。在示例中，我们有 37 个类，因此 max_batch 的值应为 2000×37=74 000。如果只有一个类，则将 max_batches 的值将设置为最小，即 4000。

保存配置文件，然后将其上传到 cfg 目录路径，即 / content/darknet/cfg。

6.13.7 训练 YOLOv3 模型

利用代码清单 6-23 中的命令执行 YOLOv3 训练。

代码清单 6-23 训练 YOLOv3 模型

```
%%shell
cd darknet/
./darknet detector train cfg/pet_input.cfg cfg/yolov3-pet.cfg
/content/pretrained/darknet53.conv.74
```

如代码清单 6-23 所示，训练的参数是 pet_input.cfg、yolov3-pet.cfg 和预训练的 Darknet 模型的路径。

如果一切顺利，配置文件中指定的目录路径中将保存训练好的模型，并将 backup 设置为 /content/yolov3_model。在网络学习期间，它将中间权重保存为 backup 目录中的检查点。

在训练过程中，请注意控制台输出。你将收到三条重要的提示，它们给出了 82、94 和 106 三个区域的平均 IoU（见图 6-29）。

```
...
499: 4.618134, 4.148183 avg, 0.000062 rate, 13.985329 seconds, 31936
images
Loaded: 0.000045 seconds
Region 82 Avg IOU: 0.506394, Class: 0.872462, Obj: 0.052998, No Obj:
0.001883, .5R: 0.500000, .75R: 0.000000,  count: 6
Region 94 Avg IOU: -nan, Class: -nan, Obj: -nan, No Obj: 0.000387, .5R:
-nan, .75R: -nan,  count: 0
Region 106 Avg IOU: -nan, Class: -nan, Obj: -nan, No Obj: 0.000075, .5R:
-nan, .75R: -nan,  count: 0
Region 82 Avg IOU: 0.396390, Class: 0.903386, Obj: 0.045040, No Obj:
0.002130, .5R: 0.272727, .75R: 0.090909,  count: 11
Region 94 Avg IOU: 0.240381, Class: 0.517776, Obj: 0.003393, No Obj:
0.000320, .5R: 0.000000, .75R: 0.000000,  count: 3
Region 106 Avg IOU: -nan, Class: -nan, Obj: -nan, No Obj: 0.000069, .5R:
-nan, .75R: -nan,  count: 0
...

Region 106 Avg IOU: 0.290123, Class: 0.658335, Obj: 0.000516, No Obj:
500: 3.977438, 4.131108 avg, 0.000063 rate, 13.871499 seconds, 32000
images
Saving weights to /content/pothole_model/yolov3-voc.backup
Saving weights to /content/pothole_model/yolov3-voc_500.weights
Saving weights to /content/pothole_model/yolov3-voc_final.weights
```

图 6-29 在 YOLOv3 训练期间的示例控制台输出（输出仅显示 500 次迭代，这相比于实际模型通常是非常少的）

这三个区域表示 Darknet 框架中的 YOLO 层 82，层 94 和层 106。你可能还会观察到某些区域的 IoU 为 -nan，这是完全正常的。经过几次迭代后，区域 IoU 将开始显示数字。

图 6-29 中示例输出的第一个数字是 499，这表明训练完成了 499 个批次，批次级别的损失为 4.618 134，总体平均损失为 4.148 183，学习率为 0.000 062，13.985 329 秒完成该批次。这将使你了解完成训练需要多长时间。损失值给出了学习进展情况。

注意最后三行，当训练完成时，它们会打印在末尾。它展示保存检查点、中间权重和最终权重的位置。

你应该将包含最终模型的整个目录复制到私有 Google Drive，以便在应用程序中采用训练过的模型。

训练开始时，控制台会打印大量信息，这些信息将显示在 Web 浏览器中。一段时间后，Web 浏览器变得无法响应，清除控制台输出可能是防止浏览器被卡的好方法。要清除日志输出，请单击位于笔记本单元块左角的执行按钮正下方的 X 按钮。当训练正在进行时，你会收到三个点，在悬停时，它会变成一个 X 按钮。

6.13.8 训练应该持续多久

通常，每个类别的训练至少应运行 2000 次迭代，但总共不应少于 4000 次迭代。宠物数据集的示例中有 37 个类别，这意味着应该将 max_batches 设置为 74 000。

在训练过程中观察输出，并注意每次迭代后的损失。如果损失稳定并且不会随着批次发生变化，则应该考虑停止训练。理想情况下，损失应该接近于零，但是，在实际生产中，应该将损失稳定在 0.05 以下。

6.13.9 最终模型

网络学习结束后，最终的 YOLOv3 模型将保存在目录 /content/yolov3_model 中。模型文件的名称为 yolov3-pet_final.weights。

下载此模型或将其保存到私人 Google Drive 文件夹中，因为 Google Colab 会在会话到期时删除所有文件。我们将在图像和视频中采用此模型进行实时目标检测。

6.14 利用训练的 YOLOv3 模型检测目标

我们将编写一些 Python 代码并在本地计算机中执行目标检测，就像我们在 SSD 中所做的那样。我们将使用从 Google Colab 下载的训练好的模型（请参阅 6.13.9 节）。

我们从 PyCharm 中设置开发环境开始。

6.14.1 将 Darknet 安装到本地计算机

按照以下步骤在本地计算机上安装并构建 Darknet 框架：

1）打开命令提示符、shell 终端或 PyCharm 的终端和 cd，将其放入要安装 Darknet 框架的目录中。确保虚拟环境与第 1 章中创建的虚拟环境相同。

2）复制 GitHub 存储库（https://github.com/ansarisam/darknet.git）。该存储库是从原来的 darknet 存储库（https://github.com/pjreddie/darknet）派生出来的。我们对 C 代码（在 src/image.C 中）做了一些更改，以在输出中生成边界框。此外，我们还提供了一个 Python 脚本 yolov3_detector.py，用于预测目标和边界框，然后将输出保存为 JSON，如图 6-30 所示。

```
(cv) user$ pwd
/home/user/cviz_tf2_3/chapter6/yolov3

(cv) user$ git clone https://github.com/ansarisam/darknet.git
```

图 6-30 展示目录结构和复制 GitHub 存储库的命令

3）复制源代码后，编辑位于 darknet 目录的 Makefile。如果使用的是 GPU，请设置 GPU=1 并保存文件。如果使用的是 CPU，请不要对此进行任何更改。

4）使用 make 命令构建 C 源代码。只需输入来自 darknet 目录的命令，如图 6-31 所示。

```
(cv) user$ pwd
/home/user/cviz_tf2_3/chapter6/yolov3

(cv) user$ cd darknet
(cv) user$ make
```

图 6-31 使用 make 命令生成源代码

如果一切都运行成功，PyCharm 环境就为目标检测做好了准备。

5）通过在 darknet 目录中输入命令 ./darknet 来测试安装。该命令应打印类似 usage.：./darknet <function> 的输出。

6.14.2 Python 目标检测代码

代码清单 6-24 给出了检测图像中目标的 Python 代码。

代码清单 6-24 目标检测结果以 JSON 格式存储到输出位置

```
import os
import subprocess
import pandas as pd
image_path="test_images/dog.jpg"
yolov3_weights_path="backup/yolov3.weights"
cfg_path="cfg/yolov3.cfg"
output_path="output_path"
image_name = os.path.basename(image_path)
process = subprocess.Popen(['./darknet', 'detect', cfg_path, yolov3_
weights_path, image_path],
                    stdout=subprocess.PIPE,
```

```
11                            stderr=subprocess.PIPE)
12  stdout, stderr = process.communicate()
13
14  std_string = stdout.decode("utf-8")
15  std_string = std_string.split(image_path)[1]
16  count = 0
17  outputList = []
18  rowDict = {}
19  for line in std_string.splitlines():
20
21      if count > 0:
22          if count%2 > 0:
23              obj_score = line.split(":")
24              obj = obj_score[0]
25              score = obj_score[1]
26              rowDict["object"] = obj
27              rowDict["score"] = score
28          else:
29              bbox = line.split(",")
30              rowDict["bbox"] = bbox
31              outputList.append(rowDict)
32              rowDict = {}
33      count = count +1
34  rowDict["image"] = image_path
35  rowDict["predictions"] = outputList
36
37  df = pd.DataFrame(rowDict)
38  df.to_json(output_path+"/"+image_name.replace(".jpg", ".json").
    replace(".png", ".json"),orient='records')
```

第 1 行到第 3 行是通常的导入语句。

第 4 行设置需要检测目标的图像的位置路径。

第 5 行设置训练的模型（从 Colab 下载）的权重的路径。

第 6 行设置用于训练的 Darknet 神经网络配置。

第 7 行是输出位置，最终结果包含检测到的目标、关联得分和封闭边界框，以 JSON 格式保存。

第 9 行到第 12 行执行 shell 命令，并将输出和错误传递到 stdout 和 stderr 变量。我们使用 subprocess 包生成新进程，连接到它们的输入 / 输出 / 错误流水线，并获取它们的返回代码。子进程返回的输出和错误以字节为单位，因此，我们在第 13 行将输出字节转换为 UTF-8 编码的字符串。

在后台，此子进程执行以下 shell 命令：

```
./darknet detect <cfg_path> <yolov3_model_weights_path> <image_path>
```

你可以从 darknet 目录直接在终端中执行此命令。这个命令会在控制台上打印很多信息，比如网络配置、检测到的目标、检测得分和边界框。第 15 到 35 行将输出解析为结构化 JSON 格式。最终输出包含图像路径、目标类别的预测列表、边界框的坐标和关联得分。边界框坐标的格式为 [left，top，right，bottom]。

第 37 行使用 Pandas 创建数据帧，第 38 行将 JSON 格式的数据帧保存到输出位置。

图 6-32 展示了一个 JSON 格式的输出示例，它是通过从图 6-33 所示的图像中预测目标而创建的。

```
[{
        "image": "test_images\/dog4.jpg",
        "predictions": {
                "object": "person",
                "score": " 99%",
                "bbox": ["585", " 213", " 634", " 318"]
        }
}, {
        "image": "test_images\/dog4.jpg",
        "predictions": {
                "object": "person",
                "score": " 100%",
                "bbox": ["626", " 46", " 1171", " 803"]
        }
}, {
        "image": "test_images\/dog4.jpg",
        "predictions": {
                "object": "person",
                "score": " 99%",
                "bbox": ["491", " 197", " 535", " 307"]
        }
}, {
        "image": "test_images\/dog4.jpg",
        "predictions": {
                "object": "bicycle",
                "score": " 98%",
                "bbox": ["596", " 321", " 992", " 847"]
        }
}, {
        "image": "test_images\/dog4.jpg",
        "predictions": {
                "object": "fire hydrant",
                "score": " 100%",
                "bbox": ["368", " 326", " 568", " 820"]
        }
}, {
        "image": "test_images\/dog4.jpg",
        "predictions": {
                "object": "dog",
                "score": " 78%",
                "bbox": ["588", " 255", " 830", " 374"]
        }
}]
```

图 6-32 YOLOv3 预测器的 JSON 输出

图 6-33 包含要通过 YOLOv3 模型检测目标的原始图像

6.15 总结

本章介绍了不同的目标检测算法，以及它们在检测速度和精度方面的比较。我们训练了两种检测模型，即 SSD 和 YOLOv3，并完成了从接收数据到保存预测输出的整个过程。

我们还介绍了如何使用 Google Colab 在云端训练检测模型并利用 GPU 的强大功能。

本章主要关注如何在图像中检测目标，并没有处理任何涉及视频的示例。在视频中检测目标的过程类似于在图像中检测目标，因为视频只是一系列图像帧，第 7 章专门讨论该主题。第 9 章和第 10 章将应用本章中介绍的概念，以利用深度学习开发计算机视觉的实际示例。

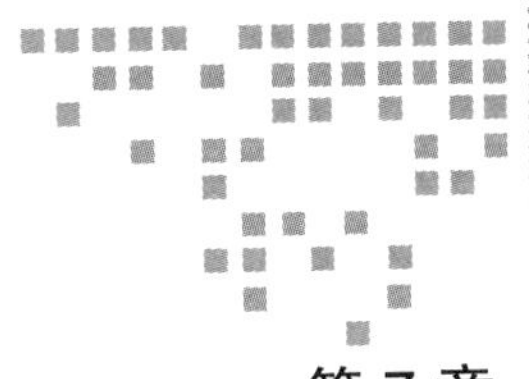

第 7 章 Chapter 7

实例：视频中的目标跟踪

本章重点介绍计算机视觉的两个关键技术：目标检测和目标跟踪。一般而言，给定一组图像，目标检测是识别图像中的一个或多个目标的能力，而目标跟踪是从一组图像中跟踪检测到的目标的能力。前几章探讨了如何建立深度学习模型以实现目标检测。本章将探讨一个简单的例子，并将这些知识运用到视频中。

视频中的目标跟踪（简称“视频跟踪”）涉及检测和定位目标，并随着时间的推移跟踪它。视频跟踪不仅要在不同的帧中检测目标，而且要跨帧跟踪它。当第一次检测到目标时，提取其唯一标识，然后在后续帧中对其跟踪。

在现实世界中，目标跟踪有许多应用，例如：

- 自动驾驶汽车。
- 安全和监控。
- 交通管制。
- 增强现实（Augmented Reality，AR）。
- 犯罪侦查和罪犯追踪。
- 医学影像等。

本章将通过代码示例介绍如何实现视频跟踪。7.9 节将给出一个功能齐全的视频跟踪系统。

总体执行步骤如下：

1）**视频来源**：利用 OpenCV 从网络摄像头或笔记本计算机的内置摄像头来读取视频直播，也可以从文件或 IP 摄像机读取视频。

2）**目标检测模型**：使用在 COCO 数据集中预训练的 SSD 模型，你也可以训练自己的模型（获取有关训练目标检测模型的信息，请参阅第 6 章）。

3）**预测**：预测目标类及其在视频每一帧中的边界框（有关在图像中检测目标的信息，请参阅第 6 章）。

4）**唯一标识**：采用哈希算法创建每个目标的唯一标识。本章后面将进一步介绍哈希算法。

5）**跟踪**：采用汉明（Hamming）距离算法（本章后面将对此进行详细介绍）跟踪检测到的目标。

6）**展示**：采用 Flask 在 Web 浏览器上播放输出视频。Flask 是一个轻量级网络应用框架。

7.1 准备工作环境

首先，建立一个目录结构，以便管理代码并完成以下示例。分析前面描述的六个步骤中的代码片段，然后，把所有的东西放在一起使目标跟踪系统完整可行。

我们有一个叫 video_tracking 的目录，其中有一个子目录叫作 templates，它有一个名为 index.html 的 HTML 文件。子目录 templates 是 Flask 查找 HTML 页面的绝对路径。在 video_tracking 目录中，有四个 Python 文件：videoasync.py、object_tracker.py、tracker.py 以及 video_server.py。图 7-1 展示了这个目录结构。

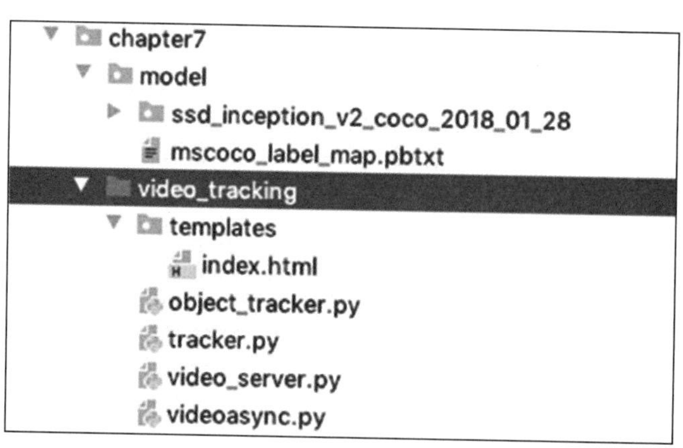

图 7-1 代码目录结构

我们把 videoasync 作为一个模块导入 object_tracker.py 中。因此，video_tracking 目录必须被识别为 PyCharm 中的源目录。要使其成为 PyCharm 中的源目录，单击屏幕左上角的 PyCharm 菜单选项，然后单击“首选项”（Preferences），展开左侧面板中的项目，单击“Project Structure”，显示 video_tracking 目录，之后单击“Mark as Source”（位于屏幕顶部），如图 7-2 所示。最后，单击“OK”关闭窗口。

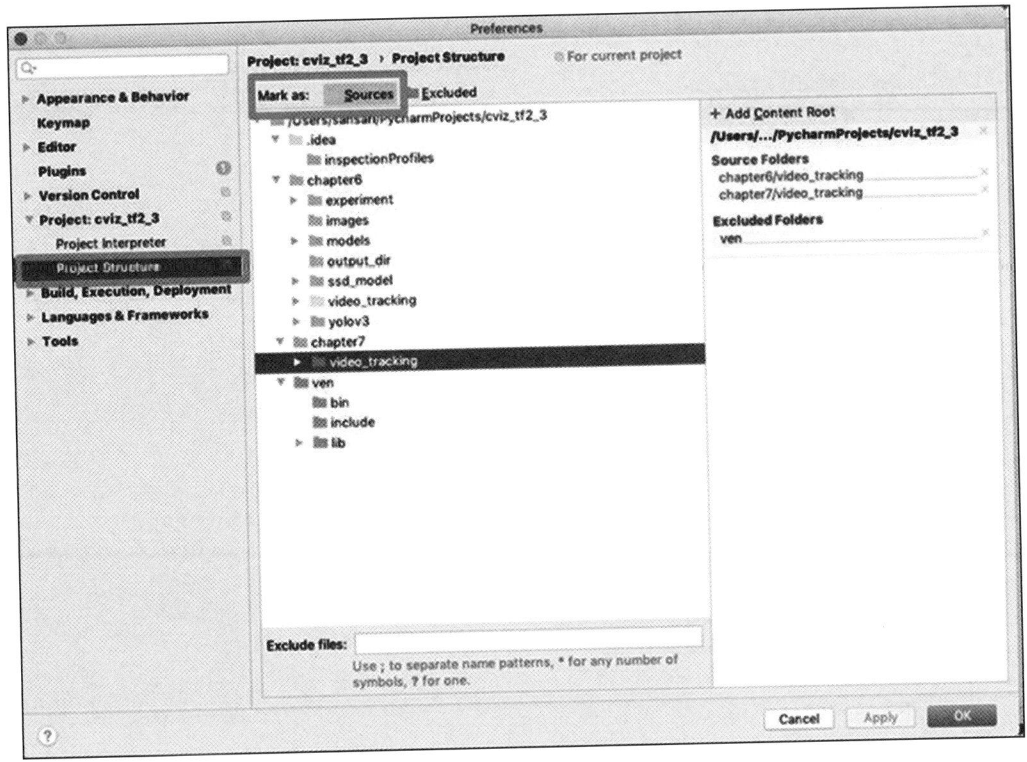

图 7-2　在 PyCharm 中设置源目录

7.2　读取视频流

OpenCV 提供了连接视频源并从视频中读取图像的方法。视频中的图像由 OpenCV 内部转换为 NumPy 数组，这些 NumPy 数组被进一步处理，以检测和跟踪目标。检测过程是计算密集型的，它可能无法跟上读取帧的速度。因此，在主线程中读取帧并执行检测操作运行速度将会非常缓慢，特别是在处理高清（HD）视频时。在代码清单 7-1 中，采用多线程捕获帧，这一技术被称为视频帧的**异步读取**。

代码清单 7-1　视频帧异步读取

```
# file: videoasync.py
import threading
import cv2

class VideoCaptureAsync:
    def __init__(self, src=0):
        self.src = src
        self.cap = cv2.VideoCapture(self.src)
        self.grabbed, self.frame = self.cap.read()
        self.started = False
```

```
11          self.read_lock = threading.Lock()
12
13      def set(self, key, value):
14          self.cap.set(key, value)
15
16      def start(self):
17          if self.started:
18              print('[Warning] Asynchronous video capturing is already
                started.')
19              return None
20          self.started = True
21          self.thread = threading.Thread(target=self.update, args=())
22          self.thread.start()
23          return self
24
25      def update(self):
26          while self.started:
27              grabbed, frame = self.cap.read()
28              with self.read_lock:
29                  self.grabbed = grabbed
30                  self.frame = frame
31
32      def read(self):
33          with self.read_lock:
34              frame = self.frame.copy()
35              grabbed = self.grabbed
36          return grabbed, frame
37
38      def stop(self):
39          self.started = False
40          self.thread.join()
41
42
43
44      def __exit__(self, exec_type, exc_value, traceback):
45          self.cap.release()
```

文件 videoasync.py 实现类 VideoCaptureAsync（第 5 行），该语句由构造函数和用于启动线程、读取帧和停止线程的函数组成。

第 6 行定义了一个将视频源作为实参的构造函数。此源的默认值 src=0（也称为**设备索引**），表示来自笔记本计算机上的内置摄像头的输入。如果有 USB 摄像头，可以设置相应的 src 的值。如果计算机端口上连接了多个摄像头，则没有找到设备索引的标准方法。一种方法是从起始索引 0 开始循环，直到连接到设备，你可以打印设备属性以标识要连接的设备。对于基于 IP 的摄像头，通过传递 IP 地址或 URL 连接。

如果视频源是文件，可以通过传递该视频文件的路径连接。

第 8 行利用 OpenCV 的 CV2.VideoCapture() 函数并传递源 ID 以连接到视频源，分配给 self.cap 变量的 VideoCapture 对象用于读取帧。

第 9 行读取第一帧，用于连接摄像头。

第 10 行是用于管理锁的标志。第 11 行实际上获取线程锁。

第 13 行和第 14 行实现了一个将属性设置为 VideoCapture 对象（例如帧高、帧宽和帧率）的函数。

第 16 行到第 23 行实现了启动线程来异步读取帧的函数。

第 25 行到第 30 行实现 update() 函数来读取帧并更新类级别的帧变量。update() 函数在第 22 行的 start() 函数内部用于异步读取视频帧。

第 32 行到第 36 行实现 read() 函数。read() 函数只返回 update() 函数块中更新的帧，这也将返回一个布尔值，以表明是否已成功读取帧。

第 38 行到第 40 行实现 stop() 函数，用来停止线程并将控制权返回到主线程。join() 函数的作用是在子线程完成执行之前，防止主线程关闭。

退出时，视频源被释放（第 45 行）。

我们将编写代码以利用异步视频读取模块。在同一个 video_tracking 目录中，我们将创建一个名为 object_tracker.py 的 Python 文件用以实现以下功能。

7.3　加载目标检测模型

我们采用第 6 章的预训练 SSD 模型。如果你已经训练了模型，则可以采用训练过的模型，只需要提供模型目录的路径即可。代码清单 7-2 展示了如何从磁盘加载经过训练的模型。回顾一下，这与我们在代码清单 6-11 中使用的函数是同一个函数。我们只需要加载一次模型，就可以用其检测所有帧中的目标。

代码清单 7-2　load_model() 函数：从磁盘加载训练过的模型

```
# # Model preparation
def load_model(model_path):
    model_dir = pathlib.Path(model_path) / "saved_model"
    model = tf.saved_model.load(str(model_dir))
    model = model.signatures['serving_default']
    return model

model = load_model(model_path)
```

7.4　检测视频帧中的目标

检测目标的代码和第 6 章中使用的代码几乎相同。不同的是，这里创建了一个无限循环，在这个循环中，我们一次读取一个图像帧，并调用 track_object() 函数来跟踪图像帧中的目标。track_object() 函数在内部调用与代码清单 6-12 中相同的 run_inference_for_single_image() 函数。

run_inference_for_ single_image() 函数的输出是一个包含 detection_classes、detection_boxes 和 detection_scores 的字典。我们将利用这些值来计算每个目标的唯一标识并跟踪它们的位置。

代码清单 7-3 显示了 streamVideo() 函数，该函数实现了从视频源读取流式帧的无限循环。

在代码清单 7-3 中，streamVideo() 函数块从第 115 行开始。第 116 行使用带有线程锁的 global 关键字。

第 117 行开始无限 while 循环。在这个循环中，第一行（即第 118 行）通过调用 VideoCaptureAsync 类的 read() 函数来读取当前视频帧（图像）。read() 函数返回一个表明是否已成功读取帧的布尔元组，以及图像帧的 NumPy 数组。

如果成功检索到帧（第 119 行），则获取锁（第 120 行），以便当前线程图像仍在检测目标时，其他线程不会修改 NumPy 数组。

第 121 行通过传递 model 对象和帧 NumPy 数组调用 track_object() 函数。我们将在代码清单 7-3 中探讨这个 track_object() 函数的作用。在第 123 行中，输出的 NumPy 数组被转换成压缩的 .jpg 图像，因此它是轻量级的，并且易于通过网络传输。我们使用 cv2.imencode() 函数将 NumPy 数组转换为图像，此函数返回一个表示转换是否成功的布尔元组，并返回编码图像。

如果图像转换不成功，则跳过该帧（第 125 行）。

最后，第 127 行产生字节编码图像。关键字 yield 从 while 循环返回一个只读迭代器。

第 130 到 137 行是清除函数，用于程序终止或按 <Q> 键退出屏幕时。

代码清单 7-3　实现读取视频帧的无限循环，并调用帧的目标跟踪函数

```
114 # Function to implement infinite while loop to read video frames and
    generate the output  #for web browser
115 def streamVideo():
116     global lock
117     while (True):
118         retrieved, frame = cap.read()
119         if retrieved:
120             with lock:
121                 frame = track_object(model, frame)
122 
123                 (flag, encodedImage) = cv2.imencode(".jpg", frame)
124                 if not flag:
125                     continue
126 
127                 yield (b'--frame\r\n' b'Content-Type: image/jpeg\r\n\r\n' +
```

```
                bytearray(encodedImage) + b'\r\n')

        if cv2.waitKey(1) & 0xFF == ord('q'):
            cap.stop()
            cv2.destroyAllWindows()
            break

    # When everything done, release the capture
    cap.stop()
    cv2.destroyAllWindows()
```

7.5 利用 dHash 算法为目标创建唯一标识

我们采用差异哈希算法来创建图像目标检测的唯一标识。差异哈希算法（即 dHash 算法）是计算图像唯一哈希值的最常用算法之一。dHash 算法的一些优点，使其成为识别和比较图像的合适选择。以下是采用 dHash 算法的一些优势：

- 即使纵横比改变，图像哈希值也不会改变。
- 亮度或对比度的变化不会改变图像哈希值。这意味着哈希值与不同对比度的其他图像的哈希值保持相近。
- dHash 算法的运算速度非常快。

我们不使用加密哈希算法，如 MD-5 或 SHA-1。原因是对于这些哈希算法，如果图像中有细微的变化，加密哈希算法的结果将完全不同。即使只改变一个像素，也会产生完全不同的哈希值。因此，如果两个图像在感知上是相似的，那么它们的加密哈希值将是完全不同的。当我们比较两幅图像时，加密哈希算法在实际程序中不适用。

dHash 算法很简单。以下是实现 dHash 算法的步骤：

1）将图像或部分图像转换为灰度图，这会让计算速度更快，即使颜色稍有变化，dHash 算法的结果也不会有太大变化。在目标检测中，利用边界框对检测到的目标进行裁剪，并将裁剪后的图像转换为灰度图。

2）调整灰度图的大小。为了计算 64 位哈希值，图像的大小调整为 9×8 像素，忽略其纵横比。忽略纵横比将确保生成图像的哈希值与相似的图像匹配，而不考虑其初始空间维度。为什么是 9×8 像素？ dHash 算法计算相邻像素的梯度差。9 行与相邻行的差值将只产生结果中的 8 行，从而使最终输出具有 8×8 像素，这将给出 64 位哈希值。

3）通过应用“大于”公式将每个像素转换为 0 或 1，从而构建哈希值：

$$\text{如果 } P[x=1]>P[x]\text{，则取 1，否则取 0}$$

然后将二进制值转换为整数哈希值。

代码清单 7-4 展示了 dHash 算法的 Python 和 OpenCV 实现。

代码清单 7-4 从图像实现 dHash 算法

```
32    def getCropped(self, image_np, xmin, ymin, xmax, ymax):
33        return image_np[ymin:ymax, xmin:xmax]
34
35    def resize(self, cropped_image, size=8):
36        resized = cv2.resize(cropped_image, (size+1, size))
37        return resized
38
39    def getHash(self, resized_image):
40        diff = resized_image[:, 1:] > resized_image[:, :-1]
41        # convert the difference image to a hash
42        dhash = sum([2 ** i for (i, v) in enumerate(diff.flatten()) if v])
43        return int(np.array(dhash, dtype="float64"))
```

第 32 行和第 33 行为裁剪函数。我们将完整图像帧的 NumPy 数组和包围目标的边界框的四个坐标传递给裁剪函数，利用该函数裁剪图像中的目标部分。

第 35 行到第 37 行将裁剪后的图像尺寸调整为 9 × 8 像素。

第 39 行到第 43 行实现了 dHash 算法的计算。第 40 行通过利用前面描述的“大于”规则来查找相邻像素的差异。第 42 行从二进制位值构建数字哈希。第 43 行将哈希值转换为整数，并从函数返回 dhash 值。

7.6 用汉明距离法计算图像相似度

汉明距离通常用来比较两个哈希值。汉明距离测量两个哈希值对应位不同的数量。

如果两个哈希值的汉明距离为零，则表示两个哈希值相同。汉明距离越小，两个哈希值越相似。

代码清单 7-5 展示了如何计算两个哈希值之间的汉明距离。

代码清单 7-5 汉明距离的计算

```
45    def hamming(self, hashA, hashB):
46        # compute and return the Hamming distance between the integers
47        return bin(int(hashA) ^ int(hashB)).count("1")
```

第 45 行中的函数 hamming() 将两个哈希值作为输入，并返回这两个输入哈希值中位不同的数量。

7.7 目标跟踪

在图像中检测到目标后，计算包含该目标的图像裁剪部分的 dHash 结果，利用 dHash

来创建其唯一标识。通过计算目标的 dHash 结果的汉明距离，可以从一帧到另一帧地跟踪目标。跟踪用例有许多。在本书的示例中，我们创建了两个跟踪函数来执行以下操作：

- 跟踪目标从视频帧第一次出现到后续帧中出现的所有路径，此函数用于跟踪边界框的中心，并绘制连接所有这些中心的线或路径。代码清单 7-6 展示了这个过程。函数 createHammingDict() 获取当前目标的 dHash 结果、边界框的中心以及所有目标中心。该函数将当前目标的 dHash 结果与目前为止所有 dHash 结果进行比较，并利用汉明距离来查找相似的目标以跟踪其运动或路径。

代码清单 7-6　跟踪多帧之间检测到的目标边界框中心

```
def createHammingDict(self, dhash, center, hamming_dict):
    centers = []
    matched = False
    matched_hash = dhash
    # matched_classid = classid

    if hamming_dict.__len__() > 0:
        if hamming_dict.get(dhash):
            matched = True

        else:
            for key in hamming_dict.keys():

                hd = self.hamming(dhash, key)

                if(hd < self.threshold):
                    centers = hamming_dict.get(key)
                    if len(centers) > self.max_track_frame:
                        centers.pop(0)
                    centers.append(center)
                    del hamming_dict[key]
                    hamming_dict[dhash] = centers
                    matched = True
                    break

    if not matched:
        centers.append(center)
        hamming_dict[dhash] = centers

    return  hamming_dict
```

- 获取目标的唯一标识符并跟踪检测目标的数量。代码清单 7-7 实现了一个名为 getObjectCounter() 的函数，该函数统计跨帧检测的唯一目标的数量。它将当前目标的 dHash 结果与所有之前的帧中计算的所有 dHash 结果进行比较。

代码清单 7-7　跟踪视频中检测的唯一目标的计数函数

```python

    def getObjectCounter(self, dhash, hamming_dict):
        matched = False
        matched_hash = dhash
        lowest_hamming_dist = self.threshold
        object_counter = 0

        if len(hamming_dict) > 0:
            if dhash in hamming_dict:
                lowest_hamming_dist = 0
                matched_hash = dhash
                object_counter = hamming_dict.get(dhash)
                matched = True

            else:
                for key in hamming_dict.keys():
                    hd = self.hamming(dhash, key)
                    if(hd < self.threshold):
                        if hd < lowest_hamming_dist:
                            lowest_hamming_dist = hd
                            matched = True
                            matched_hash = key
                            object_counter = hamming_dict.get(key)
        if not matched:
            object_counter = len(hamming_dict)
        if matched_hash in hamming_dict:
            del hamming_dict[matched_hash]

        hamming_dict[dhash] = object_counter
        return  hamming_dict

```

7.8 在 Web 浏览器中显示实时视频流

我们把视频跟踪代码发布到 Flask（一个轻量级的 Web 框架），这将允许我们利用 URL 在 Web 浏览器查看带有跟踪目标的视频直播。你可以利用其他框架（如 Django）发布视频，以便从 Web 浏览器访问。我们选择 Flask 作为示例是因为它是轻量级的，灵活，并且只需几行代码就可以轻松实现。

我们来探讨一下如何在当前背景中使用 Flask，本节将从在虚拟环境中安装 Flask 开始。

7.8.1 安装 Flask

我们将使用 pip 命令来安装 Flask。确保激活 virtualenv 并执行命令 pip install flask，如

下所示：

```
(cv_tf2) computername:~ username$ pip install flask
```

7.8.2 Flask 目录结构

目录结构如图 7-1 所示。我们在 video_tracking 目录中创建了一个名为 templates 的子目录。我们将创建一个 HTML 文件 index.html，它将包含显示流式视频的代码。我们将 index.html 保存到 templates 目录。当 Flask 查找此目录以查看 HTML 文件时，目录的名称必须是 templates。

7.8.3 用于显示视频流的 HTML

代码清单 7-8 显示了保存在 index.html 页的 HTML 代码。第 7 行是显示实时视频的最重要的一行。这是 HTML 的一个标准 <img> 标记，通常用于在 Web 浏览器中显示图像。第 7 行代码的 {{...}} 部分是指示 Flask 从 URL 加载图像的 Flask 符号。当 HTML 页面被加载时，它将调用 /video_feed URL 并从那里获取图像以显示在 <img> 标记中。

代码清单 7-8 显示视频流的 HTML 代码

```
1  <html>
2   <head>
3     <title>Computer Vision</title>
4   </head>
5   <body>
6     <h1>Video Surveillance</h1>
7     <img src="{{ url_for('/video_feed') }}" > </img>
8   </body>
9  </html>
10
```

现在，我们需要一些服务器端代码来服务这个 HTML 页面。在调用 /video_feed URL 时，还需要一个服务器端实现为图像提供服务。

我们将在单独的 Python 文件 video_server.py 中实现两个函数，这个文件保存在 video_tracking 目录中。另外，需要确保 video_server.py 文件和 templates 目录位于同一目录中。

代码清单 7-9 展示了 Flask 服务的服务器端实现。第 2 行导入 Flask 及其相关软件包。第 3 行导入 object_tracker 包，以实现目标检测和跟踪。

第 4 行利用构造函数 app = Flask(__name__) 创建 Flask 应用程序，该构造函数将当前模块作为参数。通过调用构造函数，我们实例化 Flask Web 应用程序框架，并将其赋给一个名为 app 的变量，将所有服务器端的服务绑定到这个 app。

所有 Flask 服务都是通过 URL 提供的，我们必须将 URL 或路径绑定到它将提供的服务。下面是我们需要为示例实现的两个服务：

- ❑ 从 URL（例如，http://localhost:5019/ ）提供 index.html 的服务。
- ❑ 从 /video_feed URL（例如，http://localhost:5019/video_feed）提供视频流的服务。

7.8.4 Flask 加载 HTML 页面

代码清单 7-9 的第 6 行有一个网址主页调用。当从 Web 浏览器调用网址主页时，会调用 index() 函数为请求提供服务（第 7 行）。index() 函数的作用是从模板中呈现 HTML 页面，即代码清单 7-8 中创建的 index.html。

7.8.5 Flask 提供视频流

代码清单 7-9 的第 11 行将 /video_feed URL 绑定到 Python 的 video_feed() 函数中，这个函数反过来调用 streamVideo() 函数，streamVideo() 函数实现了检测和跟踪视频中的目标的功能。第 15 行从视频中创建 Response 对象，并向调用者发送多部分 HTTP 响应。

代码清单 7-9 启动 index.html 并提供视频流的 Flask 服务器端代码

```
1  # video_server.py
2  from flask import Flask, render_template, Response
3  import object_tracker as ot
4  app = Flask(__name__)
5
6  @app.route("/")
7  def index():
8     # return the rendered template
9  return render_template("index.html")
10
11 @app.route("/video_feed")
12 def video_feed():
13     # return the response generated along with the specific media
14     # type (mime type)
15     return Response(ot.streamVideo(),mimetype = "multipart/x-mixed-
       replace; boundary=frame")
16
17 if __name__ == '__main__':
18     app.run(host="localhost", port="5019", debug=True,
19                 threaded=True, use_reloader=False)
20
```

7.8.6 运行 Flask 服务器

通过在 video_tracking 目录中输入 python video_server.py 命令，从终端执行 video_server.py 文件，确保 virtualenv 已激活。

```
(cv) computername:video_tracking username$ python video_server.py
```

这将启动 Flask 服务器，并运行 host="localhost" 和 port="5019"（代码清单 7-9 的第 18 行）。根据工作环境更改主机和端口，另外，在代码清单 7-9 的第 18 行中重新设置 debug=False 来关闭调试模式。

当服务器启动时，在 Web 浏览器中检索 URL http://localhost:5019/ 以查看带有目标跟踪的实时视频。

7.9　整合

我们已经探讨了视频跟踪系统的构建模块。现在，我们把它们整合在一起，形成一个功能完整的系统。图 7-3 展示了视频跟踪系统的高阶函数调用顺序。

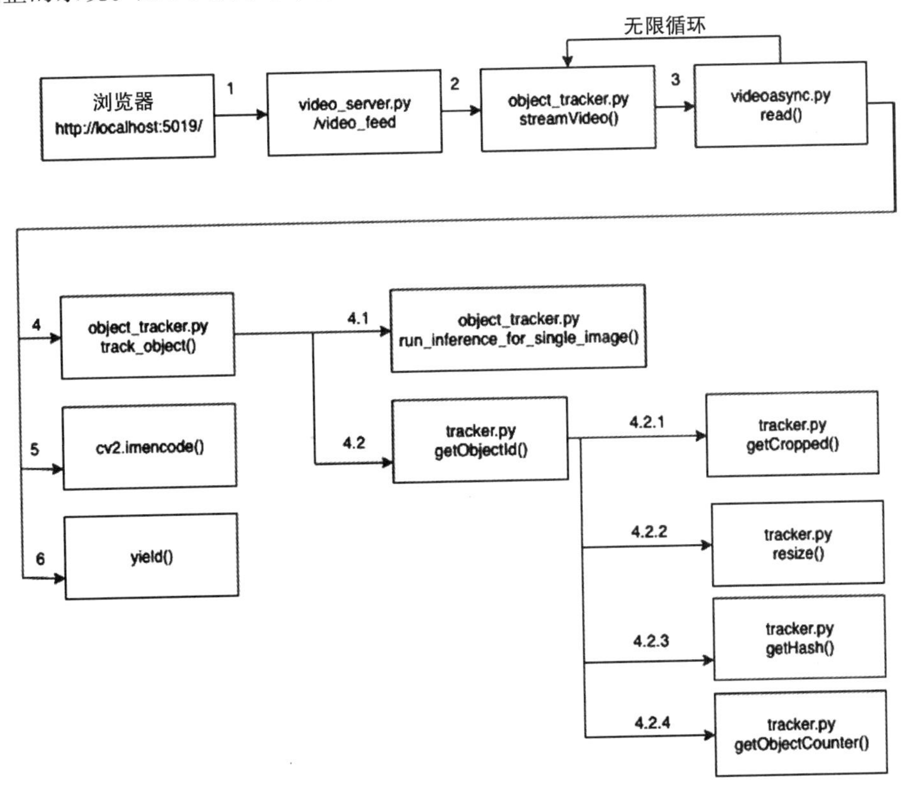

图 7-3　视频跟踪系统功能调用顺序示意图

利用 URL http://localhost:5019/ 启动 Web 浏览器时，Flask 后端服务器提供 index.html 索引页面，该页面在内部通过 http://localhost:5019/video_feed 调用服务器端 video_feed() 函数。如图 7-3 所示，其余的函数调用完成后，将包含检测目标及其跟踪信息的视频帧发送到 Web 浏览器进行显示。代码清单 7-10 到代码清单 7-14 提供了视频跟踪系统的完整源代码。

代码清单 7-10 的文件路径是 video_tracking/templates/index.html。

代码清单 7-10 index.html

```
<html>
 <head>
   <title>Computer Vision</title>
 </head>
 <body>
   <h1>Video Surveillance</h1>
   <img src="{{ url_for('video_feed') }}" > </img>
 </body>
</html>
```

代码清单 7-11 的文件路径是 video_tracking/video_server.py。

代码清单 7-11 video_server.py

```
# video_server.py
from flask import Flask, render_template, Response
import object_tracker as ot
app = Flask(__name__)

@app.route("/")
def index():
   # return the rendered template
  return render_template("index.html")

@app.route("/video_feed")
def video_feed():
  # return the response generated along with the specific media
  # type (mime type)
  return Response(ot.streamVideo(),mimetype = "multipart/x-mixed-replace;
  boundary=frame")

if __name__ == '__main__':
  app.run(host="localhost", port="5019", debug=True,
        threaded=True, use_reloader=False)
```

代码清单 7-12 的文件路径是 video_tracking/object_tracker.py。

代码清单 7-12 object_tracker.py

```
import os
import pathlib
import random
import numpy as np
import tensorflow as tf
import cv2
import threading

# Import the object detection module.
```

```
from object_detection.utils import ops as utils_ops
from object_detection.utils import label_map_util

from videoasync import VideoCaptureAsync
import tracker as hasher

lock = threading.Lock()

# to make gfile compatible with v2
tf.gfile = tf.io.gfile

model_path = "./../model/ssd_inception_v2_coco_2018_01_28"
labels_path = "./../model/mscoco_label_map.pbtxt"

# List of the strings that is used to add correct label for each box.
category_index = label_map_util.create_category_index_from_labelmap(labels_
path, use_display_name=True)
class_num =len(category_index)+100
object_ids = {}
hasher_object = hasher.ObjectHasher()

#Function to create color table for each object class
def get_color_table(class_num, seed=50):
    random.seed(seed)
    color_table = {}
    for i in range(class_num):
        color_table[i] = [random.randint(0, 255) for _ in range(3)]
    return color_table
colortable = get_color_table(class_num)

# Initialize and start the asynchronous video capture thread
cap = VideoCaptureAsync().start()

# # Model preparation
def load_model(model_path):
    model_dir = pathlib.Path(model_path) / "saved_model"
    model = tf.saved_model.load(str(model_dir))
    model = model.signatures['serving_default']
    return model

model = load_model(model_path)

# Predict objects and bounding boxes and format the result
def run_inference_for_single_image(model, image):
    # The input needs to be a tensor, convert it using `tf.convert_to_
      tensor`.
    input_tensor = tf.convert_to_tensor(image)
    # The model expects a batch of images, so add an axis with `tf.newaxis`.
    input_tensor = input_tensor[tf.newaxis, ...]

    # Run prediction from the model
    output_dict = model(input_tensor)

    # Input to model is a tensor, so the output is also a tensor
```

```
    # Convert to NumPy arrays, and take index [0] to remove the batch dimension.
    # We're only interested in the first num_detections.
    num_detections = int(output_dict.pop('num_detections'))
    output_dict = {key: value[0, :num_detections].numpy()
                   for key, value in output_dict.items()}
    output_dict['num_detections'] = num_detections

    # detection_classes should be ints.
    output_dict['detection_classes'] = output_dict['detection_classes'].
    astype(np.int64)

    return output_dict
# Function to draw bounding boxes and tracking information on the image frame
def track_object(model, image_np):
    global object_ids, lock
    # Actual detection.
    output_dict = run_inference_for_single_image(model, image_np)

    # Visualization of the results of a detection.
    for i in range(output_dict['detection_classes'].size):

        box = output_dict['detection_boxes'][i]
        classes = output_dict['detection_classes'][i]
        scores = output_dict['detection_scores'][i]

        if scores > 0.5:
            h = image_np.shape[0]
            w = image_np.shape[1]

            classname = category_index[classes]['name']
            classid =category_index[classes]['id']
            #Draw bounding boxes
            cv2.rectangle(image_np, (int(box[1] * w), int(box[0] * h)),
            (int(box[3] * w), int(box[2] * h)), colortable[classid], 2)

            #Write the class name on top of the bounding box
            font = cv2.FONT_HERSHEY_COMPLEX_SMALL
            hash, object_ids = hasher_object.getObjectId(image_np,
            int(box[1] * w), int(box[0] * h), int(box[3] * w),
                                                int(box[2] * h), object_ids)

            size = cv2.getTextSize(str(classname) + ":" + str(scores)+
            "[Id: "+str(object_ids.get(hash))+"]", font, 0.75, 1)[0][0]

            cv2.rectangle(image_np,(int(box[1] * w), int(box[0] *
            h-20)), ((int(box[1] * w)+size+5), int(box[0] * h)),
            colortable[classid],-1)
            cv2.putText(image_np, str(classname) + ":" + str(scores)+
            "[Id: "+str(object_ids.get(hash))+"]",
                    (int(box[1] * w), int(box[0] * h)-5), font, 0.75,
                    (0,0,0), 1, 1)
```

```
            cv2.putText(image_np, "Number of objects detected:
            "+str(len(object_ids)),
                        (10,20), font, 0.75, (0, 0, 0), 1, 1)
        else:
            break
    return image_np

# Function to implement infinite while loop to read video frames and
generate the output for web browser
def streamVideo():
    global lock
    while (True):
        retrieved, frame = cap.read()
        if retrieved:
            with lock:
                frame = track_object(model, frame)

                (flag, encodedImage) = cv2.imencode(".jpg", frame)
                if not flag:
                    continue

                yield (b'--frame\r\n' b'Content-Type: image/jpeg\r\n\r\n' +
                   bytearray(encodedImage) + b'\r\n')

        if cv2.waitKey(1) & 0xFF == ord('q'):
            cap.stop()
            cv2.destroyAllWindows()
            break

    # When everything done, release the capture
    cap.stop()
    cv2.destroyAllWindows()
```

代码清单 7-13 的文件路径是 video_tracking/videoasync.py。

代码清单 7-13　videoasync.py

```
# file: videoasync.py
import threading
import cv2

class VideoCaptureAsync:
    def __init__(self, src=0):
        self.src = src
        self.cap = cv2.VideoCapture(self.src)
        self.grabbed, self.frame = self.cap.read()
        self.started = False
        self.read_lock = threading.Lock()

    def set(self, var1, var2):
        self.cap.set(var1, var2)

    def start(self):
```

```
        if self.started:
            print('[Warning] Asynchronous video capturing is already started.')
            return None
        self.started = True
        self.thread = threading.Thread(target=self.update, args=())
        self.thread.start()
        return self

    def update(self):
        while self.started:
            grabbed, frame = self.cap.read()
            with self.read_lock:
                self.grabbed = grabbed
                self.frame = frame

    def read(self):
        with self.read_lock:
            frame = self.frame.copy()
            grabbed = self.grabbed
        return grabbed, frame
def stop(self):
    self.started = False
    # self.cap.release()
    # cv2.destroyAllWindows()
    self.thread.join()

def __exit__(self, exec_type, exc_value, traceback):
    self.cap.release()
```

代码清单 7-14 的文件路径是 video_tracking/tracker.py。

代码清单 7-14　tracker.py

```
# tracker.py
import numpy as np
import cv2

class ObjectHasher:
    def __init__(self, threshold=20, size=8, max_track_frame=10, radius_
    tracker=5):
        self.threshold = 20
        self.size = 8
        self.max_track_frame = 10
        self.radius_tracker = 5

    def getCenter(self, xmin, ymin, xmax, ymax):
        x_center = int((xmin + xmax)/2)
        y_center = int((ymin+ymax)/2)
        return (x_center, y_center)

    def getObjectId(self, image_np, xmin, ymin, xmax, ymax, hamming_
    dict={}):
```

```
            croppedImage = self.getCropped(image_np,int(xmin*0.8),
            int(ymin*0.8), int(xmax*0.8), int(ymax*0.8))
            croppedImage = cv2.cvtColor(croppedImage, cv2.COLOR_BGR2GRAY)

            resizedImage = self.resize(croppedImage, self.size)

            hash = self.getHash(resizedImage)
            center = self.getCenter(xmin*0.8, ymin*0.8, xmax*0.8, ymax*0.8)
        # hamming_dict = self.createHammingDict(hash, center, hamming_dict)
        hamming_dict = self.getObjectCounter(hash, hamming_dict)
        return hash, hamming_dict

    def getCropped(self, image_np, xmin, ymin, xmax, ymax):
        return image_np[ymin:ymax, xmin:xmax]

    def resize(self, cropped_image, size=8):
        resized = cv2.resize(cropped_image, (size+1, size))
        return resized

    def getHash(self, resized_image):
        diff = resized_image[:, 1:] > resized_image[:, :-1]
        # convert the difference image to a hash
        dhash = sum([2 ** i for (i, v) in enumerate(diff.flatten()) if v])
        return int(np.array(dhash, dtype="float64"))

    def hamming(self, hashA, hashB):
        # compute and return the Hamming distance between the integers
        return bin(int(hashA) ^ int(hashB)).count("1")

    def createHammingDict(self, dhash, center, hamming_dict):
        centers = []
        matched = False
        matched_hash = dhash
        # matched_classid = classid

        if hamming_dict.__len__() > 0:
            if hamming_dict.get(dhash):
                matched = True

            else:
                for key in hamming_dict.keys():

                    hd = self.hamming(dhash, key)

                    if(hd < self.threshold):
                        centers = hamming_dict.get(key)
                        if len(centers) > self.max_track_frame:
                            centers.pop(0)
                        centers.append(center)
                        del hamming_dict[key]
                        hamming_dict[dhash] = centers
                        matched = True
                        break
```

```
            if not matched:
                centers.append(center)
                hamming_dict[dhash] = centers

            return  hamming_dict

    def getObjectCounter(self, dhash, hamming_dict):
        matched = False
        matched_hash = dhash
        lowest_hamming_dist = self.threshold
        object_counter = 0

        if len(hamming_dict) > 0:
            if dhash in hamming_dict:
                lowest_hamming_dist = 0
                matched_hash = dhash
                object_counter = hamming_dict.get(dhash)
                matched = True

            else:
                for key in hamming_dict.keys():
                    hd = self.hamming(dhash, key)
                    if(hd < self.threshold):
                        if hd < lowest_hamming_dist:
                            lowest_hamming_dist = hd
                            matched = True
                            matched_hash = key
                            object_counter = hamming_dict.get(key)
        if not matched:
            object_counter = len(hamming_dict)
        if matched_hash in hamming_dict:
            del hamming_dict[matched_hash]

        hamming_dict[dhash] = object_counter
        return  hamming_dict

    def drawTrackingPoints(self, image_np, centers, color=(0,0,255)):
        image_np = cv2.line(image_np, centers[0], centers[len(centers) - 1],
        color)
        return image_np
```

通过从终端执行命令 python video_server.py 来运行 Flask 服务器。启动 Web 浏览器并搜索 http://localhost:5019 以查看实时视频。

7.10 总结

本章利用预训练的 SSD 模型开发了一个功能齐全的视频跟踪系统，同时，还介绍了差异哈希算法，以及利用汉明距离来确定图像相似度的方法。本章将系统部署到 Flask microweb 框架中，以便在 Web 浏览器中呈现实时视频跟踪。

第 8 章 Chapter 8

实例：人脸识别

人脸识别是在图像或视频中检测和识别人脸的计算机视觉问题。人脸识别的第一步是检测和定位人脸在输入图像中的位置，这是一个典型的目标检测任务。检测到人脸后，从人脸的各个关键点创建特征集（也称为**面部足迹**或**面部嵌入**）。人脸有 80 个节点或明显的标点，可使用它们创建特征集（USPTO 专利号 US7634662B2，https://patents.google.com/patent/US7634662B2/），然后将面部嵌入与数据库进行比较，以确定该人脸对应的身份。

人脸识别在现实世界中有很多应用，例如：

- 作为高度安全区域访问控制的密码。
- 用于机场海关和边境保护。
- 识别遗传疾病。
- 作为预测个人年龄和性别的一种方法（例如，用于有年龄限制的场合，如酒精购买）。
- 用于执法方面（例如，警察通过扫描数百万张照片来发现潜在的犯罪嫌疑人和目击者）。
- 管理数字相册（例如，社交媒体上的照片）。

本章将探讨 FaceNet，它是一种由 Google 工程师开发的流行的人脸识别算法，同时，还将介绍如何训练基于 FaceNet 的神经网络来建立人脸识别模型。最后，我们将编写代码来开发可以从视频中实时检测人脸的人脸识别系统。

8.1 FaceNet 及其架构

FaceNet 是由三位 Google 工程师 Florian Schroff、Dmitry Kalenichenko 和 James Philbin 提出的。他们在 2015 年发表了一篇题为“ FaceNet:A Unified Embedding for Face Recognition and Clustering"的论文（https://arxiv.org/pdf/1503.03832.pdf）。

FaceNet 是一个统一的系统，它提供以下功能：

- 面部验证（是否是同一个人）。
- 识别（这个人是谁）。
- 聚类（在人脸中找到具有公共特征的人脸）。

FaceNet 是一种深度神经网络，它具有以下功能：

- 从输入图像中计算 128 维压缩特征向量，该向量称为**面部嵌入**。回顾第 4 章，特征向量包含描述目标重要特征的信息。128 维特征向量是 128 个实值的列表，代表尝试量化面部的输出。
- 通过优化三重损失函数进行学习。我们将在本章后面探讨损失函数。

图 8-1 展示了 FaceNet 架构。

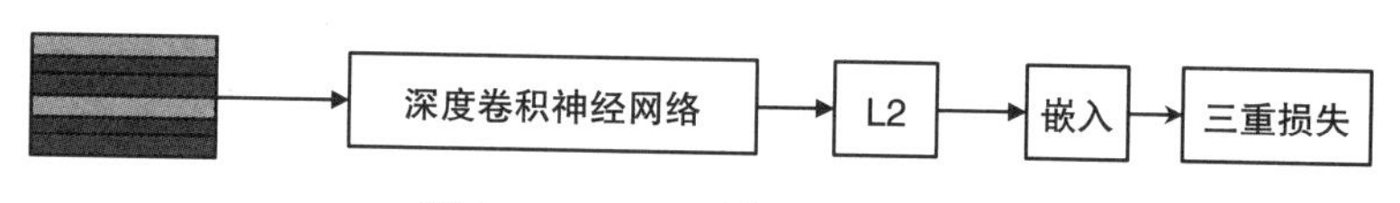

图 8-1 FaceNet 神经网络架构

下面将介绍 FaceNet 网络的组件。

1. 输入图像

训练集由从图像中裁剪出的人脸压缩图组成。除了平移和缩放，不需要其他的人脸对齐剪裁。

2. 深度卷积神经网路

利用带有反向传播的 SGD 和 AdaGrad 优化器的深度卷积神经网络（CNN）对 FaceNet 进行训练。初始学习率取 0.05，并随着迭代次数的增加而降低，以确定最终模型。其训练在基于 CPU 的集群上需要进行 1000 ～ 2000 个小时。

FaceNet 的论文描述了两种不同的深度卷积神经网络架构，并探讨了它们之间的取舍。第一个架构的灵感来自 Zeiler 和 Fergus，第二个是基于 Google 的 inception 模型。这两种架构主要在两方面有所不同，即参数的数量和每秒浮点运算次数（Floating-point Operations Per Second，FLOPS）不同。FLOPS 是需要进行浮点运算的计算机性能的标准度量方法。

Zeiler 和 Fergus 深度卷积神经网络架构由 22 层组成，以每幅图像 16 亿 FLOPS 对 1.4 亿个参数进行训练，这种 CNN 架构被称为 NN1，其输入大小为 220 × 220。

表 8-1 展示了 Zeiler 和 Fergus 提出的 FaceNet 网络配置。

表 8-1 Zeiler 和 Fergus 提出的网络架构的深度 CNN（来源：Schroff 等人，https://arxiv.org/ pdf/1503.03832.pdf）

层	输入大小	输出大小	核	参数量	FLPS/ 百万
convl	220 × 220 × 3	110 × 110 × 64	7 × 7 × 3，2	9K	115
pooll	110 × 110 × 64	55 × 55 × 64	3 × 3 × 64，2	0	

（续）

层	输入大小	输出大小	核	参数量	FLPS/ 百万
rnorm1	55×55×64	55×55×64		0	
conv2a	55×55×64	55×55×64	1×1×64，1	4K	13
conv2	55×55×64	55×55×192	3×3×64，1	111K	335
rnorm2	55×55×192	55×55×192		0	
pool2	55×55×192	28×28×192	3×3×192，2	0	
conv3a	28×28×192	28×28×192	1×1×192，1	37K	29
conv3	28×28×192	28×28×384	3×3×192，1	664K	521
pool3	28×28×384	14×14×384	3×3×384，2	0	
conv4a	14×14×384	14×14×384	1×1×384，1	148K	29
conv4	14×14×384	14×14×256	3×3×384，1	885K	173
conv5a	14×14×256	14×14×256	1×1×256，1	66K	13
conv5	14×14×256	14×14×256	3×3×256，1	590K	116
conv6a	14×14×256	14×14×256	1×1×256，1	66K	13
conv6	14×14×256	14×14×256	3×3×256，1	590K	116
pool4	14×14×256	7×7×256	3×3×256，2	0	
concat	7×7×256	7×7×256		0	
fc1	7×7×256	1×32×128	maxout p=2	103M	103
fc2	1×32×128	1×32×128	maxout p=2	34M	34
fc7128	1×32×128	1×1×128		524K	0.5
L2	1×1×128	1×1×128		0	
总计				140M	1600

第二类网络是基于 GoogLeNet 的 inception 模型。这个模型的参数约为原来的 1/20（大约 660 万到 750 万），FLOPS 约为原来的 1/5（大约 500 百万到 1600 百万）。

根据输入的大小，inception 模型有几个变体，以下是简要介绍：

- NN2：图像输入大小为 224×224 的 inception 模型，它以每幅图像 16 亿 FLOPS 对 750 万个参数进行训练。表 8-2 展示了 FaceNet 中采用的 NN2 inception 模型。
- NN3：它的架构与 NN2 的是相同的，但它采用 160×160 的输入大小，因此，NN3 具有更小的网络结构。
- NN4：该网络具有 96×96 的输入大小，从而大大减少了参数，每幅图像只需要 2.85 亿次浮点运算（相比 NN1 和 NN2 的 16 亿次浮点运算）。由于缩小了输入尺寸，降低了浮点运算次数，因此导致 CPU 运算时间缩短，NN4 适用于移动设备。
- NNS1：由于尺寸较小，也被称为“迷你”inception。它的输入大小为 165×165，有 2600 万个参数，每幅图像只需要 2.2 亿次 FLOPS。
- NNS2：被称为“微型”inception。它的输入大小为 140×116，有 430 万个参数，每幅图像需要 2000 万次 FLOPS。

表 8-2 基于 GoogLeNet 的 inception 模型架构（来源：Schroff 等人，https://arxiv.org/pdf/1503.03832.pdf）

类型	输出大小	深度	#1×1	#3×3 压缩	#3×3	#5×5 压缩	#5×5	pool proj(p)	参数	FLOPS / 百万
conv1（7×7×3, 2）	112×112×64	1							9K	119
max pool + norm	56×56×64	0						m 3×3,2		
inception(2)	56×56×192	2		64	192				115K	360
norm + max pool	28×28×192	0						m 3×3,2		
inception(3a)	28×28×256	2	64	96	128	16	32	m, 32p	164K	128
inception(3b)	28×28×320	2	64	96	128	32	64	L_2, 64p	228K	179
inception(3c)	14×14×640	2	0	128	256,2	32	64,2	m3×3,2	398K	108
inception(4a)	14×14×640	2	256	96	192	32	64	L_2, 128p	545K	107
inception(4b)	14×14×640	2	224	112	224	32	64	L_2, 128p	595K	117
inception(4c)	14×14×640	2	192	128	256	32	64	L_2, 128p	654K	128
inception(4d)	14×14×640	2	160	144	288	32	64	L_2, 128p	722K	142
inception(4e)	7×7×1024	2	0	160	256,2	64	128,2	m 3×3,2	717K	56
inception(5a)	7×7×1024	2	384	192	384	48	128	L_2, 128p	1.6M	78
inception(5b)	7×7×1024	2	384	192	384	48	128	m, 128p	1.6M	78
avg pool	1×1×1024	0								
fully conn	1×1×128	1							131K	0.1
L2 normalization	1×1×128	0								
总计									7.5M	1600

由于每幅图像所需要的参数数量较少，且对 CPU 的 FLOPS 的要求较低，因此 NN4、NNS1 和 NNS2 适用于移动设备。

值得一提的是，FLOPS 越大，模型准确率越高。一般来说，具有较低 FLOPS 的网络运行速度较快，占用的内存较少，但准确率较低。

图 8-2 展示了不同类型的 CNN 架构的 FLOPS 与准确率的关系图。

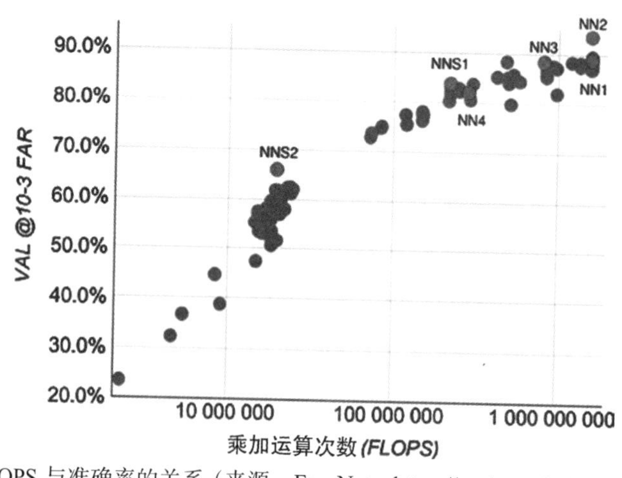

图 8-2 FLOPS 与准确率的关系（来源：FaceNet，https://arxiv.org/pdf/1503.03832.pdf）

3. 面部嵌入

尺寸为 1×1×128 的面部嵌入由深度 CNN 的 L2 归一化层生成（见图 8-1 和表 8-1、表 8-2）。

在计算好嵌入后，需要通过计算嵌入之间的欧几里得距离来执行人脸验证（或寻找相似人脸），并根据以下条件寻找相似人脸：

- 同一个人的脸距离更小。
- 不同人的脸距离更大。

人脸识别采用标准的 K 最近邻算法（K-Nearest Neighbor，K-NN）分类进行。聚类是用 K 均值或 agglomerative 聚类等算法来完成的。

4. 三重损失函数

FaceNet 中采用的损失函数称为**三重损失函数**。相同面部的嵌入称为**正嵌入**，不同面部的嵌入称为**负嵌入**，被分析的面部称为**锚嵌入**。为了计算损失，构造一个由锚嵌入、正嵌入和负嵌入组成的三元组，并分析它们的欧几里得距离。FaceNet 的学习目标是最小化锚嵌入和正嵌入之间的距离，并最大化锚嵌入和负嵌入之间的距离。

图 8-3 展示了三重损失函数和学习过程。

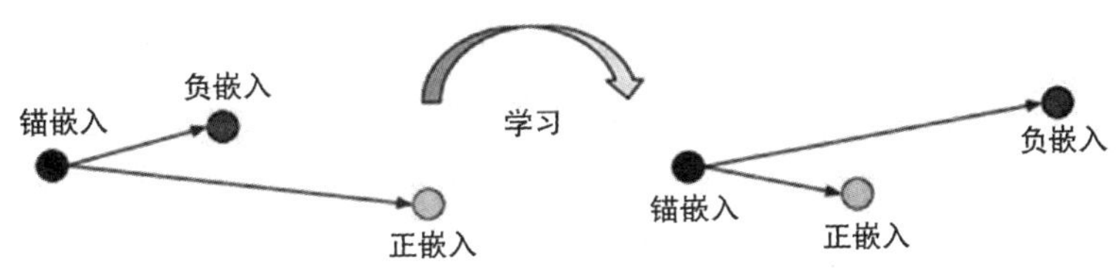

图 8-3 三重损失函数使有相同身份的锚嵌入和正嵌入之间的距离最小化，并且使不同身份的锚嵌入和负嵌入之间的距离最大化（来源：FaceNet，https://arxiv.org/pdf/1503.03832.pdf）

每幅人脸图像都是一个特征向量，表示一个 d 维欧几里得超球面，由函数 $\|f(x)\|_2=1$ 表示。

假设人脸图像 x_i^α（锚样本）更接近同一人的人脸图像 x_i^p（正样本）而不是不同的人脸图像 x_i^n（负样本）。假设训练集中有 N 个三元组，三重损失函数如下：

$$L=\sum_i^N\left[\left\|f(x_i^\alpha)-f(x_i^p)\right\|_2^2-\left\|f(x_i^\alpha)-f(x_i^n)\right\|_2^2+\alpha\right]$$

其中 α 是正嵌入和负嵌入之间的距离。

如果我们考虑所有可能的三元组合，就会有很多三元组，前面的函数可能需要花费很长时间才能使其收敛。此外，并非每个三元组都有助于模型学习。因此，我们需要一个方法来选择正确的三元组，使得我们的模型训练是有效的，准确率是最佳的。

5. 三元组的选择

理想情况下，我们在选择三元组时，应使 $\left\|f(x_i^\alpha)-f(x_i^p)\right\|_2^2$ 值最小，$\left\|f(x_i^\alpha)-f(x_i^n)\right\|_2^2$ 值最

大。但是，计算所有数据集的最小值和最大值是不可行的，为此，我们需要一种有效地计算距离的最小值和最大值的方法。这可以脱机完成，然后输入算法中，也可以采用一些算法在线确定。

通过在线方式，我们将嵌入分为多个小批次。每个小批次包含一部分正嵌入和一些随机选择的负嵌入。FaceNet 的提出者使用的是由 40 个正嵌入和随机选择的负嵌入组成的小批次嵌入件。计算每个小批次的最小和最大距离以创建三元组。

接下来，我们将介绍如何基于 FaceNet 训练模型并建立实时人脸识别系统。

8.2 人脸识别模型的训练

FaceNet 最流行的 TensorFlow 实现之一是由 David Sandberg 完成的。它是一个开源版本，在 GitHub 的 MIT 许可下免费提供，网址为 https://github.com/davidsandberg/facenet。我们已经对原始 GitHub 存储库进行分支，稍做修改，并保存在 https://github.com/ansarisam/facenet 的 GitHub 存储库。我们没有修改核心神经网络以及三重损失函数。来自 David Sandberg 存储库的 FaceNet 改进版本采用 OpenCV 读取和操作图像。我们还升级了 TensorFlow 的部分库函数，FaceNet 的这个实现需 TensorFlow 版本 1.*x*，目前无法在版本 2 上运行。

下面将使用 Google Colab 来训练人脸检测模型。需要注意的是，人脸检测模型是计算密集型的，即使在 GPU 上也可能需要几天的学习时间。Colab 不是一个长期训练模型的理想平台，因为在 Colab 会话过期后，所有数据和设置都将丢失。你应该考虑采用基于云的 GPU 环境来训练人脸识别模型。第 10 章将展示如何调整云端模型训练，现在，我们利用 Colab 来进行学习。

在开始之前，先创建一个新的 Colab 项目并赋予它一个有意义的名字，例如“FaceNet 训练”。

8.2.1 从 GitHub 签出 FaceNet

签出 FaceNet 的 TensorFlow 实现的源代码。在 Colab 中，通过单击“+Code”图标添加代码单元格。编写复制 GitHub 存储库的命令，如代码清单 8-1 所示。单击“执行”(Execute) 按钮运行命令。成功执行后，在 Colab 文件浏览器中可以找到目录 facenet。

代码清单 8-1 复制 FaceNet 的 TensorFlow 实现的 GitHub 存储库

```
%%shell
git clone https://github.com/ansarisam/facenet.git
```

8.2.2 数据集

我们将利用 VGGFace2 数据集来训练人脸识别模型。VGGFace2 是视觉几何组（Visual

Geometry Group，VGG）提供的用于人脸识别的大规模图像数据集（https://www.robots.ox.ac.uk/~vgg/data/vgg_face2/）。

VGGFace2 数据集由超过 9000 人的 330 万幅人脸图像组成，数据样本中每个人都有 362 幅图像（平均）。该数据集的描述详见 Q. Cao、L. Shen、W. Xie、O. M. Parkhi 和 A. Zisserman 于 2018 年发表的论文（http://www.robots.ox.ac.uk/~vgg/publications/2018/Cao18/cao18.pdf）。

训练集的大小为 35 GB，测试集的大小为 1.9 GB。数据集以压缩文件的形式提供，人脸图像被分配在子目录中，每个子目录的名称是格式为 n< classID > 的标识类 ID。图 8-4 展示了包含训练图像的示例目录结构。

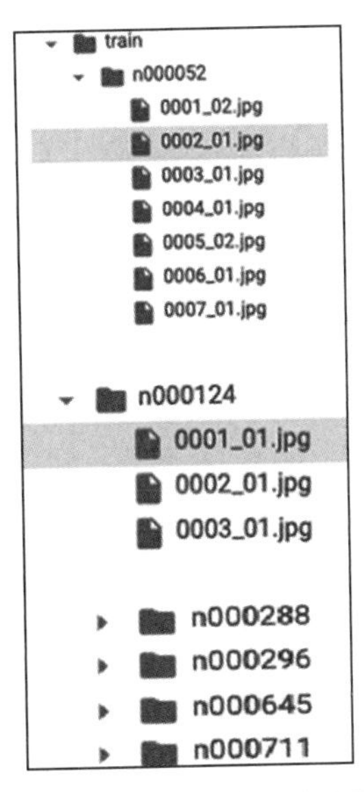

图 8-4　包含图像的子目录

提供了 CSV 格式的单独元数据文件。此元数据文件的头文件如下：

Identity ID, name, sample number, train/test flag and gender

其简要说明如下：

- Identity ID 提供子目录名称。
- name 是所含面部图像的人的姓名。
- sample number 表示子目录中的图像数。
- train/test flag 表明 Identity 在训练集中还是测试集中。训练集由标志 1 表示，测试集由 0 表示。
- gender 是指人的性别。

需要注意的是，这个数据集的文件太大，无法放入免费版本的谷歌 Colab 或 Google Drive。如果整个数据集不适合 Colab 的免费版本，也可以采用数据的一个子集（可能只含几百个人的数据）来学习。

当然，如果想建立自定义的人脸识别模型，也可以采用自己的图像。你需要做的就是将同一个人的图像保存在一个目录中（每个人都有自己的目录），并匹配目录结构，如图 8-4 所示，确保目录名和图像文件名没有任何空格。

8.2.3 下载 VGGFace2 数据

如果要下载图像，则需要在 http://zeus.robots.ox.ac.uk/vgg_face2/signup/ 注册。注册后，登录 http://www.robots.ox.ac.uk/~vgg/data/vgg_face2/ 直接下载数据，将压缩的训练文件和测试文件保存到本地驱动器，然后将它们上传到 Colab。

如果想在 Colab 中直接下载图像，则可以利用代码清单 8-2 中的代码。采用正确的 URL 运行程序来下载训练集和测试集。

代码清单 8-2　下载 VGGFace2 图像的 Python 代码（https://github.com/MistLiao/jgitlib/blob/master/download.py）

```
import sys
import getpass
import requests

VGG_FACE_URL = "http://zeus.robots.ox.ac.uk/vgg_face2/login/"
IMAGE_URL = "http://zeus.robots.ox.ac.uk/vgg_face2/get_
file?fname=vggface2_train.tar.gz"
TEST_IMAGE_URL="http://zeus.robots.ox.ac.uk/vgg_face2/get_
file?fname=vggface2_test.tar.gz"

print('Please enter your VGG Face 2 credentials:')
user_string = input('    User: ')
password_string = getpass.getpass(prompt='    Password: ')

credential = {
    'username': user_string,
    'password': password_string
}

session = requests.session()
r = session.get(VGG_FACE_URL)

if 'csrftoken' in session.cookies:
    csrftoken = session.cookies['csrftoken']
elif 'csrf' in session.cookies:
    csrftoken = session.cookies['csrf']
else:
    raise ValueError("Unable to locate CSRF token.")

credential['csrfmiddlewaretoken'] = csrftoken
```

```

r = session.post(VGG_FACE_URL, data=credential)

imagefiles = IMAGE_URL.split('=')[-1]

with open(imagefiles, "wb") as files:
    print(f"Downloading the file: `{imagefiles}`")
    r = session.get(IMAGE_URL, data=credential, stream=True)
    bytes_written = 0
    for data in r.iter_content(chunk_size=400096):
        files.write(data)
        bytes_written += len(data)
        MegaBytes = bytes_written / (1024 * 1024)
        sys.stdout.write(f"\r{MegaBytes:0.2f} MiB downloaded...")
        sys.stdout.flush()

print("\n Images are successfully downloaded. Exiting the process.")
```

下载训练集和测试集后，按照图 8-4 所示的结构进行解压，得到训练目录、子目录和测试目录。你可以执行代码清单 8-3 中的命令来解压。

代码清单 8-3　解压缩文件的命令

```
%%shell
tar xvzf vggface2_train.tar.gz
tar xvzf vggface2_test.tar.gz
```

8.2.4　数据准备

FaceNet 的训练集只能是面部图像。因此，我们需要裁剪图像提取面部区域，如果需要的话，还需要将它们对齐并调整尺寸。我们将采用一种称为**多任务级联卷积网络**（MultiTask Cascaded Convolutional neural Network，MTCNN）的算法，该算法已经被证明在保持实时性能的同时优于许多人脸检测基准的精度。

我们从 GitHub 存储库复制的 FaceNet 源代码具有 MTCNN 的 TensorFlow 实现，此模型的实现不在本书的讨论范围内。我们将利用 align 模块中提供的 Python 程序 align_dataset_mtcnn.py 获取在训练集和测试集中检测到的所有人脸的边界框，此程序将保留目录结构，并将裁剪后的图像保存在同一目录层次结构中，如图 8-4 所示。

代码清单 8-4 展示了执行面部裁剪和对齐的脚本。

代码清单 8-4　使用 MTCNN，裁剪和对齐的人脸检测代码

```
%%shell
%tensorflow_version 1.x
export PYTHONPATH=$PYTHONPATH:/content/facenet
export PYTHONPATH=$PYTHONPATH:/content/facenet/src
```

```
5   for N in {1..10}; do \
6   python facenet/src/align/align_dataset_mtcnn.py \
7   /content/train \
8   /content/train_aligned \
9   --image_size 182 \
10  --margin 44 \
11  --random_order \
12  --gpu_memory_fraction 0.10 \
13  & done
```

在代码清单 8-4 中，第 1 行激活 shell，第 2 行将 TensorFlow 版本设置为 1.x，以便让 Colab 知道我们不使用 Colab 中的默认版本，即版本 2。

第 3 行和第 4 行将 PYTHONPATH 环境变量设置为 facenet 和 facenet/src 目录。如果采用的是虚拟机或物理机，并且可以直接访问操作系统，则应考虑在 ~/.bash_profile 文件中设置环境变量。

为了加速人脸检测和对齐过程，我们创建了十个并行进程（第 5 行），每个进程采用 10% 的 GPU 内存（第 12 行）。如果数据集较小，并且希望在单个进程中处理 MTCNN，只需删除第 5、12 和 13 行即可。

第 6 行调用文件 align_dataset_mtcnn.py 并传递以下参数：

- ❑ 参数 /content/train，代表训练图像所在的目录路径。
- ❑ 参数 /content/train_aligned，代表存储对齐图像的目录路径。
- ❑ 参数 --image_size，代表裁剪图像的尺寸。我们将其设置为 182 × 182 像素。
- ❑ 参数 --margin 设置为 44，在所有裁剪图像的四个边设置边距。
- ❑ 参数 --random_order，（如果存在）将通过并行进程随机选择图像。
- ❑ 参数 --gpu_memory_fraction，告知每个并行进程采用的 GPU 内存量。

上一个脚本中的裁剪图像尺寸为 182 × 182 像素。Inception-ResNet-v1 的输入只有 160 × 160，这给随机裁剪增加了额外的边距。附加边距 44 主要用于向模型添加任何相关信息，这个额外的 44 的边距应该根据具体情况来调整，并且应该评估裁剪性能。

执行上一个脚本，开始裁剪和对齐过程。注意，这是一个计算密集型的过程，可能需要几个小时才能完成。

对测试图像重复上述过程。

8.2.5 模型训练

代码清单 8-5 用三重损失函数训练 FaceNet 模型。

代码清单 8-5 用三重损失函数训练 FaceNet 模型的脚本

```
%tensorflow_version 1.x
!export PYTHONPATH=$PYTHONPATH:/content/facenet/src
!python facenet/src/train_tripletloss.py \
```

```
--logs_base_dir logs/facenet/ \
--models_base_dir /content/drive/'My Drive'/chapter8/facenet_model/ \
--data_dir /content/drive/'My Drive'/chapter8/train_aligned/ \
--image_size 160 \
--model_def models.inception_resnet_v1 \
--optimizer ADAGRAD \
--learning_rate 0.01 \
--weight_decay 1e-4 \
--max_nrof_epochs 10 \
--epoch_size 200
```

如前所述，FaceNet 的当前实现在 TensorFlow 版本 1.*x* 上运行，与 TensorFlow 2 不兼容（第 1 行设置了版本 1.*x*）。

第 2 行将 PYTHONPATH 环境变量设置为 facenet/src 目录。

第 3 行使用三重损失函数执行 FaceNet 训练。训练中需要设置多个参数，但这里只列出重要的参数，有关参数及其说明的详细信息，请查看位于 facenet/src 目录中的 train_tripletloss.py 源代码。

为模型训练传递以下参数：

- --logs_base_dir：这是保存训练日志的目录。我们将把 TensorBoard 连接到此目录，使用 TensorBoard 仪表板评估模型。
- --model_base_dir：这是存储模型检查点的基目录。注意，我们已经提供了路径 /content/drive/'My Drive'/chapter8/facenet_model/，用来将模型检查点存储到 Google Drive，这是为了将模型检查点永久保存到 Google Drive，避免由于 Colab 的会话终止而丢失模型。如果 Colab 会话终止，我们可以从它停止的地方恢复，重新启动模型。注意，由于名称中有空格，因此将 My Drive 用单引号括起来。
- --data_dir：用于训练的对齐图像的基目录。
- --image_size：用于训练的输入图像将根据此参数调整尺寸。Inception-ResNet-v1 采用 160 × 160 像素的输入图像尺寸。
- --model_def：模型的名称，本例中为 inception_resnet_v1。
- --optimizer：使用的优化算法。我们可以使用任意优化器，如 ADAGRAD、ADADELTA、ADAM、RMSPROP 和 MOM，默认为 ADAGRAD。
- --learning_rate：我们将学习率设置为 0.01，根据需要调整。
- --weight_decay：这可以防止权重变得太大。
- --max_nrof_epochs：运行的最大训练周期数。
- --epoch_size：每个周期（epoch）的批数。

通过单击 Colab 中的“Run”按钮来执行训练，根据训练规模和训练参数，完成模型训练可能需要几个小时甚至几天。

模型训练成功后，检查点保存在前面代码清单 8-5 第 5 行设定的目录 --model_base_dir 中。

8.2.6 评估

当模型运行时，每个周期和每批的损失将打印到控制台，这可以让你了解模型是如何学习的。理想情况下，损失应该是下降的，并且稳定趋于一个非常低的值，接近于零。图 8-5 展示了训练进行时的输出示例。

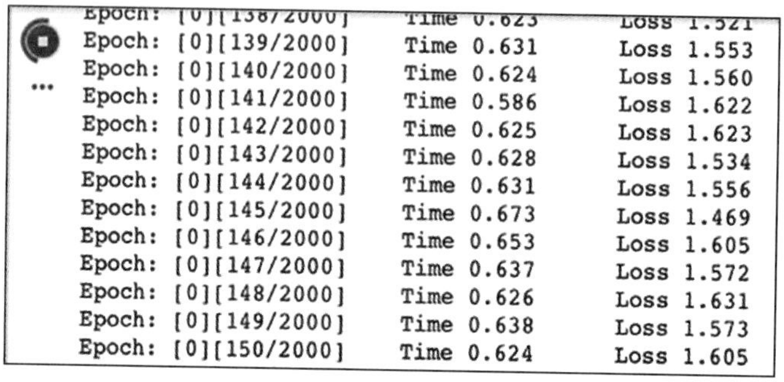

```
Epoch: [0][138/2000]    Time 0.623    Loss 1.521
Epoch: [0][139/2000]    Time 0.631    Loss 1.553
Epoch: [0][140/2000]    Time 0.624    Loss 1.560
Epoch: [0][141/2000]    Time 0.586    Loss 1.622
Epoch: [0][142/2000]    Time 0.625    Loss 1.623
Epoch: [0][143/2000]    Time 0.628    Loss 1.534
Epoch: [0][144/2000]    Time 0.631    Loss 1.556
Epoch: [0][145/2000]    Time 0.673    Loss 1.469
Epoch: [0][146/2000]    Time 0.653    Loss 1.605
Epoch: [0][147/2000]    Time 0.637    Loss 1.572
Epoch: [0][148/2000]    Time 0.626    Loss 1.631
Epoch: [0][149/2000]    Time 0.638    Loss 1.573
Epoch: [0][150/2000]    Time 0.624    Loss 1.605
```

图 8-5 训练过程中的 Colab 控制台输出以及每批每周期的损失

你也可以使用 TensorBoard 评估模型性能。利用代码清单 8-6 中的命令启动 TensorBoard 仪表板。

代码清单 8-6 通过指向 logs 目录启动 TensorBoard

```
%tensorflow_version 2.x
%load_ext tensorboard
%tensorboard --logdir /content/logs/facenet
```

8.3 实时人脸识别系统的开发

人脸识别系统需要有三个重要的部分：

- ❑ 人脸检测模型。
- ❑ 分类模型。
- ❑ 图像或视频源。

8.3.1 人脸检测模型

8.2 节介绍了如何训练人脸检测模型，我们可以采用自己建立的模型，也可以采用适合我们要求的预训练模型，表 8-3 列出了公开的可免费使用的预训练模型。

表 8-3 David Sandberg 提供的人脸识别预训练模型

模型名称	训练数据集	下载地址
20180408-102900	CASIA-WebFace	https://drive.google.com/open?id=1R77HmFADxe87GmoLwzfgMu_HY0IhcyBz
20180402-114759	VGGFace2	https://drive.google.com/open?id=1EXPBSXwTaqrSC0OhUdXNmKSh9qJUQ55-

这些模型已根据 Wild（Labeled Faces in the Wild，LFW）数据集中的标记人脸进行了评估，详见 http://vis-www.cs.umass.edu/lfw/。表 8-4 给出了模型架构和准确率。

表 8-4 CASIA-WebFace 和 VGGFace2 数据集上训练的 FaceNet 模型的准确率评估结果（信息由 David Sandberg 提供）

模型名称	LFW 准确率	训练数据集	模型架构
20180408-102900	0.9905	CASIA-WebFace	Inception-ResNet-v1
20180402-114759	0.9965	VGGFace2	Inception-ResNet-v1

我们将在示例中采用 VGGFace2 模型。

8.3.2 人脸识别分类器

我们将建立一个模型来识别人脸。我们将训练这个模型，让它识别出 George W. Bush、Barack Obama 和 Donald Trump 三位美国总统。

为了简单起见，将下载三位总统的一些照片并将它们放在子目录中，如图 8-6 所示。

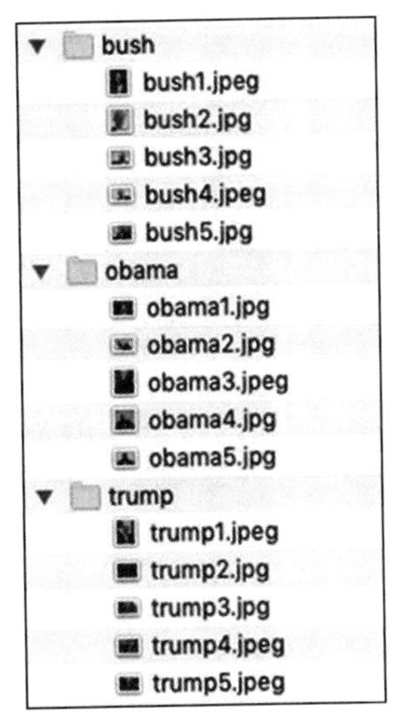

图 8-6 输入图像的目录结构

我们将在个人计算机 / 笔记本计算机上开发人脸检测器，在训练之前，我们需要复制 FaceNet GitHub 存储库。执行以下命令：

```
git clone https://github.com/ansarisam/facenet.git
```

在 FaceNet 源代码被复制之后，将 PYTHONPATH 设置为 facenet/src 并将其添加到环境变量中。

```
export PYTHONPATH=$PYTHONPATH:/home/user/facenet/src
```

src 目录的路径必须是计算机中的实际目录路径。

1. 面部对齐

本节将完成图像的面部对齐，采用与上一节相同的 MTCNN 模型。由于仅有一个小的图像集，我们将采用一个线程来对齐这些面部。代码清单 8-7 展示了面部对齐的脚本。

代码清单 8-7 采用 MTCNN 的面部对齐脚本

```
python facenet/src/align/align_dataset_mtcnn.py \
 ~/presidents/ \
~/presidents_aligned \
 --image_size 182 \
 --margin 44
```

注意 在 Mac 计算机上，图像目录可能有一个名为 .DS_Store 的隐藏文件，确保从输入图像的所有子目录中删除此文件。另外，确保子目录仅包含图像，不包含其他文件。

执行前面的脚本来裁剪和对齐面部图像，图 8-7 展示了一些输出示例。

图 8-7 三位美国总统裁剪和对齐后的面部图像

2. 分类器训练

通过最小的设置可以对分类器进行训练。代码清单 8-8 展示了启动分类器训练的脚本。

代码清单 8-8 启动人脸分类器训练的脚本

```
python facenet/src/classifier.py TRAIN \
~/presidents_aligned \
~/20180402-114759/20180402-114759.pb \
~/presidents_aligned/face_classifier.pkl \
--batch_size 1000 \
--min_nrof_images_per_class 40 \
--nrof_train_images_per_class 35 \
--use_split_dataset
```

在代码清单 8-8 中，第 1 行调用 classifier.py 并传递参数 TRAIN，表明我们要训练一个分类器。此 Python 脚本的其他参数如下：

- 包含对齐面部图像的输入基目录（第 2 行）。
- 预训练人脸检测模型的路径（第 3 行），可以自己构建，也可以从上一节提供的 Google Drive 链接下载。如果你已经训练了保存检查点的模型，需要提供包含检查点的目录的路径。在代码清单 8-8 中，我们提供了固化模型（*.pb）的路径。
- 第 4 行是保存分类器模型的路径。请注意，这是一个扩展名为 .pkl 的 Pickle 文件，Pickle 是一个 Python 序列化以及反序列化模块。

分类器模型成功执行后，经过训练的分类器将存储在代码清单 8-8 第 4 行提供的文件中。

3. 视频中的人脸识别

在代码清单 7-1 中，我们利用 OpenCV 的 cv2.VideoCapture() 函数从计算机内置摄像头或 USB 或 IP 摄像头读取视频帧。VideoCapture() 函数的参数 0 通常表示从内置摄像头读取帧。本节将讨论如何使用 YouTube 作为视频源。

为了读取 YouTube 视频，我们将使用名为 pafy 的 Python 库，它在内部使用 youtube_dl 库。在开发环境中使用 PIP 安装这些库，只需执行代码清单 8-9 中的命令即可安装 pafy。

代码清单 8-9 安装 YouTube 相关库的命令

```
pip install pafy
pip install youtube_dl
```

contributed 模块为本次训练复制的 FaceNet 存储库提供了源代码以及用于识别视频中人脸的 real_time_face_recognition.py。代码清单 8-10 展示了如何利用 Python API 从视频中检测和识别人脸。

代码清单 8-10 调用实时人脸识别 API 的脚本

```
1  python real_time_face_recognition.py \
2  --source youtube \
3  --url https://www.youtube.com/watch?v=ZYkxVbYxy-c \
4  --facenet_model_checkpoint ~/20180402-114759/20180402-114759.pb \
5  --classfier_model ~/presidents_aligned/face_classifier.pkl
```

在代码清单 8-10 中，第 1 行调用 real_time_face_recognition.py 并传递以下参数：

- 第 2 行设置参数 --source 的值，在本例中设为 youtube。如果跳过此参数，它将默认参数为计算机内置摄像头。也可以传递参数 webcam，从内置摄像头读取帧。
- 第 3 行传递 YouTube 视频网址。以摄像头为视频源时不需要此参数。
- 第 4 行提供了预先训练的 FaceNet 模型的路径。也可以提供检查点目录或固化模型 *.pb 的路径。

- ❑ 第 5 行提供分类器模型（例如识别三位美国总统面部的分类器模型）的文件路径。

当执行代码清单 8-10 时，它将读取 YouTube 视频并用边界框显示识别的人脸，如图 8-8 所示。

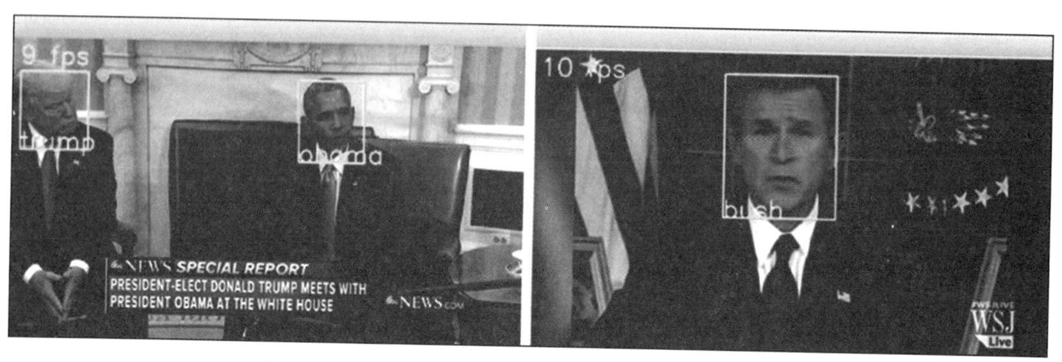

图 8-8 人脸识别视频截图，视频的输入源是 YouTube

8.4 总结

人脸检测是一个有趣的计算机视觉问题，它涉及人脸检测和分类，可以识别图像中的人物。本章研究了基于 ResNet 的流行人脸识别算法 FaceNet，探讨了利用 MTCNN 算法裁剪图像脸部的方法，同时，还训练了自建的分类器，并通过例子对三位美国总统的面部进行分类。最后，从 YouTube 接收视频，并构建了一个实时人脸识别系统。

第 9 章 Chapter 9

工业应用：工业制造中的实时缺陷检测

计算机视觉在工业制造中有着广泛的应用，其中一个应用是用于质量控制和保证的视觉自动化检测。大多数制造公司都会培训它们的员工手动执行视觉检测，这是一种主观的手动检查过程，检测准确率取决于检查员的经验。另外，这一过程需要人工大量反复检测。

如果工业制造过程中存在机器校准问题、环境设置或设备故障，整个生产批次可能出现故障。在这种情况下，事后的人工检查可能很昂贵，由于这些物品已经被生产出来，整批有缺陷的产品（可能有几百或几千件）都可能需要报废。

总之，手动检查过程缓慢、准确率低，而且费用昂贵。

基于计算机视觉的检测系统可以通过分析视频帧来实时检测表面缺陷，当检测到一个或一系列缺陷时，系统可以实时发送警报以便停止生产，避免大量损失。

本章将开发一个基于深度学习的计算机视觉系统来检测表面缺陷，如斑块、划痕、凹痕和裂纹。

我们将采用包含热轧钢带标记图像的数据集。首先转换数据集，训练 SSD 模型并利用模型构建缺陷检测器，同时，我们还将介绍如何为检测目标标记图像。

9.1 实时表面缺陷检测系统

本节首先检查用于训练和测试表面缺陷模型的数据集，然后，把图像和注释转换为 TFRecord 文件，并在 Google Colab 上训练 SSD 模型。本节将涉及第 6 章中介绍的目标检测的概念。

9.1.1 数据集

我们将利用美国东北大学（Northeastern University，NEU）K. Song 和 Y. Yan 提供的数据集，该数据集包括六种类型的热轧钢带表面缺陷，其标记如下：

- 压入氧化铁皮（Rolled-in Scale，RS），通常在轧制过程中轧入金属时发生。
- 斑块（Patch，Pa），可能是不规则的片状斑迹。
- 开裂（Crazing，Cr），是表面的一种网状裂纹。
- 点蚀表面（Pitted Surface，PS），由许多小浅孔组成。
- 内含物（Inclusion，In），嵌入钢中的复合材料。
- 划痕（Scratch，Sc）。

图 9-1 展示了上述六种缺陷的钢表面的标记图像。

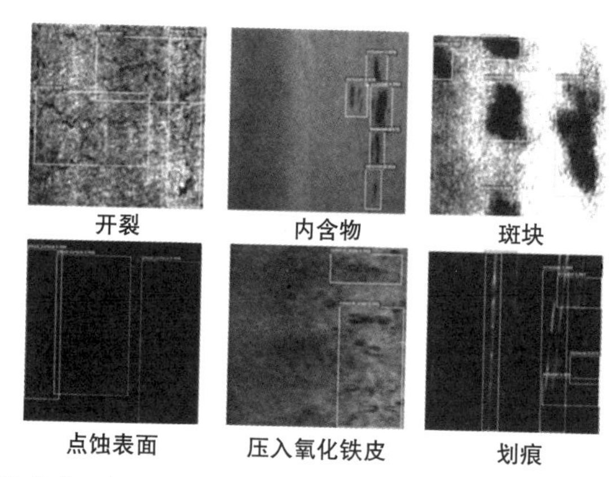

图 9-1 六种不同缺陷的表面标记图像样本（http://faculty.neu.edu.cn/yunhyan/NEU_surface_defect_ database.html）

该数据集包括 1800 幅灰度图像，每种缺陷类型有 300 个样本。数据集可从 https://drive.google.com/file/d/1qrdZlaDi272eA79b0uCwwqPrm2Q_WI3k/view 处免费下载，用于教育和研究。从此链接下载数据集并解压，解压缩的数据集按图 9-2 所示分配在目录结构中。图像在子目录 IMAGES 中，ANNOTATIONS 子目录包含边界框注释和 PASCAL VOC 注释格式的缺陷类别的 XML 文件。

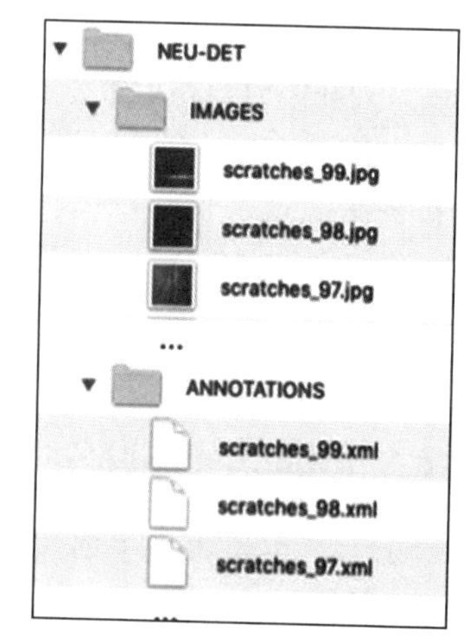

图 9-2 NEU-DET 数据集目录结构

9.1.2 Google Colab 笔记本

首先在 Google Colab 上创建一个新的笔记本并命名（例如命名为 Surface Defect Detection v1.0）。

由于 NEU 数据集位于 Google Drive 上，我们可以直接将其复制到私人 Google Drive 上。在 Colab 上，我们将挂载私人 Google Drive，解压数据集并设置开发环境（见代码清单 9-1）。请回顾第 6 章相关知识，以加深对缺陷检测的理解。

代码清单 9-1　安装 Google Drive，下载、构建和安装 TensorFlow 模型

```
# Code block 1: Mount Google Drive
from google.colab import drive
drive.mount('/content/drive')

# Code block 2: uncompress NEU data
%%shell
ls /content/drive/'My Drive'/NEU-DET.zip
unzip /content/drive/'My Drive'/NEU-DET.zip

# Code block 3: Clone github repository of Tensorflow model project
!git clone https://github.com/ansarisam/models.git

# Code block 4: Install Google protobuf compiler and other dependencies
!sudo apt-get install protobuf-compiler python-pil python-lxml python-tk

# Code block 4: Install dependencies
%%shell
cd models/research
pwd
protoc object_detection/protos/*.proto --python_out=.
pip install --user Cython
pip install --user contextlib2
pip install --user pillow
pip install --user lxml
pip install --user jupyter
pip install --user matplotlib

# Code block 5: Build models project
%%shell
export PYTHONPATH=$PYTHONPATH:/content/models/research:/content/models/research/slim
cd /content/models/research
python setup.py build
python setup.py install
```

9.1.3 数据转换

我们把 NEU 数据集转换成 TFRecord 格式（见 6.7.2 节）。代码清单 9-2 是基于 TensorFlow 的代码，用于将图像和注释转换为 TFRecord 格式。

代码清单 9-2 将 PASCAL VOC 格式的图像和注释转换为 TFRecord 格式

```
File name: generic_xml_to_tf_record.py
from __future__ import absolute_import
from __future__ import division
from __future__ import print_function

import hashlib
import io
import logging
import os

from lxml import etree
import PIL.Image
import tensorflow as tf

from object_detection.utils import dataset_util
from object_detection.utils import label_map_util
import random

flags = tf.app.flags
flags.DEFINE_string('data_dir', '', 'Root directory to raw PASCAL VOC dataset.')

flags.DEFINE_string('annotations_dir', 'annotations',
                    '(Relative) path to annotations directory.')
flags.DEFINE_string('image_dir', 'images',
                    '(Relative) path to images directory.')

flags.DEFINE_string('output_path', '', 'Path to output TFRecord')
flags.DEFINE_string('label_map_path', 'data/pascal_label_map.pbtxt',
                    'Path to label map proto')
flags.DEFINE_boolean('ignore_difficult_instances', False, 'Whether to ignore '
                     'difficult instances')
FLAGS = flags.FLAGS

# This function generates a list of images for training and validation.
def create_trainval_list(data_dir):
  trainval_filename = os.path.abspath(os.path.join(data_dir,"trainval.txt"))
  trainval = open(os.path.abspath(trainval_filename), "w")
  files = os.listdir(os.path.join(data_dir, FLAGS.image_dir))
  for f in files:
      absfile =os.path.abspath(os.path.join(data_dir, FLAGS.image_dir, f))
      trainval.write(absfile+"\n")
      print(absfile)
  trainval.close()
```

```python


def dict_to_tf_example(data,
                       dataset_directory,
                       label_map_dict,
                       ignore_difficult_instances=False,
                       image_subdirectory=FLAGS.image_dir):
  """Convert XML derived dict to tf.Example proto.

  Notice that this function normalizes the bounding box coordinates provided
  by the raw data.

  Args:
    data: dict holding PASCAL XML fields for a single image
    dataset_directory: Path to root directory holding PASCAL dataset
    label_map_dict: A map from string label names to integers ids.
    ignore_difficult_instances: Whether to skip difficult instances in the
      dataset  (default: False).
    image_subdirectory: String specifying subdirectory within the
      PASCAL dataset directory holding the actual image data.

  Returns:
    example: The converted tf.Example.

  Raises:
    ValueError: if the image pointed to by data['filename'] is not a valid JPEG
  """
  filename = data['filename']

  if filename.find(".jpg") < 0:
      filename = filename+".jpg"
  img_path = os.path.join("",image_subdirectory, filename)
  full_path = os.path.join(dataset_directory, img_path)

  with tf.gfile.GFile(full_path, 'rb') as fid:
    encoded_jpg = fid.read()
  encoded_jpg_io = io.BytesIO(encoded_jpg)
  image = PIL.Image.open(encoded_jpg_io)
  if image.format != 'JPEG':
    raise ValueError('Image format not JPEG')
  key = hashlib.sha256(encoded_jpg).hexdigest()

  width = int(data['size']['width'])
  height = int(data['size']['height'])

  xmin = []
```

```
ymin = []
xmax = []
ymax = []
classes = []
classes_text = []
truncated = []
poses = []
difficult_obj = []
if 'object' in data:
  for obj in data['object']:
    difficult = bool(int(obj['difficult']))
    if ignore_difficult_instances and difficult:
      continue

    difficult_obj.append(int(difficult))

    xmin.append(float(obj['bndbox']['xmin']) / width)
    ymin.append(float(obj['bndbox']['ymin']) / height)
    xmax.append(float(obj['bndbox']['xmax']) / width)
    ymax.append(float(obj['bndbox']['ymax']) / height)
    classes_text.append(obj['name'].encode('utf8'))
    classes.append(label_map_dict[obj['name']])
    truncated.append(int(obj['truncated']))
    poses.append(obj['pose'].encode('utf8'))

example = tf.train.Example(features=tf.train.Features(feature={
    'image/height': dataset_util.int64_feature(height),
    'image/width': dataset_util.int64_feature(width),
    'image/filename': dataset_util.bytes_feature(
        data['filename'].encode('utf8')),
    'image/source_id': dataset_util.bytes_feature(
        data['filename'].encode('utf8')),
    'image/key/sha256': dataset_util.bytes_feature(key.
    encode('utf8')),
    'image/encoded': dataset_util.bytes_feature(encoded_jpg),
    'image/format': dataset_util.bytes_feature('jpeg'.encode('utf8')),
    'image/object/bbox/xmin': dataset_util.float_list_feature(xmin),
    'image/object/bbox/xmax': dataset_util.float_list_feature(xmax),
    'image/object/bbox/ymin': dataset_util.float_list_feature(ymin),
    'image/object/bbox/ymax': dataset_util.float_list_feature(ymax),
    'image/object/class/text': dataset_util.bytes_list_
    feature(classes_text),
    'image/object/class/label': dataset_util.int64_list_
    feature(classes),
    'image/object/difficult': dataset_util.int64_list_
    feature(difficult_obj),
    'image/object/truncated': dataset_util.int64_list_
    feature(truncated),
```

```
    'image/object/view': dataset_util.bytes_list_feature(poses),
}))
return example

def create_tf(examples_list, annotations_dir, label_map_dict,
dataset_type):
  writer = None
  if not os.path.exists(FLAGS.output_path+"/"+dataset_type):
      os.mkdir(FLAGS.output_path+"/"+dataset_type)

  j = 0
  for idx, example in enumerate(examples_list):

      if idx % 100 == 0:
          logging.info('On image %d of %d', idx, len(examples_list))
          print((FLAGS.output_path + "/tf_training_" + str(j) + ".record"
          writer = tf.python_io.TFRecordWriter(FLAGS.output_path +
          "/"+dataset_type+"/tf_training_" + str(j) + ".record")
          j = j + 1

      path = os.path.join(annotations_dir, os.path.basename(example).
      replace(".jpg", '.xml'))

      with tf.gfile.GFile(path, 'r') as fid:
          xml_str = fid.read()
      xml = etree.fromstring(xml_str)
      data = dataset_util.recursive_parse_xml_to_dict(xml)
      ['annotation']

      tf_example = dict_to_tf_example(data, FLAGS.data_dir,
      label_map_dict,
                                      FLAGS.ignore_difficult_instances)
      writer.write(tf_example.SerializeToString())

def main(_):

  data_dir = FLAGS.data_dir
  create_trainval_list(data_dir)

  label_map_dict = label_map_util.get_label_map_dict(FLAGS.label_map_path)

  examples_path = os.path.join(data_dir,'trainval.txt')
  annotations_dir = os.path.join(data_dir, FLAGS.annotations_dir)
  examples_list = dataset_util.read_examples_list(examples_path)

  random.seed(42)
  random.shuffle(examples_list)
  num_examples = len(examples_list)
```

```
    num_train = int(0.7 * num_examples)
    train_examples = examples_list[:num_train]
    val_examples = examples_list[num_train:]

    create_tf(train_examples, annotations_dir, label_map_dict, "train")
    create_tf(val_examples, annotations_dir, label_map_dict, "val")

if __name__ == '__main__':
    tf.app.run()

```

代码清单 9-2 执行以下操作：

1）首先，调用函数 create_trainval_list() 创建文本文件，该文件包含 IMAGES 子目录中所有图像的绝对路径的列表。

2）将图像路径列表按 70：30 的比例拆分，单独生成训练集和验证集的图像列表。

3）对于训练集中的每幅图像，利用函数 dict_to_tf_example() 创建 TFRecord 文件。TFRecord 文件包含图像的字节、边界框、带注释的类名以及其他一些关于图像的元数据，它们被序列化并写入文件。创建多个 TFRecord 文件，文件的数量取决于图像总数和每个 TFRecord 文件中包含的图像数。

4）同理，为每幅验证图像创建 TFRecord 文件。

5）训练集和验证集分别保存到 output 目录下两个单独的子目录 train 和 val 中。

如果复制代码清单 9-1 中的 GitHub 存储库，则 Python 文件 generic_xml_to_tf_record.py 已经包括在内。但是如果复制 TensorFlow 模型的官方存储库，那么需要将代码清单 9-2 中的代码保存到 generic_ xml_to_tf_record.py 中并将其上传到 Colab 环境（例如，到 /content 目录）。

我们需要一个映射文件，将类名与类索引进行映射。此文件包含 JSON 内容，扩展名通常为 .pbtxt。我们只有六个缺陷类，因此可以手动编写映射文件的标签，如下所示：

```
File name: steel_label_map.pbtxt
item {
  id: 1
  name: 'rolled-in_scale'
}
item {
  id: 2
  name: 'patches'
}

item {
  id: 3
  name: 'crazing'
}

item {
  id: 4
```

```
  name: 'pitted_surface'
}

item {
  id: 5
  name: 'inclusion'
}

item {
  id: 6
  name: 'scratches'
}
```

将 steel_label_map.pbtxt 文件上传到 Colab 环境中的 /content 目录（或任何其他你想用的目录，只要你在代码清单 9-3 中提供正确的路径）。

代码清单 9-3 中的脚本通过提供以下参数执行 generic_xml_to_tf_record.py：

- --label_map_path：指向 steel_label_map.pbtxt 的路径。
- --data_dir：图像和注释目录的根目录。
- --output_path：保存生成的 TFRecord 文件的路径。确保此目录存在。如果没有，则需要在执行此脚本之前创建此目录。
- --annotations_dir：注释 XML 文件所在的子目录名。
- --image_dir：图像所在的子目录名。

代码清单 9-3　执行创建 TFRecord 文件的 generic_xml_to_tf_record.py

```
%%shell
%tensorflow_version 1.x

python /content/generic_xml_to_tf_record.py \
    --label_map_path=/content/steel_label_map.pbtxt \
    --data_dir=/content/NEU-DET \
    --output_path=/content/NEU-DET/out \
    --annotations_dir=ANNOTATIONS \
    --image_dir=IMAGES
```

运行代码清单 9-3 中的脚本以在输出目录中创建 TFRecord 文件。我们将得到两个子目录 train 和 val，它们分别保存用于训练和验证的 TFRecord 文件。

注意，输出目录必须存在，否则，在执行代码清单 9-3 中的代码之前创建一个。

9.1.4　训练 SSD 模型

我们现在已经准备好利用 TFRecord 格式的正确输入集来训练 SSD 模型了。训练步骤与第 6 章中所遵循的步骤完全相同。首先，下载一个预先训练的 SSD 模型，基于之前创建的训练集和验证集进行迁移学习。

代码清单 9-4 展示了同第 6 章中采用的相同的代码（代码清单 6-5）。

代码清单 9-4　下载预训练的目标检测模型

```
%%shell
%tensorflow_version 1.x
mkdir pre-trained-model
cd pre-trained-model
wget http://download.tensorflow.org/models/object_detection/ssd_
inception_v2_coco_2018_01_28.tar.gz
tar -xvf ssd_inception_v2_coco_2018_01_28.tar.gz
```

现在，编辑 pipeline.config 文件（见 6.11 节）。代码清单 9-5 展示了根据当前配置编辑的 pipeline.config 文件的各个部分。

代码清单 9-5　对 pipeline.config 进行编辑以指向适当的目录结构

```
model {
  ssd {
    num_classes: 6
    image_resizer {
      fixed_shape_resizer {
        height: 300
        width: 300
      }
    }
   ......
        batch_norm {
          decay: 0.999700009823
          center: true
          scale: true
          epsilon: 0.0010000000475
          train: true
        }
      }
            override_base_feature_extractor_hyperparams: true
    }
    .....
    matcher {
      argmax_matcher {
        matched_threshold: 0.5
        unmatched_threshold: 0.5
        ignore_thresholds: false
        negatives_lower_than_unmatched: true
        force_match_for_each_row: true
      }
    }
  ......
 fine_tune_checkpoint: "/content/pre-trained-model/ssd_inception_v2_
```

```
    coco_2018_01_28/model.ckpt"
    from_detection_checkpoint: true
    num_steps: 100000
}
train_input_reader {
  label_map_path: "/content/steel_label_map.pbtxt"
  tf_record_input_reader {
    input_path: "/content/NEU-DET/out/train/*.record"
  }
}
eval_config {
  num_examples: 8000
  max_evals: 10
  use_moving_averages: false
}
eval_input_reader {
  label_map_path: "/content/steel_label_map.pbtxt"
  shuffle: false
  num_readers: 1
  tf_record_input_reader {
    input_path: "/content/NEU-DET/out/val/*.record"
  }
}
```

如代码清单 9-5 所示，我们必须编辑代码清单 9-5 中部分内容，如下所示：

```
num_classes: 6
fine_tune_checkpoint: path to pre-trained model checkpoint
label_map_path: path to .pbtxt file
input_path: path to the training TFRecord files.
label_map_path: path to the .pbtxt file
input_path: path to the validation TFRecord files.
```

编辑 pipeline.config 文件并将其上传到 Colab 环境。

利用代码清单 9-6 所示的脚本执行模型训练。

代码清单 9-6　执行模型训练

```
%%shell
%tensorflow_version 1.x
export PYTHONPATH=$PYTHONPATH:/content/models/research:/content/
models/research/slim
cd models/research/
PIPELINE_CONFIG_PATH=/content/pre-trained-model/ssd_inception_v2_
coco_2018_01_28/steel_defect_pipeline.config
MODEL_DIR=/content/neu-det-models/
NUM_TRAIN_STEPS=10000
SAMPLE_1_OF_N_EVAL_EXAMPLES=1
```

```
9   python object_detection/model_main.py \
10      --pipeline_config_path=${PIPELINE_CONFIG_PATH} \
11      --model_dir=${MODEL_DIR} \
12      --num_train_steps=${NUM_TRAIN_STEPS} \
13      --sample_1_of_n_eval_examples=$SAMPLE_1_OF_N_EVAL_EXAMPLES \
14      --alsologtostderr
```

当模型学习时，日志会被打印在 Colab 控制台上。记下每个周期（epoch）的损失，并根据需要调整模型的超参数。

9.1.5 导出模型

成功完成训练后，检查点将保存在代码清单 9-6 中第 6 行指定的目录中。

为了利用该模型进行实时检测，需要导出 TensorFlow 图（参阅 6.11 节）。

代码清单 9-7 展示了如何导出训练过的 SSD 模型。

代码清单 9-7　将模型导出到 TensorFlow 图

```
%%shell
%tensorflow_version 1.x
export PYTHONPATH=$PYTHONPATH:/content/models/research
export PYTHONPATH=$PYTHONPATH:/content/models/research/slim
cd /content/models/research

python object_detection/export_inference_graph.py \
   --input_type image_tensor \
   --pipeline_config_path /content/pre-trained-model/ssd_inception_v2_
   coco_2018_01_28/steel_defect_pipeline.config \
   --trained_checkpoint_prefix /content/neu-det-models/model.
   ckpt-10000 \
   --output_directory /content/NEU-DET/final_model
```

导出模型后，应将其保存到 Google Drive，将最终模型从 Google Drive 下载到本地计算机，利用该模型可以实时检测视频图像中的表面缺陷，相关概念已在第 7 章介绍过。

9.1.6 模型评估

启动 TensorBoard 仪表板以评估模型质量，代码清单 9-8 展示了如何启动 TensorBoard 仪表板。

代码清单 9-8　启动 TensorBoard 仪表板

```
%tensorflow_version 2.x
%load_ext tensorboard
%tensorboard --logdir /drive/'My Drive'/NEU-DET-models/
```

图 9-3 展示了 TensorBoard 的训练输出示例。

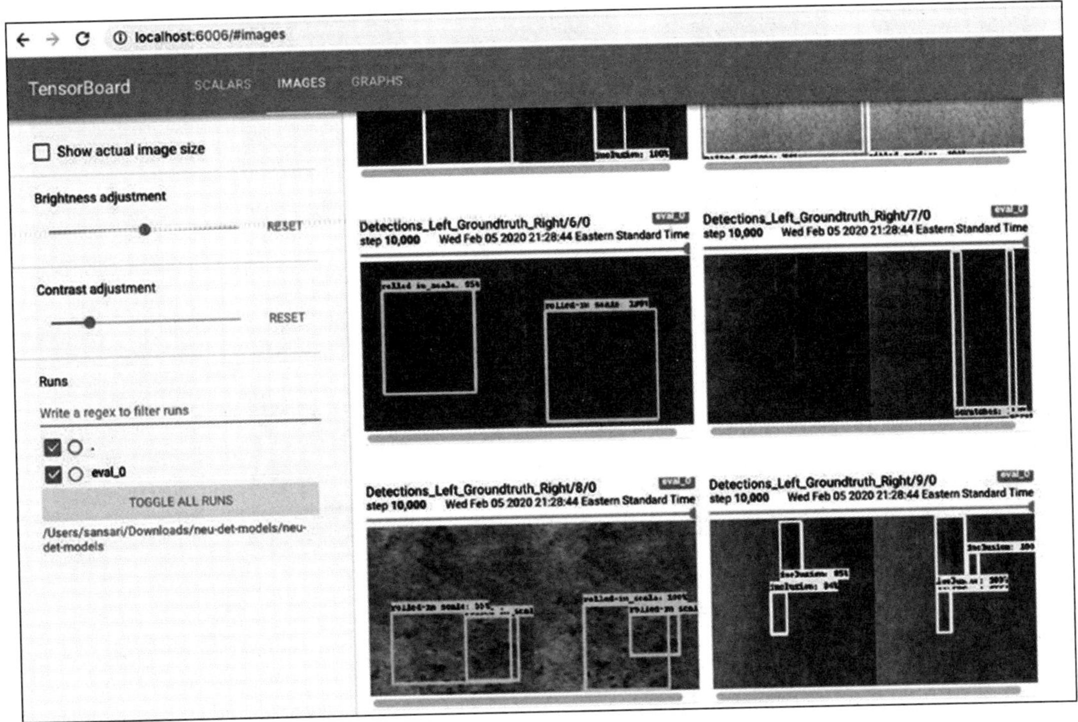

图 9-3　表面缺陷检测模型训练的 TensorBoard 输出显示

9.1.7　预测

如果已经按照 6.12 节中的描述设置了工作环境，那么你应该有预测图像中的表面缺陷所需要的一切。只需更改代码清单 6-15 中的变量并执行代码清单 9-9 所示的 Python 代码即可。

代码清单 9-9　代码清单 6-15 中代码的变量初始化部分

```
model_path = "/Users/sansari/Downloads/neu-det-models/final_model"
labels_path = "/Users/sansari/Downloads/steel_label_map.pbtxt"
image_dir = "/Users/sansari/Downloads/NEU-DET/test/IMAGES"
image_file_pattern = "*.jpg"
output_path="/Users/sansari/Downloads/surface_defects_out"
```

图 9-4 展示了不同类型缺陷预测的一些示例输出。

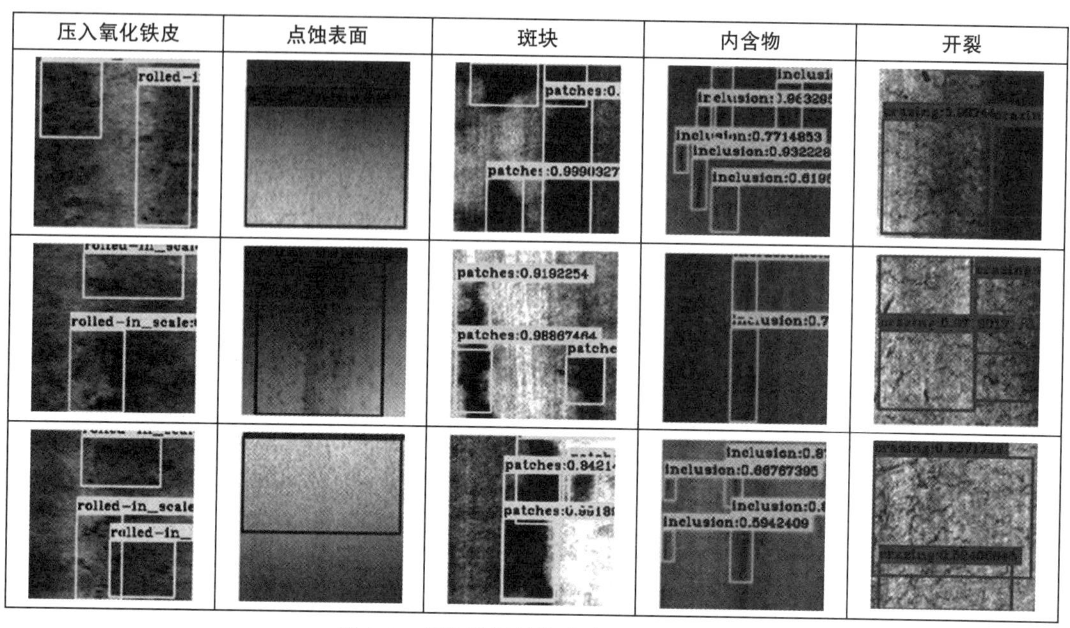

图 9-4　带边界框的缺陷表面预测输出

9.1.8　实时缺陷检测器

按照第 7 章提供的说明部署检测系统，该系统将从摄像头读取视频图像并实时检测表面缺陷。如果有多个摄像头连接到同一设备，请在函数 cv2.VideoCapture（x）中为参数 x 设置适当的值。默认情况下，x=0 表示从计算机的内置摄像头读取视频。x=1、x=2 等表示将读取连接到计算机端口的视频。对于基于 IP 的摄像头，x 的值应该是 IP 地址。

9.2　图像注释

在前面的所有示例中，我们采用的都是已经注释和标记的图像。本节将探讨如何为目标检测或人脸识别任务的图像添加注释。

有几个用于图像标记的开源和商业工具。我们将探讨微软可视目标标注工具（Visual object Tagging Tool，VoTT），这是一个开源的图像和视频注释和标注工具。VoTT 的源代码见 https://github.com/microsoft/VoTT。

9.2.1　安装 VoTT

VoTT 需要 NodeJS 和 NPM。如果需要安装 NodeJS，请从官方网站（https://nodejs.org/en/download/）下载相应操作系统的可执行二进制文件。例如，下载并安装 Windows Installer（.msi），以在 Windows 操作系统上安装 NodeJS；下载并安装 macOS Installer（.pkg），以将其安装在 Mac 上；选择 Linux Binaries(x64)，以在 Linux 上安装 NodeJS。

NPM 随 NodeJS 一起安装。要检查计算机上是否安装了 NodeJS 和 NPM，请在终端窗口中执行以下命令：

```
node -v
npm -v
```

不同操作系统的 VoTT 安装程序在 GitHub（https://github.com/Microsoft/VoTT/releases）上维护。下载对应操作系统的安装程序，在编写本书时，最新的 VoTT 版本是 2.1.1，可以从以下网站下载：

- Windows系统，https://github.com/microsoft/VoTT/releases/download/v2.1.0/vott-2.1.0-win32.exe。
- Mac 系统，https://github.com/microsoft/VoTT/releases/download/v2.1.0/vott-2.1.0-darwin.dmg。
- Linux 系统，https://github.com/microsoft/VoTT/releases/download/v2.1.0/vott-2.1.0-linux.snap。

在计算机上通过运行下载的可执行文件安装 VoTT。用源代码运行 VoTT，请在终端上执行以下命令：

```
git clone https://github.com/Microsoft/VoTT.git
cd VoTT
npm ci
npm start
```

使用 npm start 命令运行 VoTT 将启动电子版本和浏览器版本。两个版本的主要区别在于浏览器版本无法访问本地文件系统，而电子版本可以访问。由于我们的图像在本地文件系统中，我们将探讨 VoTT 的电子版本。

当启动 VoTT 用户界面时，你将观察到创建新项目、打开本地项目或打开云项目的主屏幕。

9.2.2 创建连接

我们将创建两个连接：一个用于输入，另一个用于输出。输入连接到存储未标记图像的目录。输出连接到存储注释的地方。

目前，VoTT 支持以下连接：

- Azure Blob 存储。
- 必应图像搜索。
- 本地文件系统。

我们将创建到本地文件系统的连接。要创建新连接，请单击左侧导航栏中的新建连接图标打开连接窗口，单击位于左上面板与标签 CONNECTIONS 对应的加号图标，如图 9-5 所示。

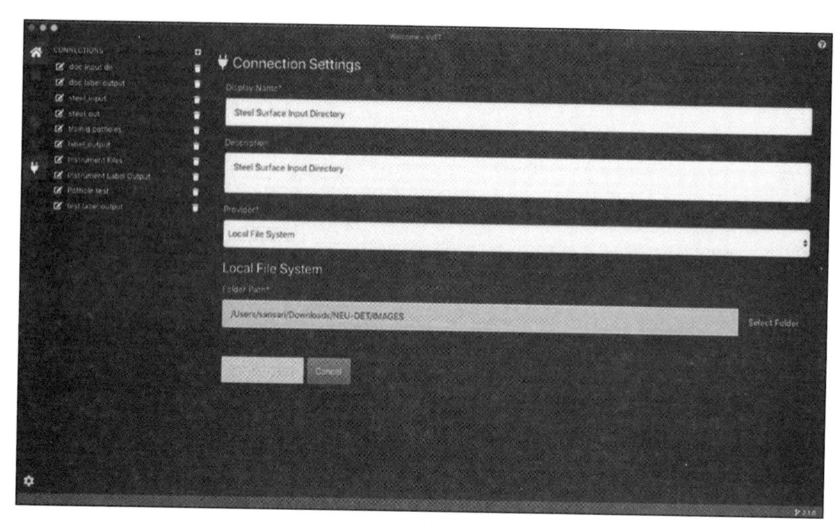

图 9-5 创建新连接

在“提供程序”(Provider) 字段选择“本地文件系统”(Local File System)，单击“选择文件夹”(Select Folder) 打开本地文件系统目录结构，选择包含需要标记的输入图像的目录，单击“保存连接”(Save Connection) 按钮。

类似地，创建另一个用于存储输出的连接。

9.2.3 创建新项目

图像注释和标记的任务在项目下进行管理。要创建项目，请单击“主页”(home) 图标，然后单击“新建项目”(New Project)，打开“项目设置”(Project Settings) 页，如图 9-6 所示。

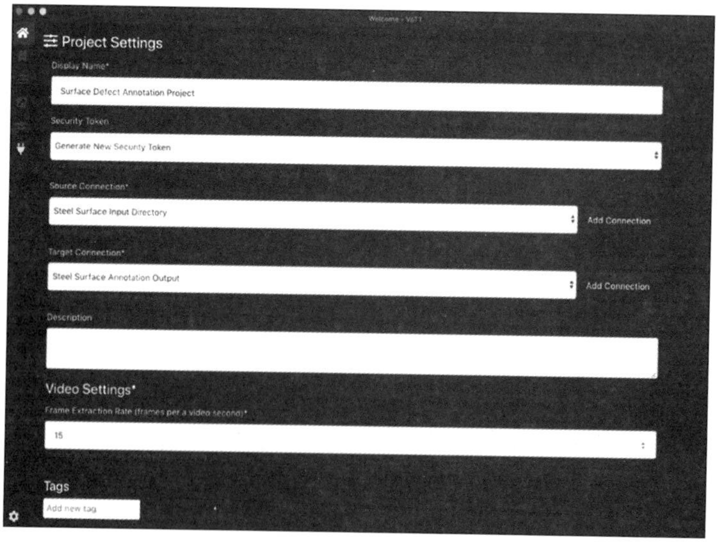

图 9-6 创建新项目的“项目设置”页

“项目设置”页上的两个重要字段是“源连接”（Source Connection）和“目标连接”（Target Connection）。选择我们在上一步中为输入和输出目录创建的适当连接，单击“保存项目”（Save Project）按钮。

9.2.4 创建类标签

保存项目设置后，屏幕将切换到主标签页。要创建类标签，请单击位于右侧面板右上角“TAGS”（标志）对应的（+）（见图 9-7）。创建所有类标签，如“开裂”（crazing）、“斑块”（patch）和“内含物”（inclusion）等。

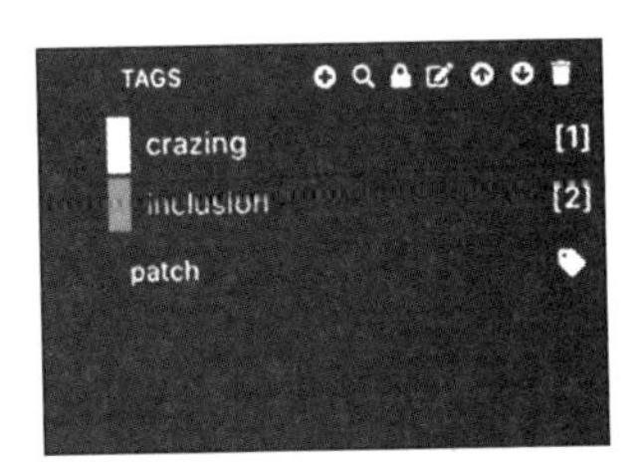

图 9-7 创建类标签

9.2.5 标记图像

从左侧面板中选择一个图像缩略图，图像将在主窗口中打开。在图像的缺陷区域周围绘制矩形或多边形，然后选择适当的标签对图像进行注释，如图 9-8 所示。

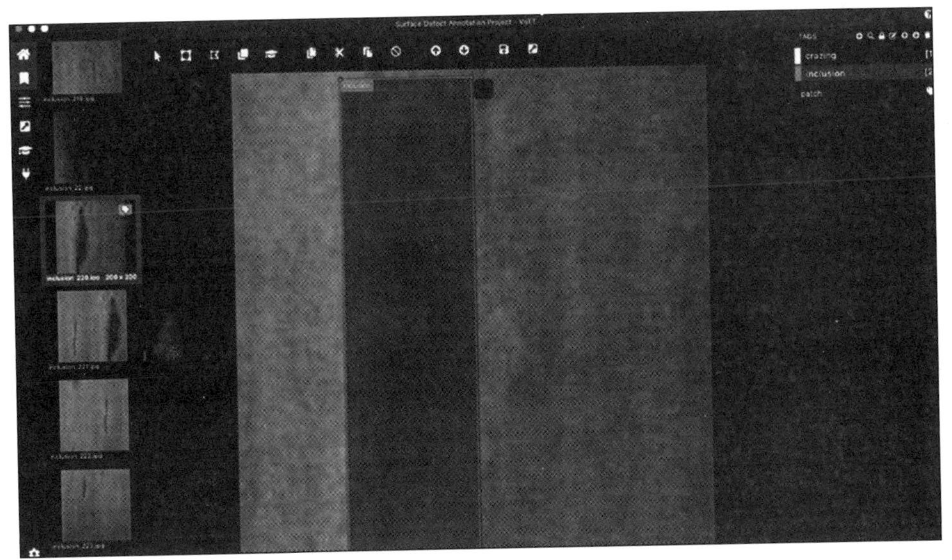

图 9-8 在缺陷区域周围绘制矩形并选择类标签对图像进行注释

类似地，逐个注释所有图像。

9.2.6 导出标签

VoTT 支持以下导出格式：

- ❑ Azure 定制视觉服务。
- ❑ 微软认知工具包（Cognitive Toolkit，CNTK）。
- ❑ TensorFlow（Pascal VOC 和 TFRecord）。

❑ VoTT（通用 JSON 模式）。
❑ 逗号分隔的值（CSV）。

我们将配置设置以 TensorFlow TFRecord 文件格式导出注释。要进行配置，请单击位于左侧导航栏中的导出图标。导出图标类似一个向上倾斜的箭头。打开导出设置页，在“Provider”字段中选择“TensorFlow Records”并单击“保存导出设置”（Save Export Setting）按钮（见图 9-9）。

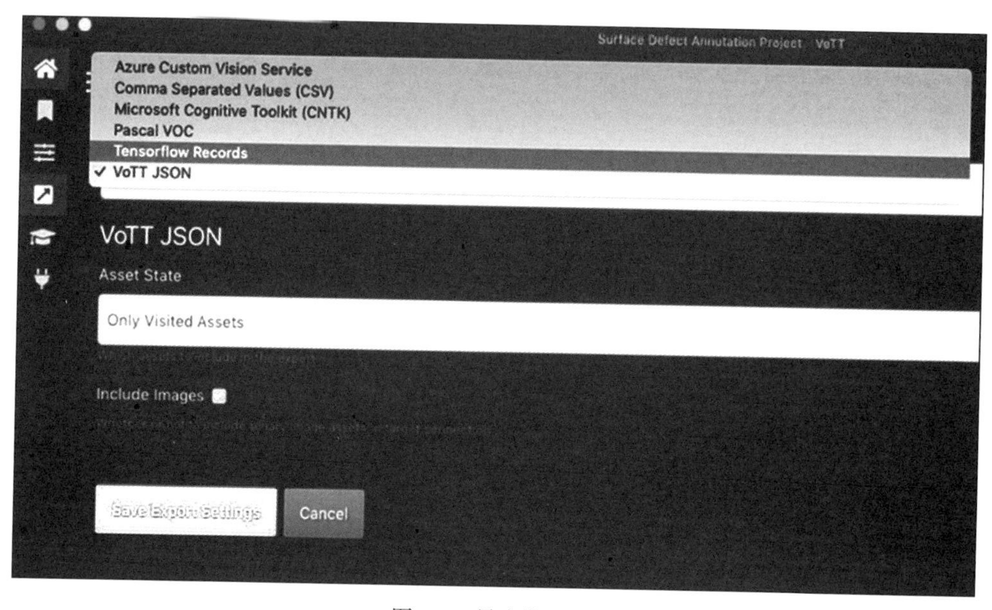

图 9-9 导出设置页

返回到项目页面（单击“标记编辑器”图标），单击位于顶部工具栏中的■图标，将注释导出到 TensorFlow Records 文件。

检查本地文件系统的输出文件夹。你会注意到，在输出目录中创建了一个包含 TFRecords-export 的目录。导出 TFRecord 格式也会生成包含类和索引的 tf_label_map.pbtxt 文件。

有关图像标记的最新信息和说明，请访问由微软维护的 VoTT 项目的官方 GitHub 页面（https://github.com/microsoft/VoTT）。

9.3 总结

本章开发了一个表面缺陷检测系统，在一个已经标记了六类缺陷的热轧钢带图像集上训练 SSD 模型，利用训练过的模型来预测图像和视频中的表面缺陷。本章还研究了名为 VoTT 的图像注释工具，它有助于注释图像和将标签导出为 TFRecord 格式。

第 10 章 Chapter 10

云上计算机视觉建模

训练最先进的卷积神经网络需要大量的计算机资源。根据训练样本的数量、网络配置和可用的硬件资源的不同，训练网络可能需要几个小时或几天。单个 GPU 可能无法训练包含大量图像的复杂网络，模型需要在多个 GPU 上进行训练。一台机器上只能安装有限数量的 GPU，一台具有多个 GPU 的机器可能不足以对大量图像进行训练。如果模型在多台机器上训练，并且每台机器都有多个 GPU，那么速度会更快。

在一定时间内，很难估计训练模型所需的 GPU 和机器的数量。在大多数情况下，建模需要多少台机器以及训练将运行多长时间都是未知的。而且，建模并不经常进行。预测准确度很高的模型不需要再训练几天、几周、几个月，只要它能给出准确的结果即可。因此，在重新训练模型之前，为建模而采购的任何硬件都可能保持闲置。

在云上建模是跨多台机器和 GPU 扩展训练的一个好方法。大多数云提供商都以即用即付模式提供虚拟机、计算资源和存储空间，这意味着你将只对模型学习期间使用的云资源付费。成功训练模型后，就可以将模型导出到应用程序服务器，并将其用于预测。此时，所有不再需要的云资源都可以被删除，这会降低运行成本。

TensorFlow 利用 API 在安装多个 CPU 和 GPU 的一台机器或多台机器上训练机器学习模型。

本章将探讨分布式建模，并在云上大规模训练计算机视觉模型。本章的学习目标如下：

- 探索用于分布式训练的 TensorFlow API。
- 建立涉及多个虚拟机和 GPU 的分布式 TensorFlow 集群，这通常涉及三个常用的云提供商：亚马逊网络服务（Amazon Web Service，AWS）、谷歌云平台（Google Cloud Platform，GCP）和微软云计算（Azure）。
- 在云上的分布式集群上训练计算机视觉模型。

10.1 TensorFlow 分布式训练

本节将介绍 TensorFlow 分布式训练。

10.1.1 什么是分布式训练

用于计算机视觉的神经网络计算了数百万个来自大量图像的参数。如果所有的计算都在一个 CPU 或 GPU 上执行，那么训练是非常耗时的。此外，整个训练数据集需要加载到内存中，这可能会超出一台机器的内存。

在分布式训练中，计算是在多个 CPU 或 GPU 上并行执行的，并结合结果创建最终模型。理想情况下，计算性能应与 GPU 或 CPU 的数量成正比例。换句话说，如果在一个 GPU 上训练一个模型需要 H 小时，那么在 N 个 GPU 上训练模型需要 H/N 小时。

在分布式训练中，有两种常用的并行实现方法：数据并行和模型并行。TensorFlow 提供的 API 通过在多个设备（CPU、GPU 或计算机）上拆分模型来进行分布式训练。

10.1.2 数据并行

大型训练数据集可以分为小批量数据集，小批量数据集可以分布在集群架构中的多台计算机上。SGD 可以在包含少量数据的计算机上独立并行计算权重，将单个计算机的结果合并到中央计算机以获得最终优化的权重。

SGD 还可以在具有多个 CPU 或 GPU 的单台计算机中采用并行处理方法来优化权重。利用 SGD 算法分布式并行运算可获得最优权重，这种方法加快了算法的收敛速度。

图 10-1 展示了数据并行处理的示意图。

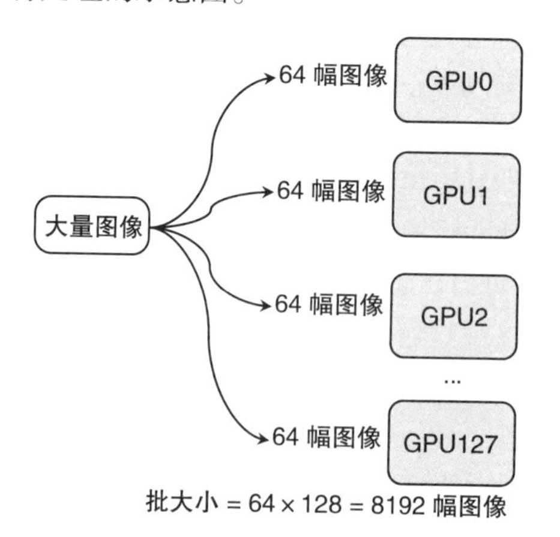

图 10-1　数据并行与批量计算

数据并行可以通过以下两种方式实现：

- **同步**：在这种情况下，所有节点在不同的数据块上进行训练，并在每一步聚合梯度。同步梯度计算采用全归约法，如图 10-2 所示。

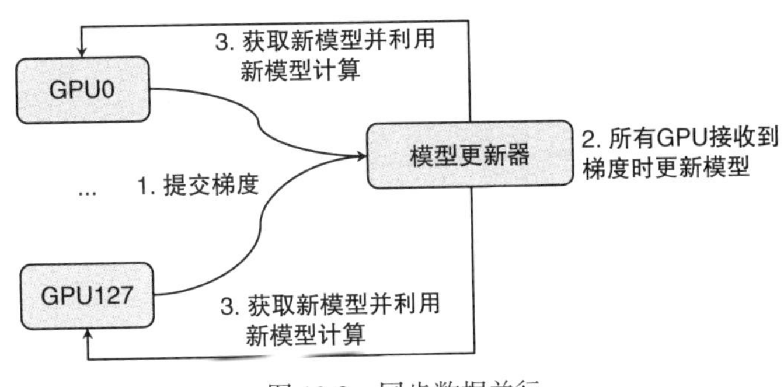

图 10-2 同步数据并行

- **异步**：在这种情况下，所有节点都在输入数据上独立训练，并通过专用的服务器（称为**参数服务器**）异步更新变量，如图 10-3 所示。

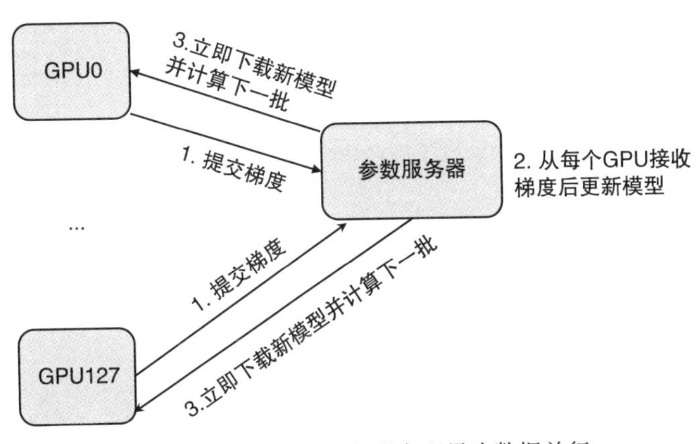

图 10-3 利用参数服务器实现异步数据并行

10.1.3 模型并行

Darknet 等深度神经网络可以计算数十亿个参数。即使在批量很小的情况下，将整个网络加载到单个 CPU 或 GPU 内存中也是一个挑战。模型并行是一种将模型分解为不同部分，让每个部分在物理计算机硬件的不同 CPU、GPU 或节点中对同一组数据执行操作的方法。将同一批数据复制到所有节点，节点获得模型的不同部分，这些模型的不同部分在不同节点上对其输入数据集进行操作。

当模型的各个部分并行运行时，需要同步它们的共享参数。当多个 CPU 或 GPU 通过高速总线连接在同一台机器上时，采用并行运算最合适。

现在，我们将探讨 TensorFlow 如何在多个 GPU 或机器上进行分布式训练。

10.2 TensorFlow 分布策略

TensorFlow 提供了一个高级 API，它可以跨多个 GPU 或节点进行分布式训练，API 通过 tf.distribute.Strategy 类公开。只需要增加几行代码或更改少量代码，我们就可以利用 tf.distribute.Strategy 对之前示例的神经网络模型进行分布式训练。

我们采用 Keras 和 tf.distribute.Strategy 对 Keras API 构建的网络进行分布式处理，还可以使用它来制定分布式循环训练。通常，TensorFlow 中的任何计算都可以利用该 API 进行分布式处理。

TensorFlow 支持以下类型的分布策略。

10.2.1 镜像策略

镜像策略（MirroredStrategy）支持在一台机器的多个 GPU 上进行同步分布式训练。模型的所有变量都在所有 GPU 上镜像，这些变量统称为镜像变量。训练运算在每个 GPU 上并行执行，通过采用相同的更新，变量彼此同步。

通过采用全归约算法，在所有设备上更新镜像变量。全归约算法将所有设备上的张量相加，并使张量在每台设备上都可以运行，图 10-2 展示了一个全归约算法的示例。这些算法是有效的，并且没有太多的同步通信开销。

全归约算法有多种，TensorFlow 在 MirroredStrategy 中使用 NVIDIA NCCL 作为默认的全归约算法。

我们将探讨如何使用 MirroredStrategy 来对深度神经网络进行分布式训练。为了使内容简单易懂，我们修改了代码清单 5-2 中的代码。请参阅代码清单 5-2 的第 11、19 和 24 行，如下所示：

第 11 行：`model = tf.keras.models.Sequential([...])`

第 19 行：`model.compile(...)`

第 24 行：`history = model.fit(...)`

下面是将代码清单 5-2 中的训练并行化的步骤：

1）创建 MirroredStrategy 的实例。

2）将模型的创建和编译移动（代码清单 5-2 的第 11 行和第 19 行）到 MirroredStrategy 对象的 scope( ) 方法中。

3）调整模型（第 24 行，无任何更改）。

代码清单 5-2 的所有其他行保持不变。

代码清单 10-1 展示了这一方法。

代码清单 10-1　基于镜像策略的同步分布式训练

```
strategy = tf.distribute.MirroredStrategy()

with strategy.scope():
  model = tf.keras.Sequential([...])
  model.compile(...)

model.fit(...)
```

因此，只需增加两行代码并稍加调整，就可以将训练分布到一台机器的多个 GPU 上。

如代码清单 10-1 所示，在 MirroredStrategy 的 scope() 方法中，我们创建了以分布式并行方式运行的计算。MirroredStrategy 对象负责在可用的 GPU 上复制模型的训练、聚合梯度等。

每批输入都被平均分配在副本中，例如，如果输入批量大小是 16，我们使用含有两个 GPU 的 MirroredStrategy，每个 GPU 在每个步骤中将获取 8 个输入示例。我们应该适当地调整批量大小以有效利用 GPU 的运算能力。

用 tf.distribute.MirroredStrategy() 方法创建默认对象，该对象使用 TensorFlow 可见的所有可用 GPU。如果只想采用机器的 GPU，只需执行以下操作：

```
strategy = tf.distribute.MirroredStrategy(devices=["/gpu:0", "/gpu:1"])
```

练习 修改代码清单 5-4 所示的代码示例，并基于 MirroredStrategy 在分布式模式下训练数字识别模型。

10.2.2 中心存储策略

中心存储策略（CentralStorageStrategy）将模型变量放到 CPU 上，并在一台机器上跨所有本地 GPU 复制计算。除了将变量放置在 CPU 上而不是放在 GPU 上复制外，CentralStorageStrategy 类似于 MirroredStrategy。

在撰写本书时，CentralStorageStrategy 是实验性的，并且未来可能会有变化。在 CentralStorageStrategy 下进行分布式训练，只需将代码清单 10-1 的第 1 行替换为以下内容：

```
strategy = tf.distribute.experimental.CentralStorageStrategy()
```

10.2.3 多节点镜像策略

多节点镜像策略（MultiWorkerMirroredStrategy）类似于 MirroredStrategy，它实现了跨多台机器进行分布式训练，每台机器都有一个或多个 GPU。它在所有机器的每个设备上复制模型中的所有变量，执行计算的这些机器被称为**节点**。

为了使变量在所有节点之间保持同步，它使用 CollectiveOps 作为全归约通信方法。集体操作是 TensorFlow 中的单个操作，它可以根据硬件、网络拓扑和张量大小在 TensorFlow 运行时自动选择一个全归约算法。

在 MultiWorkerMirroredStrategy 中，要跨多个节点进行分布式训练，只需将代码清单 10-1 的第 1 行替换为以下内容：

```
strategy = tf.distribute.experimental.MultiWorkerMirroredStrategy()
```

创建默认的 MultiWorkerMirroredStrategy，其中 CollectiveCommunication.AUTO 是 CollectiveOps 的默认值。CollectiveOps 有两种实现：

- ❑ CollectiveCommunication.RING 采用 gRPC 作为通信层，实现环型集合。gRPC 是一个开源的 Google 开发的远程过程调用（Remote Procedure Call，RPC）框架，请按

如下方式调用前面的实例以应用 gRPC：

```
strategy = tf.distribute.experimental.MultiWorkerMirroredStrategy(
        tf.distribute.experimental.CollectiveCommunication.RING)
```

- CollectiveCommunication.NCCL 采用 NVIDIA NCCL 实现集合，下面是一个用法示例：

```
strategy = tf.distribute.experimental.MultiWorkerMirroredStrategy(
        tf.distribute.experimental.CollectiveCommunication.NCCL)
```

1. 集群配置

TensorFlow 可以很容易地将训练分布给多个节点。但是它如何知道集群配置呢？在运行采用 MultiWorkerMirroredStrategy 来进行分布式训练的代码之前，必须在将要参与模型训练的所有工作节点上设置 TF_CONFIG 环境变量，TF_CONFIG 将在本节后面介绍。

2. 数据集分片

如何向节点提供数据？

当采用 model.fit(x=train_datasets, epochs=3, steps_per_epoch=5) 时，将训练集直接传递给 fit() 函数。多节点训练中数据集自动分片。

3. 容错

如果任何一个节点故障，整个集群都将故障。TensorFlow 中没有内置的故障恢复机制。但是，Keras 的 tf.distribute.Strategy 通过保存训练检查点提供了一种容错机制。如果某个节点故障，其他所有节点将等待故障节点重新启动。由于检查点已保存，训练将从故障节点停止的地方开始启动。

要使分布式集群具有容错性，必须保存训练检查点（请参阅第 5 章，了解如何采用回调函数保存检查点）。

10.2.4 TPU 策略

张量处理器（Tensor Processing Unit，TPU）是 Google 专门设计的专用集成电路（Application-Specific Integrated Circuit，ASIC），它可以显著地提高机器学习的速度。TPU 可以在云 TPU 和 Google Colab 上使用。

在实现方面，TPUStrategy（TPU 策略）与 MirroredStrategy 相同，只是模型变量被镜像到 TPU。代码清单 10-2 展示了如何实例化 TPUStrategy。

代码清单 10-2 TPUStrategy 的实例化

```
cluster_resolver = tf.distribute.cluster_resolver.TPUClusterResolver(
tpu=tpu_address)
tf.config.experimental_connect_to_cluster(cluster_resolver)
tf.tpu.experimental.initialize_tpu_system(cluster_resolver)
tpu_strategy = tf.distribute.experimental.TPUStrategy(cluster_resolver)
```

第 1 行通过将 TPU 地址传递给参数 tpu=tpu_address 来指定 TPU 地址。

10.2.5 参数服务器策略

在参数服务器策略（ParameterServerStrategy）中，模型变量被放置在一台称为**参数服务器**的专用机器上。在这种策略下，有的机器作为节点，有的机器作为参数服务器。在参数服务器中更新变量的同时，在所有机器的每个 GPU 上进行计算。

ParameterServerStrategy 的实现与 MultiWorkerMirroredStrategy 相同。我们必须在每个参与的机器上都设置 TF_CONFIG 环境变量，下面将解释 TF_CONFIG。

要在 ParameterServerStrategy 下进行分布式训练，只需将代码清单 10-1 的第 1 行替换为以下内容：

```
strategy = tf.distribute.experimental.ParameterServerStrategy()
```

10.2.6 独立装置策略

有时我们想在单个设备（GPU）上测试分布式代码，然后再将其移动到包含多个设备的完整分布式系统中。独立装置策略（OneDeviceStrategy）就是为此而设计的。当采用这个策略时，模型变量被放置在指定的设备。

要使用这个策略，只需用以下代码替换代码清单 10-1 的第 1 行：

```
strategy = tf.distribute.OneDeviceStrategy(device="/gpu:0")
```

此策略仅用于测试代码。在完整分布式系统中训练模型之前，需切换到其他策略。

需要注意的是，除了 MirroredStrategy 之外，前面所有的分布式训练策略目前都是实验性的。

10.3 TF_CONFIG：TensorFlow 集群配置

分布式训练的 TensorFlow 集群由一台或多台机器组成，每台机器称为**节点**。模型训练的计算会在每个节点中进行。有一个特殊的节点，称为**主控制或主节点**，除了作为普通节点，它还有额外任务。主节点的额外任务包括保存检查点和编写 TensorBoard 的摘要文件。

TensorFlow 集群还可以包括用于参数服务器的专用机器，在 ParameterServerStrategy 下，参数服务器是必需的。TensorFlow 集群配置由 TF_CONFIG 环境变量指定，我们必须在集群的所有计算机上设置此环境变量。

TF_CONFIG 是一个 JSON 文件，包含 cluster 和 task 两部分。cluster 提供有关参与模型训练的节点和参数服务器的信息，这是节点的主机名和通信端口的字典列表（例如 localhost:1234）。task 指定当前任务的节点。通常指定第一个节点（节点列表中的索引为 0）作为主控制或主节点。

表 10-1 描述了 TF_CONFIG 的键值对。

表 10-1　TF_CONFIG 格式说明

关键字	说　明	例　子

cluster	含有关键字 worker、chief 和 ps 的字典；每个关键字都是训练中涉及的机器的 hostname: port 列表	cluster: {
		worker:["host1:12345", "host2:2345"]
		}

task	指定特定机器将执行的任务。有以下关键字： type：指定节点类型，并取一个 worker、chief 或 ps 字符串； index：从零开始的任务索引，大部分分布式训练作业都有一个主任务、一个或多个参数服务器和一个或多个节点； trial：在执行超参数调优时调用，此值设置了要训练的实验次数，有助于确定当前正在运行的实验，取一个从 1 开始包含实验编号的字符串值	task: { type: chief, index:0} 这表明 host1:1234 是主节点
job	启动作业时调用的作业参数。该关键字可自选，大多数情况下可以忽略。	

TF_CONFIG 示例

假设用一个由三台计算机组成的集群来进行分布式训练。这些计算机的主机名是 host1. local、host2.local 和 host3. local。假设它们都通过端口 8900 进行通信。

另外，每台计算机假定为以下角色：

```
worker: host1.local (chief worker)
worker: host2.local (normal worker)
ps: host3.local (parameter server)
```

需要在三台计算机上都设置 TF_CONFIG 环境变量，如表 10-2 所示。

表 10-2　三节点集群（有两个工作者节点和一个参数服务器）中的 TF_CONFIG 环境变量示例

主节点	工作者节点	参数服务器

'cluster': {
'worker': ["host1.
local:8900", "host2.
local:8900"], "ps":
["host3.local:8900"]
},
'task': {'type':
worker, 'index': 0}
}
	'cluster': {
	'worker': ["host1.
	local:8900", "host2.
	local:8900"], "ps":
	["host3.local:8900"]
	},
	'task': {'type':
	worker, 'index': 1}
	}
		'cluster': {
		'worker': ["host1.
		local:8900", "host2.
		local:8900"], "ps":
		["host3.local:8900"]
		},
		'task': {'type': ps,
		'index': 0}
		}

10.4　使用参数服务器的分布式训练示例代码

代码清单 10-3 是代码清单 5-2 的一个修改版本，它展示了将训练分发给多个节点的 ParameterServerStrategy 的简单实现。我们将探索如何在云上执行此代码。

代码清单 10-3　在多个节点之间使用参数服务器策略进行分布式训练

```
File name: distributed_training_ps.py
import argparse
import tensorflow as tf
from tensorflow_core.python.lib.io import file_io

#Disable eager execution
tf.compat.v1.disable_eager_execution()

#Instantiate the distribution strategy -- ParameterServerStrategy.
#This needs to be in the beginning of the code.
strategy = tf.distribute.experimental.ParameterServerStrategy()

#Parse the command line arguments
parser = argparse.ArgumentParser()
parser.add_argument(
        "--input_path",
        type=str,
        default="",
        help="Directory path to the input file. Could you be cloud storage"
)
parser.add_argument(
        "--output_path",
        type=str,
        default="",
        help="Directory path to the input file. Could you be cloud storage"
)
FLAGS, unparsed = parser.parse_known_args()

# Load MNIST data using built-in datasets' download function
mnist = tf.keras.datasets.mnist
(x_train, y_train), (x_test, y_test) = mnist.load_data()

#Normalize the pixel values by dividing each pixel by 255
x_train, x_test = x_train / 255.0, x_test / 255.0

BUFFER_SIZE = len(x_train)
BATCH_SIZE_PER_REPLICA = 16
GLOBAL_BATCH_SIZE = BATCH_SIZE_PER_REPLICA * 2
EPOCHS = 10
STEPS_PER_EPOCH = int(BUFFER_SIZE/EPOCHS)

train_dataset = tf.data.Dataset.from_tensor_slices((x_train,
    y_train)).shuffle(BUFFER_SIZE).batch(GLOBAL_BATCH_SIZE)
test_dataset = tf.data.Dataset.from_tensor_slices((x_test, y_test)).
  batch(GLOBAL_BATCH_SIZE)

```

```
43:
44: with strategy.scope():
45:     # Build the ANN with 4-layers
46:     model = tf.keras.models.Sequential([
47:     tf.keras.layers.Flatten(input_shape=(28, 28)),
48:     tf.keras.layers.Dense(128, activation='relu'),
49:     tf.keras.layers.Dense(60, activation='relu'),
50:     tf.keras.layers.Dense(10, activation='softmax')])
51:
52:     # Compile the model and set optimizer,loss function and metrics
53:     model.compile(optimizer='adam',
54:                   loss='sparse_categorical_crossentropy',
55:                   metrics=['accuracy'])
56:
57: #Save checkpoints to the output location--most probably on a cloud
    storage, such as GCS
58: callback = tf.keras.callbacks.ModelCheckpoint(filepath=FLAGS.output_path)
59: # Finally, train or fit the model
60: history = model.fit(train_dataset, epochs=EPOCHS, steps_per_
    epoch=STEPS_PER_EPOCH, callbacks=[callback])
61:
62: # Save the model to the cloud storage
63: model.save("model.h5")
64: with file_io.FileIO('model.h5', mode='r') as input_f:
65:     with file_io.FileIO(FLAGS.output_path+ '/model.h5', mode='w+') as
        output_f:
66:         output_f.write(input_f.read())
```

代码清单 10-3 中的代码可以分为四个逻辑部分：

- 读取和解析命令行参数（第 11 行至第 25 行）。代码接收两个参数：训练数据输入路径和输出路径（用于保存检查点和最终模型）。
- 加载输入图像并创建训练集和测试集（第 27 行至第 41 行）。需要注意的是，当数据集在多个节点上分布不平衡时，将 steps_per_ epoch 参数传递给 model.fit()，ParameterServerStrategy 不支持上一次的部分批处理。注意第 38 行中 steps_per_epoch 的计算。
- 在 ParameterServerStrategy 范围内创建和编译 Keras 模型（第 9 行和第 44 行至第 55 行）。以下是需要考虑的几个要点：
  - 在程序开始时创建ParameterServerStrategy或MultiWorkerMirroredStrategy的实例，并在实例化策略后放入可能创建操作的代码。
  - 需要分发的代码部分必须包含在策略范围内。
  - 第 44 行定义了 scope() 块，其中包含模型定义和编译代码。
  - 第 45 行至第 50 行在策略范围内创建模型。
  - 第 53 行至第 55 行在策略范围内编译模型。

- 训练模型并保存检查点和最终模型（第 57 行至第 66 行）。
  - 第 58 行创建模型检查点对象，该对象被传递给模型的 fit() 函数，以便在模型训练时保存检查点。
  - 第 60 行通过调用 fit() 函数触发模型训练。如前所述，传递给 fit() 函数的 train_dataset 由分布策略（本例中为 ParameterServerStrategy）自动分发。
  - 第 63 行将完整的模型保存在本地目录中。第 64 行至第 66 行将本地模型复制到云存储空间，例如谷歌云存储（GCS）或亚马逊 S3。
  - 请注意，第 57 行至第 66 行超出策略范围。

现在，我们有了模型训练代码，它可以分布在多个节点中，并使用参数服务器进行并行模式训练。接下来，利用图 10-4 所示架构在云上训练。

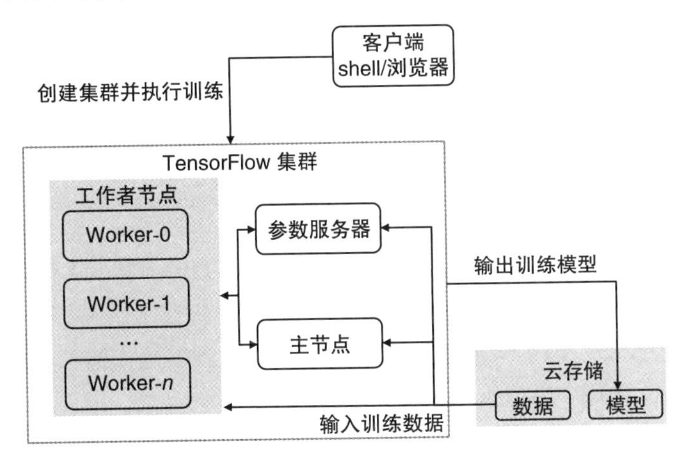

图 10-4　TensorFlow 集群架构，云虚拟机中包含主节点、工作者节点和参数服务器，数据和模型位于可扩展存储系统中

10.5　在云上执行分布式训练的步骤

我们将基于图 10-4 所示的架构在云上调用 TensorFlow 集群，并按照以下步骤来执行训练：

1）**创建 TensorFlow 集群**：参数服务器、主节点和工作者节点。三个云提供商（AWS、GCP、Azure）都提供了浏览器版 shell 和图形用户界面（User Interface，UI），用来创建和管理虚拟机。根据数据大小和神经网络的复杂度，我们可以创建基于 GPU 的虚拟机或基于 CPU 的虚拟机。

2）**在所有虚拟机上安装 TensorFlow 和所有必备库**：有关安装必备组件的说明，请参阅第 1 章。为了运行代码清单 10-3 中的代码，我们只安装 TensorFlow。

3）**创建云存储目录**（也称为“存储桶”）：根据云提供商的不同，我们将创建 AWS S3

存储桶、GCS（Google Cloud Storage，谷歌云存储）存储桶和 Azure 容器之一。

4）**上传 Python 代码并在每台机器上执行训练**：使用云 shell 或其他 SSH 客户端登录到每个节点并执行以下操作。具体如下：

- 将包含依赖项的 Python 包和模型训练代码（见代码清单 10-3）上传到每个节点。通过 scp 或任何其他文件传输协议上传代码。由于代码提交到了 GitHub，因此我们可以复制GitHub存储库并跨所有节点下载代码。在每台计算机上，复制GitHub存储库，如代码清单 10-4 所示。

代码清单 10-4　复制 GitHub 存储库

```
git clone https://github.com/ansarisam/dist-tf-modeling.git
```

- 我们需要在每台计算机上设置特定于计算机的 TF_CONFIG 环境变量，并执行 Python 代码以执行分布式训练，如代码清单 10-5 所示。

代码清单 10-5　执行分布式训练

```
export TF_CONFIG=$CONFIG;python distributed_training_ps.py --input_path
gs://cv_training_data --output_path gs://cv_distributed_model/output
```

在每个节点手动执行代码清单 10-5 中的命令是不高效的，特别是当有大量工作者节点时。我们可以编写脚本，在大型集群上自动启动分布式训练。代码清单 10-4 中的 GitHub 存储库有一个可用于自动化的 Python 脚本。为了探索该脚本是如何工作的，我们可以按照手册中的步骤，逐一在每个虚拟机上进行训练。

10.6　基于谷歌云的分布式训练

谷歌云平台（Google Cloud Platform，GCP）是一套在谷歌内部运行的云计算服务，其基础设施与谷歌最终用户产品（如 Google Search 和 YouTube）的基础设施是同一套。

我们将使用两个 GCP 服务来运行分布式训练。这两个服务是谷歌云存储（GCS）和用于虚拟机（Virtual Machine，VM）的 Compute Engine（计算引擎），前者用于保存检查点和训练的模型。

10.6.1　注册 GCP 账户

如果你已经拥有 GCP 账户，请跳过此部分。如果没有，请登录 https://cloud.google.com 创建 GCP 账户。我们将在本节中利用此免费账户进行练习，若用于业务和产品部署必须启用计费功能。

创建账户后，登录到谷歌云控制台（https://console.cloud.google.com）。成功登录后将进入 GCP 仪表板，如图 10-5 所示。

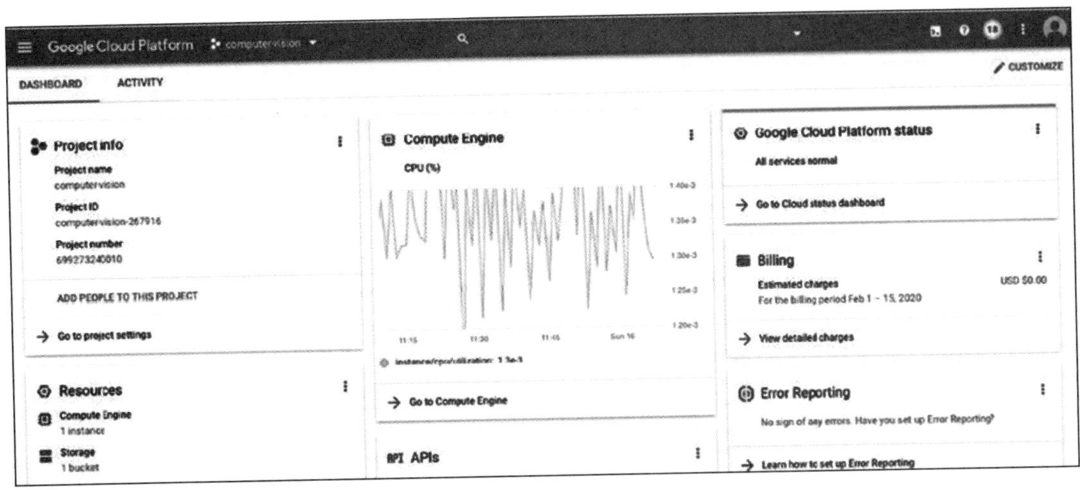

图 10-5　谷歌云平台仪表板

10.6.2　创建谷歌云存储空间

GCS 是谷歌云上一个高度持久的存储对象，它经扩展可以存储数艾字节的数据。谷歌云存储空间（GCS 存储桶）类似于文件系统中的目录。我们可以通过以下两种方式创建 GCS 存储桶。

1. 通过 Web UI 创建 GCS 存储桶

若使用 Web UI 创建 GCS 存储桶，请执行以下步骤：

1）登录谷歌云控制台（https://cloud.google.com）。在左侧导航菜单中，单击“存储”(Storage)，然后单击“浏览器”(Browser) 启动存储浏览器页面（见图 10-6）。

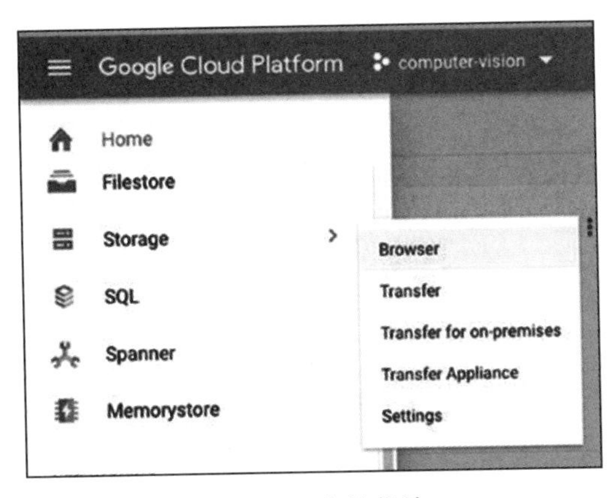

图 10-6　存储菜单

2）单击页面顶部的“创建存储桶”(Create Bucket) 按钮。

3）在下一页面中，填写存储桶名称（例如，cv_model）并单击“继续”(Continue)。选择“区域”(Region) 作为位置类型，然后选择适当位置，如“us-east4 (Northern Virginia)”，然后单击“继续”(见图 10-7)。

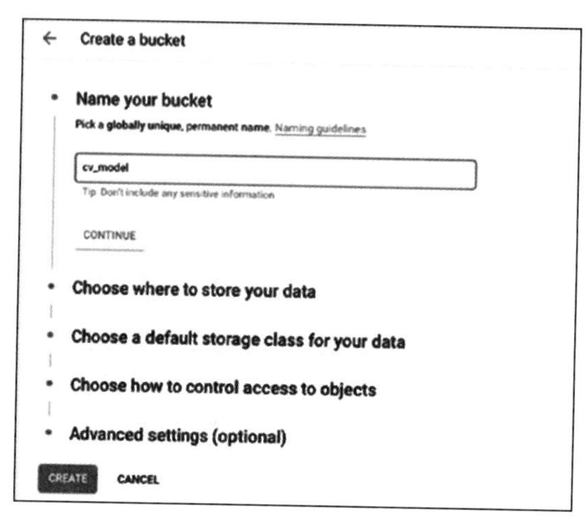

图 10-7 创建存储桶的窗口

4）选择“标准”(Standard) 作为默认存储类，然后单击“继续”。

5）选择“统一”(Uniform) 作为访问控制形式，然后单击“继续”。

6）单击“创建”(Create) 按钮创建存储桶。

7）在下一页面中，单击“概览”(Overview) 选项卡，查看存储桶的详细信息（见图 10-8）。

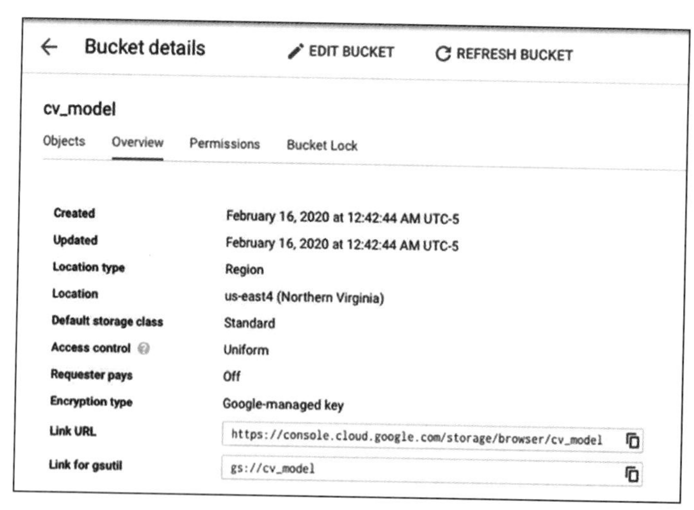

图 10-8 存储桶详情页

2. 用 Cloud Shell 创建 GCS 存储桶

如果已经使用 Web UI 创建了存储桶，则不需要执行以下步骤。利用 Cloud Shell（命令行）很容易创建存储桶。

1）单击位于右上角的图标激活云命令行（Cloud Shell）。Cloud Shell 将在屏幕底部打开（在同一浏览器窗口中）。

2）在 Cloud Shell 中执行代码清单 10-6 中的命令来创建存储桶。

代码清单 10-6　创建 GCS 存储桶的 gsutil 命令

```
gsutil mb -c regional -l us-east4 gs://cv_model
```

给代码清单 10-6 中的命令提供适当的区域和存储桶名称。如果已经使用 Web UI 创建了存储桶，确保使用不同的存储桶名称。

gsutil 是一个允许从命令行访问云存储的 Python 应用程序。

图 10-9 展示了在 Cloud Shell 中执行 gsutil 命令的过程。

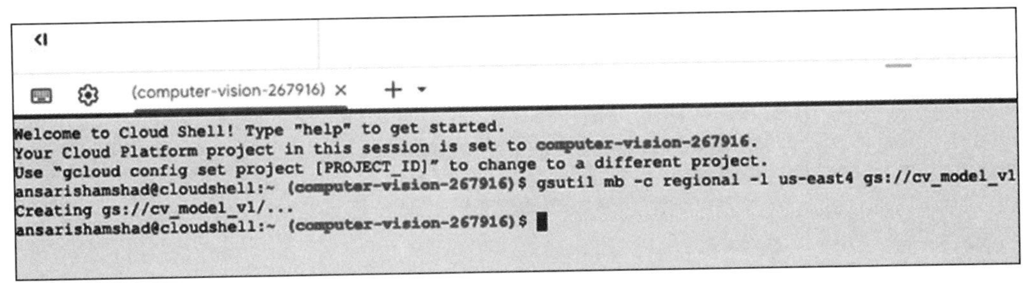

图 10-9　使用 Cloud Shell 创建存储桶的 gsutil 命令

10.6.3　启动 GCP 虚拟机

我们将为练习启动以下类型的虚拟机（VM）：

- ❑ 一个基于 GPU 的虚拟机：参数服务器。
- ❑ 一个基于 GPU 的虚拟机：主节点。
- ❑ 两个基于 GPU 的虚拟机：工作者节点。

虚拟机将在 GCS 存储桶所在的同一区域（上一示例中为 us-east4）启动。

要启动虚拟机，请执行以下步骤：

1）在主导航菜单中，单击“计算引擎”（Compute Engine），然后单击“VM 实例”（VM Instances）以启动页面，该页面将显示以前启动过的虚拟机列表。

2）单击“创建”（Create）启动 Web 表单，我们需要填写该表单来创建实例。图 10-10 和图 10-11 显示了该实例的创建表单。

3）我们将创建四个基于 GPU 的虚拟机以创建集群。在实例创建表单中，单击“启动磁盘”（Boot disk）的“更改”（Change）按钮（见图 10-12）。在下一个页面（见图 10-13）上，操作系统选择“ Deep Learning on Linux”，版本选择“ Deep Learning Image: TensorFlow 1.15.0 m45”。

4）图 10-14 展示了显示创建的四个虚拟机列表的屏幕。

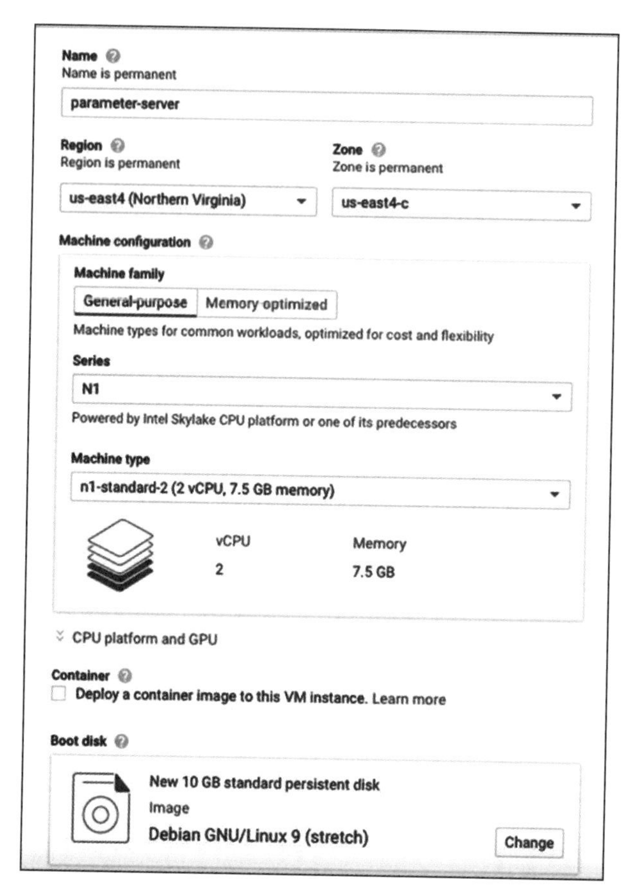

图 10-10 提供创建虚拟机信息的表单（顶部）

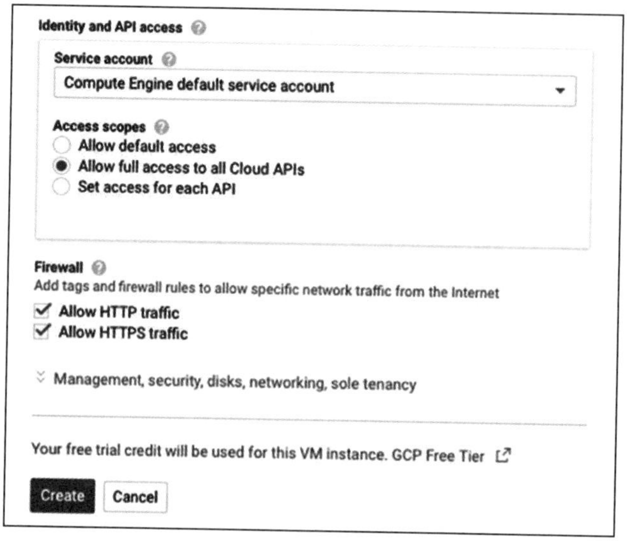

Identity and API access
Service account
Compute Engine default service account
Access scopes
Allow default access
Allow full access to all Cloud APIs
Set access for each API
Firewall
Add tags and firewall rules to allow specific network traffic from the Internet
Allow HTTP traffic
Allow HTTPS traffic
Management, security, disks, networking, sole tenancy
Your free trial credit will be used for this VM instance. GCP Free Tier
Create
Cancel

图 10-11 实例创建表单的底部

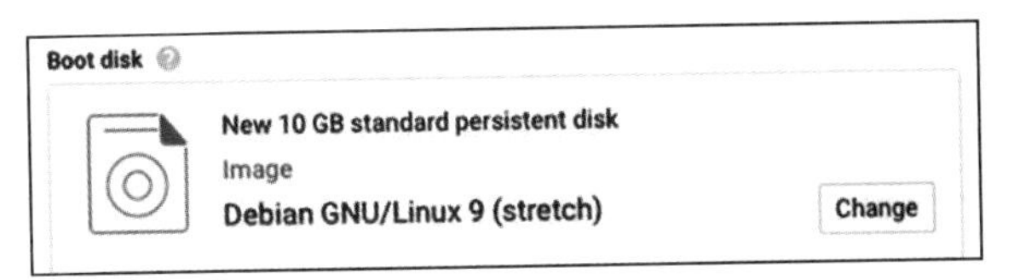

图 10-12　单击“更改”按钮启动“启动磁盘”选择页面

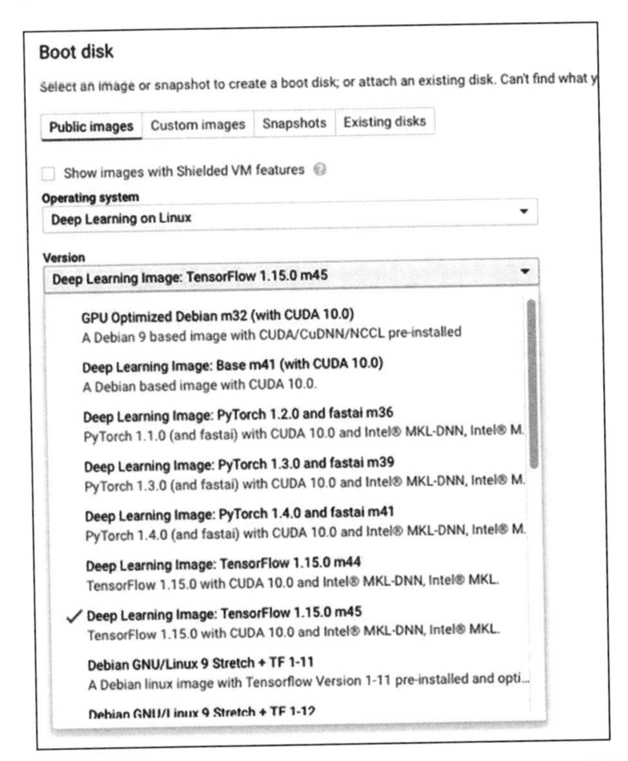

图 10-13　预安装 TensorFlow 1.15 的基于 CUDA 10 的 Linux 操作系统

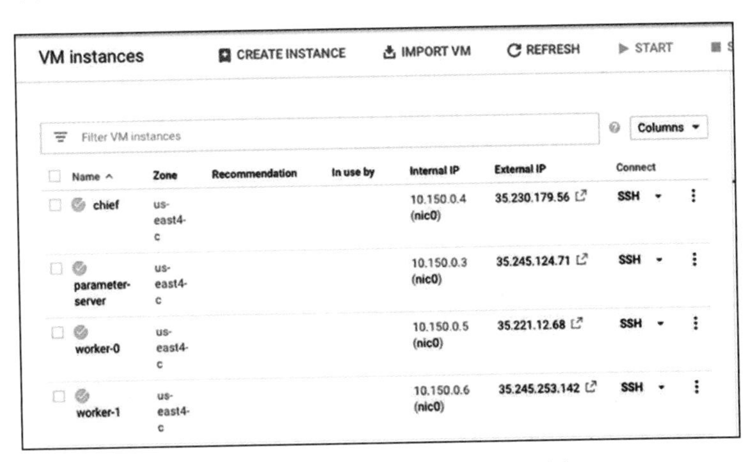

图 10-14　已创建的所有虚拟机的列表

10.6.4 用 SSH 登录到每个虚拟机

我们将使用 Cloud Shell 和 gsutil 登录到前面创建的四个虚拟机。激活 Cloud Shell 并单击“+”(见图 10-15)。

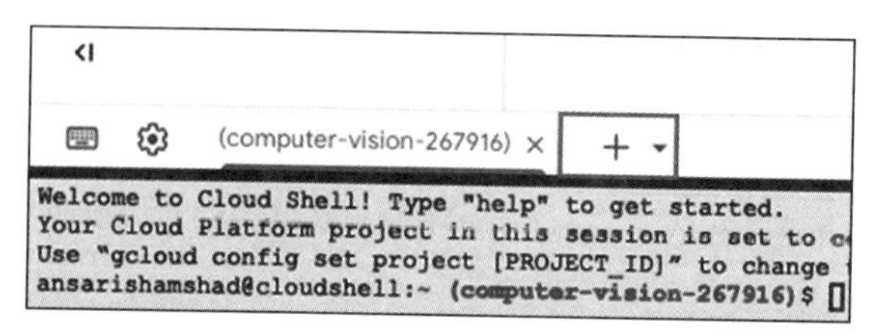

图 10-15 通过单击“+”图标创建多个 Cloud Shell 选项卡

要通过 SSH 登录，请执行代码清单 10-7 所示的命令。

代码清单 10-7 通过 Cloud Shell 利用 SSH 登录四个虚拟机

```
SSH to parameter server    gcloud compute ssh parameter-server
SSH to chief               gcloud compute ssh chief
SSH to worker-0            gcloud compute ssh worker-0
SSH to worker-1            gcloud compute ssh worker-1
```

10.6.5 上传用于分布式训练的代码或复制 GitHub 存储库

利用 SSH 登录时，执行以下命令以复制 GitHub 存储库（见代码清单 10-8），这个存储库包含分布式模型训练代码。复制 GitHub 存储库的操作需要在所有机器上完成。

代码清单 10-8 复制 GitHub 存储库的命令

```
git clone https://github.com/ansarisam/dist-tf-modeling.git
```

如果 git 命令不起作用，请使用 sudo apt-get install git 命令安装 git。

10.6.6 安装必备条件和 TensorFlow

映像“Deep Learning on Linux”具有所有必备条件并预装了 TensorFlow。但是，如果想配置环境，请执行代码清单 10-9 中的所有命令（详细说明请参阅第 1 章）。

代码清单 10-9 安装必备条件，包括 TensorFlow

```
sudo apt-get update
sudo apt-get -y upgrade && sudo apt-get install -y python-pip python-dev
sudo apt-get install python3-dev python3-pip
sudo pip3 install -U virtualenv
mkdir cv
virtualenv --system-site-packages -p python3 ./cv
source ./cv/bin/activate
pip install tensorflow==1.15
```

10.6.7 执行分布式训练

确保在所有机器上复制了 GitHub 存储库（见代码清单 10-8）。另外，确保通过 SSH（使用 Cloud Shell）登录到每个虚拟机。在每个虚拟机上执行以下命令以启动分布式训练。

以下是参数服务器的命令：

```
cd dist_tf_modeling
export TF_CONFIG='{"task": {"index": 0, "type": "ps"},
"cluster": {"chief":["chief:8900"],"worker": ["worker 0:8900",
"worker-1:8900"],  "ps":["parameter-server:8900"]}}';python distributed_
training_ps.py --output_path gs://cv_model_v1
```

以下是主节点的命令：

```
cd dist_tf_modeling
export TF_CONFIG='{"task": {"index": 0, "type": "chief"},
"cluster": {"chief":["chief:8900"],"worker": ["worker-0:8900",
"worker-1:8900"],  "ps":["parameter-server:8900"]}}';python distributed_
training_ps.py --output_path gs://cv_model_v1
```

以下是工作者节点 0 的命令：

```
cd dist_tf_modeling
export TF_CONFIG='{"task": {"index": 0, "type": "worker"},
"cluster": {"chief":["chief:8900"],"worker": ["worker-0:8900",
"worker-1:8900"],  "ps":["parameter-server:8900"]}}';python distributed_
training_ps.py --output_path gs://cv_model_v1
```

以下是工作者节点 1 的命令：

```
cd dist_tf_modeling
export TF_CONFIG='{"task": {"index": 1, "type": "worker"},
"cluster": {"chief":["chief:8900"],"worker": ["worker-0:8900",
"worker-1:8900"],  "ps":["parameter-server:8900"]}}';python distributed_
training_ps.py --output_path gs://cv_model_v1
```

请注意，所有参与节点必须能够通过 TF_CONFIG 中配置的端口与参数服务器通信。此外，节点对 GCS 存储桶必须有必要的读写权限。

模型检查点保存在 GCS 中，路径为 gs://cv_model_v1。训练后的模型在 gs://cv_model_v1 中保存为 model.h5。

带有 GPU 的 GCP 实例成本较高。如果不再使用它们，应该终止它们以避免产生费用。

10.7 基于 Azure 的分布式训练

微软 Azure 是一种云计算服务，通过微软管理的数据中心构建、测试、部署和管理应用程序和服务。

代码清单 10-3 中 ParameterServerStrategy 下的分布式训练也将在 Azure 上进行，方式与在 GCP 上的工作方式几乎相同。GCP 和 Azure 的区别在于创建虚拟机节点的方式。本节将探索一种不同的分布式训练策略，而不是重复在 Azure 集群上进行基于参数服务器的分布式训练的过程。

我们将使用 MirroredStrategy 策略在具有多个 GPU 的单个节点上进行分布式训练。本节将介绍：

- 如何使用 Web 界面在 Azure 上创建多 GPU 的虚拟机。
- 如何设置 TensorFlow 在 GPU 上运行。
- 要使代码清单 10-3 中的代码在多个 GPU 上工作，需要做哪些更改。
- 如何执行训练并对其进行监控。

请注意，GPU 对 TensorFlow 的支持可用于支持启用 CUDA 卡的 Ubuntu 和 Windows。在本练习中，我们将用两个 GPU 创建一个基于 Ubuntu 18.4 的虚拟机。

10.7.1 在 Azure 上创建具有多个 GPU 的虚拟机

我们需要先在 https://azure.microsoft.com/ 创建免费账户，然后转到 https://portal.azure.com/ 并登录账户。免费账户允许创建仅有一个 GPU 的虚拟机，要创建具有多个 GPU 的虚拟机，必须激活“计费”功能。要激活它，请按照以下说明操作：

1）单击主导航（展开位于左上角的汉堡图标）。

2）选择“Cost Management + Billing”，然后单击“Azure 订阅”（Azuer subscription）。

3）单击“添加”（Add）。

4）按照屏幕上的说明操作。

要创建虚拟机，请执行以下操作：

1）在主页上，单击虚拟机图标。

2）单击位于页面底部的“创建虚拟机”（Create virtual machine）按钮或单击左上角的“+”图标。

3）填写表单以配置虚拟机。图 10-16 展示了基本配置的一部分。映像选择“Ubuntu Server 10.04 LTS”。

4）我们将向虚拟机添加 GPU。单击“更改大小”（Change size）链接，如图 10-16 中矩形框内所示。这将展开一个页面，该页面展示了图 10-3 中的 Region 字段选择的区域内所有可用设备的列表。

如图 10-17 所示，首先清空所有过滤器，搜索 NC 以查找 NC 系列的 GPU。我们将选择 NC12_Promo 虚拟机大小，它为我们提供了两个 GPU、12 个 vCPU 和 112GB 的内存。选择 NC12_Promo 对应的行，然后单击位于屏幕底部的“选择”（Select）按钮。

访问 https://docs.microsoft.com/en-us/azure/virtual-machines/linux/sizes-gpu 可了解有关其他虚拟机大小的更多信息。

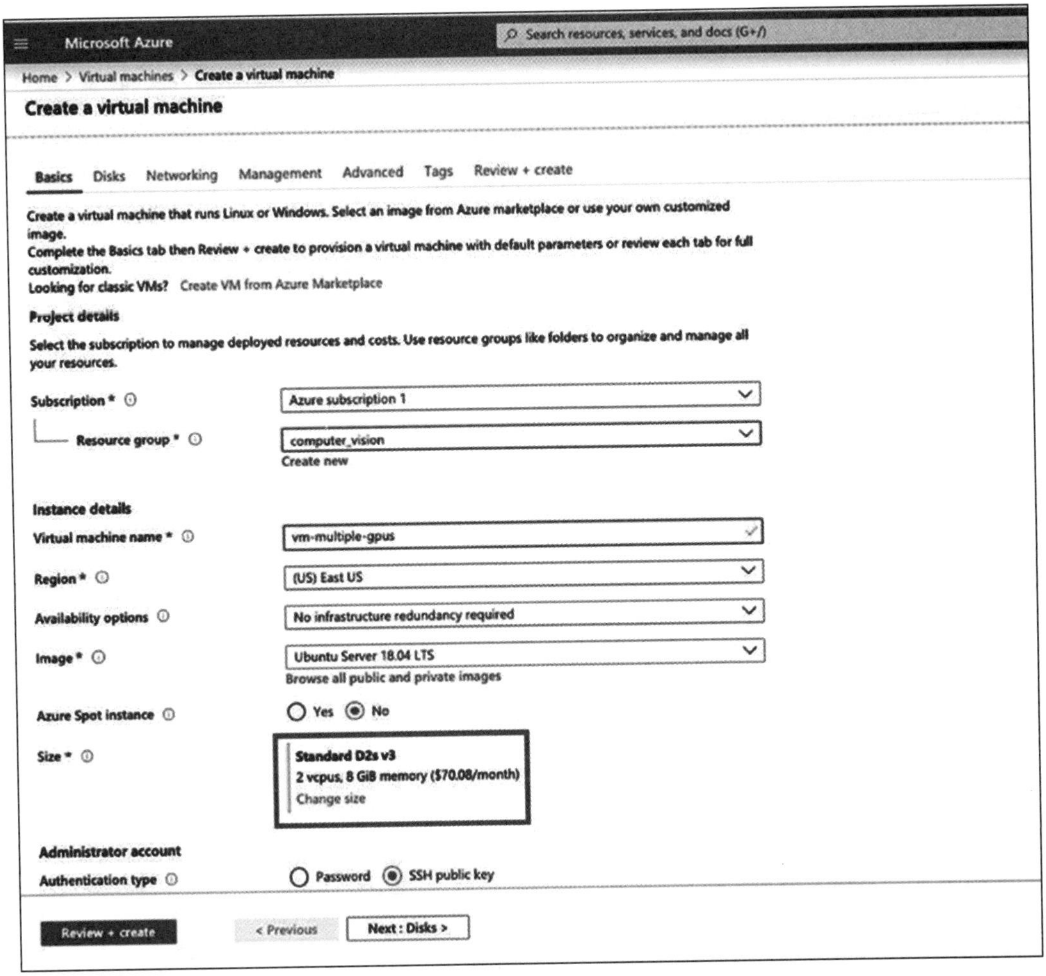

Microsoft Azure　Search resources, services, and docs (G+/)

Home > Virtual machines > Create a virtual machine

Create a virtual machine

Basics　Disks　Networking　Management　Advanced　Tags　Review + create

Create a virtual machine that runs Linux or Windows. Select an image from Azure marketplace or use your own customized image.
Complete the Basics tab then Review + create to provision a virtual machine with default parameters or review each tab for full customization.
Looking for classic VMs?　Create VM from Azure Marketplace

Project details

Select the subscription to manage deployed resources and costs. Use resource groups like folders to organize and manage all your resources.

Subscription *　Azure subscription 1

Resource group *　computer_vision
Create new

Instance details

Virtual machine name *　vm-multiple-gpus

Region *　(US) East US

Availability options　No infrastructure redundancy required

Image *　Ubuntu Server 18.04 LTS
Browse all public and private images

Azure Spot instance　Yes　No

Size *　Standard D2s v3
2 vcpus, 8 GiB memory ($70.08/month)
Change size

Administrator account

Authentication type　Password　SSH public key

Review + create　< Previous　Next : Disks >

图 10-16　创建虚拟机的 Azure 配置页

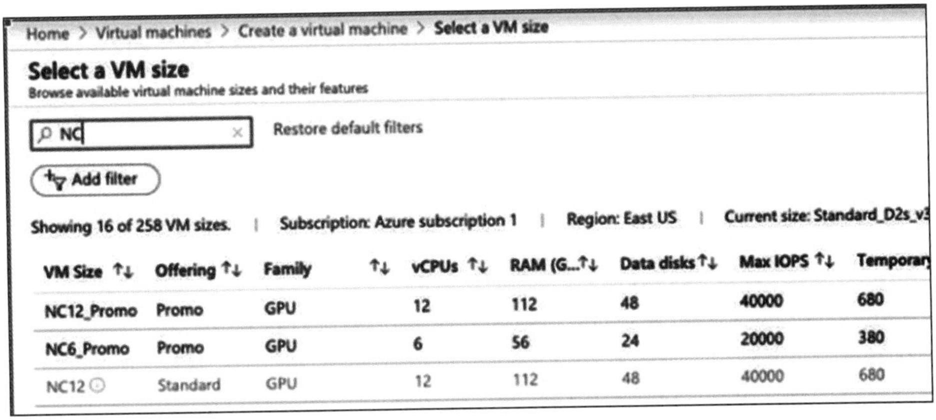

Home > Virtual machines > Create a virtual machine > Select a VM size

Select a VM size

Browse available virtual machine sizes and their features

NC　Restore default filters

Add filter

Showing 16 of 258 VM sizes.　|　Subscription: Azure subscription 1　|　Region: East US　|　Current size: Standard_D2s_v3

VM Size ↑↓	Offering ↑↓	Family ↑↓	vCPUs ↑↓	RAM (G...↑↓	Data disks ↑↓	Max IOPS ↑↓	Temporary
NC12_Promo	Promo	GPU	12	112	48	40000	680
NC6_Promo	Promo	GPU	6	56	24	20000	380
NC12	Standard	GPU	12	112	48	40000	680

图 10-17　设备大小（GPU）选择页面

如果要使用的 GPU 对应的行显示为灰色，则表示你没有升级订阅，或者没有足够的配额来使用该虚拟机。

你可以要求微软增加配额，访问 https:// docs.microsoft.com/en-us/azure/azure-resource-manager/ templates/error-resource-quota 以获取有关增加配额的详细信息。

在基本配置页面（见图 10-3），你可以选择以下任一项（取决于你的安全策略）用于身份验证：

- **SSH 公钥**：粘贴将用于访问此虚拟机的 SSH 公钥。
- **密码**：创建通过 SSH 连接时需要提供的用户名和密码。我们将使用此选项进行练习。

5）将其他内容保留为默认设置，然后单击屏幕左下角的“查看 + 创建”(Review+create) 按钮。在下一页面，检查配置以确保正确选择了所有内容，然后单击“创建”(Create) 按钮。如果一切顺利，将创建具有两个 GPU 的虚拟机。虚拟机可能需要几分钟才能准备就绪。

本例没有创建任何磁盘，因为虚拟机附带了足够大的磁盘来执行训练。这不是永久性磁盘，如果虚拟机终止，该磁盘将被删除。因此，必须添加一个永久性磁盘，以避免丢失数据。

6）虚拟机准备就绪之后，如果我们还没有离开上一页面，将会收到一条警告，提醒我们虚拟机已经准备就绪。我们还可以返回主页并单击虚拟机图标查看创建的虚拟机列表。单击虚拟机名称打开详情页面，如图 10-18 所示。

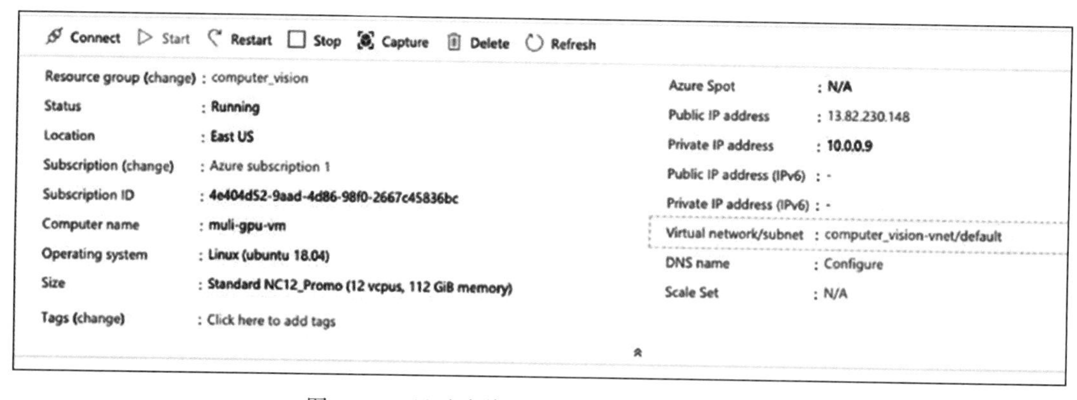

图 10-18　显示公共 IP 地址的虚拟机详情页面

7）复制或记录公共 IP 地址，因为我们需要用它通过 SSH 连接到虚拟机。使用 SSH 客户端（如 Windows 的 Putty 或者 Mac 和 Linux 中的 shell 终端），利用之前选择的身份验证方法登录虚拟机。下面是通过两种身份验证方法发送到 SSH 的命令：

- 基于密码的身份验证：

```
$ ssh username@13.82.230.148
username@13.82.230.148's password:
```

- 基于 SSH 公钥的身份验证：

```
$ ssh -i ~/sshkey.pem 13.82.230.148
```

如果验证成功，将登录到虚拟机。

10.7.2　安装 GPU 驱动程序和库

要在基于 GPU 的机器上运行 TensorFlow，我们需要安装 GPU 驱动程序和一些库。执行以下步骤：

1）在终端上执行代码清单 10-10 中的所有命令（确保自己是通过 SSH 登录的）。

代码清单 10-10　添加 NVIDIA 软件包存储库的命令

```
# Add NVIDIA package repositories
$ wget https://developer.download.nvidia.com/compute/cuda/repos/ubuntu1804/
x86_64/cuda-repo-ubuntu1804_10.1.243-1_amd64.deb
$ sudo dpkg -i cuda-repo-ubuntu1804_10.1.243-1_amd64.deb
sudo apt-key adv --fetch-keys $ https://developer.download.nvidia.com/
compute/cuda/repos/ubuntu1804/x86_64/7fa2af80.pub
$ sudo apt-get update
$ wget http://developer.download.nvidia.com/compute/machine-learning/repos/
ubuntu1804/x86_64/nvidia-machine-learning-repo-ubuntu1804_1.0.0-1_amd64.deb
$ sudo apt install ./nvidia-machine-learning-repo-ubuntu1804_1.0.0-1_
amd64.deb
sudo apt-get update
```

2）如果成功添加 NVIDIA 软件包存储库，使用代码清单 10-11 中的命令安装 NVIDIA 驱动程序。

代码清单 10-11　安装 NVIDIA 驱动程序

```
$ sudo apt-get install --no-install-recommends nvidia-driver-418
```

3）重新启动虚拟机以使之前的安装生效。在 SSH 终端 shell 上，执行 sudo reboot 命令。

4）通过 SSH 再次连接到虚拟机。

5）测试 NVIDIA 驱动程序是否已成功安装，执行以下命令：

```
$ nvidia-smi
```

此命令应展示类似图 10-19 所示的内容。

```
ansarisam@muli-gpu-vm:~$ nvidia-smi
Wed Feb 19 08:03:17 2020
+-----------------------------------------------------------------------------+
| NVIDIA-SMI 430.50       Driver Version: 430.50       CUDA Version: 10.1     |
|-------------------------------+----------------------+----------------------+
| GPU  Name        Persistence-M| Bus-Id        Disp.A | Volatile Uncorr. ECC |
| Fan  Temp  Perf  Pwr:Usage/Cap|         Memory-Usage | GPU-Util  Compute M. |
|===============================+======================+======================|
|   0  Tesla K80           Off  | 0000C894:00:00.0 Off |                    0 |
| N/A   49C    P0    59W / 149W |      0MiB / 11441MiB |      0%      Default |
+-------------------------------+----------------------+----------------------+
|   1  Tesla K80           Off  | 0000ED6E:00:00.0 Off |                    0 |
| N/A   40C    P0    71W / 149W |      0MiB / 11441MiB |     97%      Default |
+-------------------------------+----------------------+----------------------+

+-----------------------------------------------------------------------------+
| Processes:                                                       GPU Memory |
|  GPU       PID   Type   Process name                             Usage      |
|=============================================================================|
|  No running processes found                                                 |
+-----------------------------------------------------------------------------+
```

图 10-19　命令 nvidia-smi 的输出

6）现在，我们将安装开发库和运行时库（见代码清单 10-12），大约 4 GB。

代码清单 10-12 安装开发库和运行时库

```
$ sudo apt-get install --no-install-recommends \
    cuda-10-1 \
    libcudnn7=7.6.4.38-1+cuda10.1  \
    libcudnn7-dev=7.6.4.38-1+cuda10.1
```

7）安装 TensorRT 库（见代码清单 10-13）。

代码清单 10-13 安装 TensorRT

```
$ sudo apt-get install -y --no-install-recommends libnvinfer6=6.0.1-
1+cuda10.1 \
    libnvinfer-dev=6.0.1-1+cuda10.1 \
    libnvinfer-plugin6=6.0.1-1+cuda10.1
```

10.7.3 创建 virtualenv 并安装 TensorFlow

按照第 1 章中提供的说明安装所需的所有库和依赖项。我们将执行代码清单 10-14 中的命令来安装所有当前训练所需的必备项。

代码清单 10-14 安装 Python、创建 virtualenv 和安装 TensorFlow

```
$ sudo apt update
$ sudo apt-get install python3-dev python3-pip
$ sudo pip3 install -U virtualenv
$ mkdir cv
$ virtualenv --system-site-packages -p python3 ./cv
$ source ./cv/bin/activate
(cv) $ pip install  tensorflow
(cv) $ pip install tensorflow-gpu
```

10.7.4 实施镜像策略

请参阅代码清单 10-3 的第 9 行，我们将创建一个 MirroredStrategy 实例，而不是 ParameterServerStrategy 实例，如下所示：

```
strategy = tf.distribute.MirroredStrategy()
```

代码清单 10-3 的所有其他行将保持不变。

我们已经将修改后的代码提交到 GitHub 存储库，该代码实现了分布式训练的 MirroredStrategy。GitHub 存储库位置是 https://github.com/ansarisam/dist-tf-modeling.git ，包含 MirroredStrategy 代码的文件的文件名是 mirrored_strategy.py。

10.7.5 执行分布式训练

通过 SSH 登录到之前创建的虚拟机，然后复制 GitHub 存储库，如代码清单 10-15 所示。

代码清单 10-15　复制 GitHub 存储库

```
$ git clone https://github.com/ansarisam/dist-tf-modeling.git
```

执行代码清单 10-16 所示的 Python 代码来训练分布式模型。

代码清单 10-16　执行基于镜像策略的分布式模型

```
$ python dist-tf-modeling/mirrored_strategy.py
```

如果一切顺利，我们将观察到终端控制台上显示的训练进度。图 10-20 展示了一些输出示例。

```
Train for 313 steps
Epoch 1/100
313/313 [==============================] - 3s 9ms/step - loss: 0.5083 - accuracy: 0.8545
Epoch 2/100
313/313 [==============================] - 0s 1ms/step - loss: 0.2110 - accuracy: 0.9370
Epoch 3/100
313/313 [==============================] - 0s 1ms/step - loss: 0.1392 - accuracy: 0.9579
Epoch 4/100
313/313 [==============================] - 0s 1ms/step - loss: 0.0965 - accuracy: 0.9724
Epoch 5/100
313/313 [==============================] - 0s 1ms/step - loss: 0.0681 - accuracy: 0.9817
Epoch 6/100

Epoch 94/100
313/313 [==============================] - 0s 1ms/step - loss: 5.4511e-09 - accuracy: 1.0000
Epoch 95/100
313/313 [==============================] - 0s 1ms/step - loss: 4.9393e-09 - accuracy: 1.0000
Epoch 96/100
313/313 [==============================] - 0s 1ms/step - loss: 4.4751e-09 - accuracy: 1.0000
Epoch 97/100
313/313 [==============================] - 0s 1ms/step - loss: 4.0348e-09 - accuracy: 1.0000
Epoch 98/100
313/313 [==============================] - 0s 1ms/step - loss: 3.6301e-09 - accuracy: 1.0000
Epoch 99/100
313/313 [==============================] - 0s 1ms/step - loss: 3.3683e-09 - accuracy: 1.0000
Epoch 100/100
313/313 [==============================] - 0s 1ms/step - loss: 3.2373e-09 - accuracy: 1.0000
10000/10000 [==============================] - 1s 135us/sample - loss: 4.8399e-09 - accuracy: 1.0000
Evaluation [4.3511385577232885e-09, 1.0]
Predicted [[2.00329108e-27 4.47499693e-28 3.57979841e-23 ... 1.00000000e+00
  2.54690850e-28 5.45738153e-28]
 [1.17271654e-26 7.68435632e-26 1.00000000e+00 ... 0.00000000e+00
  4.65196148e-22 0.00000000e+00]
 [1.35216691e-22 1.00000000e+00 6.96082825e-18 ... 4.59888577e-15
  3.85402886e-19 3.36883012e-22]
 ...
 [1.42788530e-28 3.89840506e-33 4.69148616e-38 ... 1.98623204e-26
  2.19390131e-25 2.64972213e-19]
 [1.18806643e-26 1.40197781e-28 1.63681088e-27 ... 1.11720601e-25
  6.12110026e-13 8.08174249e-37]
 [1.77768293e-28 1.78035542e-37 2.56305317e-32 ... 0.00000000e+00
  3.01141678e-35 0.00000000e+00]]
```

图 10-20　显示训练进度和评估结果的示例页面

为了检查 GPU 是否被用于分布式训练，从不同终端通过 SSH 连接虚拟机并执行代码清单 10-17 所示的命令。

代码清单 10-17　检查 GPU 状态

```
$ nvidia-smi
```

图 10-21 和 10-22 展示了该命令的输出。

```
Wed Feb 19 00:25:15 2020
+-----------------------------------------------------------------------------+
| NVIDIA-SMI 430.50       Driver Version: 430.50       CUDA Version: 10.1     |
|-------------------------------+----------------------+----------------------+
| GPU  Name        Persistence-M| Bus-Id        Disp.A | Volatile Uncorr. ECC |
| Fan  Temp  Perf  Pwr:Usage/Cap|         Memory-Usage | GPU-Util  Compute M. |
|===============================+======================+======================|
|   0  Tesla K80           Off  | 0000B4A0:00:00.0 Off |                    0 |
| N/A   47C    P0    59W / 149W |      0MiB / 11441MiB |      0%      Default |
+-------------------------------+----------------------+----------------------+
|   1  Tesla K80           Off  | 0000E42F:00:00.0 Off |                    0 |
| N/A   38C    P0    71W / 149W |      0MiB / 11441MiB |      1%      Default |
+-------------------------------+----------------------+----------------------+

+-----------------------------------------------------------------------------+
| Processes:                                                       GPU Memory |
|  GPU       PID   Type   Process name                             Usage      |
|=============================================================================|
|  No running processes found                                                 |
+-----------------------------------------------------------------------------+
```

图 10-21　训练开始前的 GPU 状态

```
ansarisam@cv:~$ nvidia-smi
Wed Feb 19 00:35:30 2020
+-----------------------------------------------------------------------------+
| NVIDIA-SMI 430.50       Driver Version: 430.50       CUDA Version: 10.1     |
|-------------------------------+----------------------+----------------------+
| GPU  Name        Persistence-M| Bus-Id        Disp.A | Volatile Uncorr. ECC |
| Fan  Temp  Perf  Pwr:Usage/Cap|         Memory-Usage | GPU-Util  Compute M. |
|===============================+======================+======================|
|   0  Tesla K80           Off  | 0000B4A0:00:00.0 Off |                    0 |
| N/A   56C    P0    60W / 149W |     67MiB / 11441MiB |      0%      Default |
+-------------------------------+----------------------+----------------------+
|   1  Tesla K80           Off  | 0000E42F:00:00.0 Off |                    0 |
| N/A   44C    P0    71W / 149W |     67MiB / 11441MiB |      0%      Default |
+-------------------------------+----------------------+----------------------+

+-----------------------------------------------------------------------------+
| Processes:                                                       GPU Memory |
|  GPU       PID   Type   Process name                             Usage      |
|=============================================================================|
|    0      7387      C   python                                        56MiB |
|    1      7387      C   python                                        56MiB |
+-----------------------------------------------------------------------------+
```

图 10-22　正在进行训练时的 GPU 状态

如果不再需要虚拟机，则应该终止它以避免产生费用，因为这些基于 GPU 的虚拟机成本较高。在终止虚拟机之前，请确保将训练过的模型和检查点下载并存储到永久存储器中。

10.8 基于 AWS 的分布式训练

亚马逊网络服务（Amazon Web Service，AWS）公司是 Amazon 的子公司，它以即用即付方式向个人、公司和政府提供按需云服务平台和 API。本节将探讨如何在 AWS 上对模型进行分布式训练。

代码清单 10-3 中的分布式训练也适用于 AWS。我们要做的就是创建虚拟机，然后遵循训练 GCP 模型的步骤进行训练。

同样，我们可以在具有多个 GPU 的 AWS 虚拟机上训练基于 MirroredStrategy 的模型。除了创建多个 GPU 的虚拟机的方法外，AWS 和 Azure 上进行训练的所有命令都是相同的。

这里，我们将探索另一种在云上训练可扩展模型的方法。我们将介绍如何在 AWS 上使用 Horovod 进行分布式训练。我们先来了解 Horovod 框架是什么，以及如何在分布式模型训练中使用它。

10.8.1 Horovod

官方文档将 Horovod 描述为一个支持 TensorFlow、Keras、PyTorch 和 Apache MXNet 的分布式深度学习训练框架，它的目的是使分布式深度学习快速且易于使用。Horovod 是在 Uber 开发的，由 Linux 基金会 AI 托管。

文档和源代码在 GitHub 存储库中维护，网址为 https://github.com/horovod/horovod。官方文档位于 https://horovod.readthedocs.io/en/latest/summary_include.html。

要使用 Horovod，我们需要对用于模型训练的 TensorFlow 代码做一些小修改。我们将使用代码清单 5-2 中的示例代码，并对其进行更改以使其与 Horovod 兼容。

10.8.2 如何使用 Horovod

定义神经网络时，需要指定优化算法（比如 AdaGrad），网络将使用它来优化梯度。在分布式训练中，多个节点都计算梯度，因此利用全归约或全聚集算法对梯度进行平均，并利用优化算法对其进一步优化。Horovod 提供了一个包裹函数，将优化处理分发给所有参与的节点，并将梯度优化任务委托给包裹在 Horovod 中的原始优化算法。

我们将使用 Horovod 和 TensorFlow 将模型训练分布到多个节点，每个节点都有一个或多个 GPU。我们将使用代码清单 5-2 中的代码，对它做一些小修改，使其与 Horovod 兼容，并在 AWS 上执行训练。要使用 Horovod，我们需要对代码清单 5-2 的代码进行以下更改：

- 导入 horovod.tensorflow 作为 hvd。
- 用 hvd.init() 初始化 Horovod。
- 用以下代码固定处理梯度的 GPU（每个进程一个 GPU）：

```
config = tf.ConfigProto()
config.gpu_options.visible_device_list = str(hvd.local_rank())
```

- ❑ 像我们通常在 TensorFlow 中那样建立模型，定义损失函数。
- ❑ 定义 TensorFlow 优化函数，如下所示：

  ```
  opt = tf.train.AdagradOptimizer(0.01 * hvd.size())
  ```

- ❑ 调用 Horovod 分布式优化函数并传递上一步的原始 TensorFlow 优化器。这是 Horovod 的核心。

  ```
  opt = hvd.DistributedOptimizer(opt)
  ```

- ❑ 创建一个 Horovod 钩子，向所有处理器传递训练变量。

  ```
  hooks = [hvd.BroadcastGlobalVariablesHook(0)]
  ```

  0 表示处理器的排列序号（即第一个 GPU）。
- ❑ 最后，使用以下代码训练模型：

  ```
  train_op = opt.minimize(loss)
  ```

将所有代码放在一起，并将代码清单 5-2 中的代码转换为 Horovod 兼容的代码，这些代码可以分布在具有多个 GPU 的多个节点上。代码清单 10-18 展示了在 Horovod 集群上以 TensorFlow 为执行引擎执行的完整代码。从 Horovod 的官方源代码 examples 目录中获取的代码保存在 https://github.com/horovod/horovod.git 中。

代码清单 10-18　Horovod 分布式训练代码

```
File name: horovod_tensorflow_mnist.py
import tensorflow as tf
import horovod.tensorflow.keras as hvd

# Horovod: initialize Horovod.
hvd.init()

# Horovod: pin GPU to be used to process local rank (one GPU per process)
gpus = tf.config.experimental.list_physical_devices('GPU')
for gpu in gpus:
    tf.config.experimental.set_memory_growth(gpu, True)
if gpus:
    tf.config.experimental.set_visible_devices(gpus[hvd.local_rank()], 'GPU')

# Load MNIST data using built-in datasets download function
mnist = tf.keras.datasets.mnist
(x_train, y_train), (x_test, y_test) = mnist.load_data()

#Normalize the pixel values by dividing each pixel by 255
x_train, x_test = x_train / 255.0, x_test / 255.0

BUFFER_SIZE = len(x_train)
BATCH_SIZE_PER_REPLICA = 16
GLOBAL_BATCH_SIZE = BATCH_SIZE_PER_REPLICA * 2
EPOCHS = 100
```

```
STEPS_PER_EPOCH = int(BUFFER_SIZE/EPOCHS)

train_dataset = tf.data.Dataset.from_tensor_slices((x_train, y_train)).repeat().shuffle(BUFFER_SIZE).batch(GLOBAL_BATCH_SIZE,drop_remainder=True)
test_dataset = tf.data.Dataset.from_tensor_slices((x_test, y_test)).batch(GLOBAL_BATCH_SIZE)


mnist_model = tf.keras.Sequential([
    tf.keras.layers.Conv2D(32, [3, 3], activation='relu'),
    tf.keras.layers.Conv2D(64, [3, 3], activation='relu'),
    tf.keras.layers.MaxPooling2D(pool_size=(2, 2)),
    tf.keras.layers.Dropout(0.25),
    tf.keras.layers.Flatten(),
    tf.keras.layers.Dense(128, activation='relu'),
    tf.keras.layers.Dropout(0.5),
    tf.keras.layers.Dense(10, activation='softmax')
])

# Horovod: adjust learning rate based on number of GPUs.
opt = tf.optimizers.Adam(0.001 * hvd.size())

# Horovod: add Horovod DistributedOptimizer.
opt = hvd.DistributedOptimizer(opt)

# Horovod: Specify `experimental_run_tf_function=False` to ensure TensorFlow
# uses hvd.DistributedOptimizer() to compute gradients.
mnist_model.compile(loss=tf.losses.SparseCategoricalCrossentropy(),
                    optimizer=opt,
                    metrics=['accuracy'],
                    experimental_run_tf_function=False)

callbacks = [
    # Horovod: broadcast initial variable states from rank 0 to all other processes.
    # This is necessary to ensure consistent initialization of all workers when
    # training is started with random weights or restored from a checkpoint.
    hvd.callbacks.BroadcastGlobalVariablesCallback(0),

    # Horovod: average metrics among workers at the end of every epoch.
    #
    # Note: This callback must be in the list before the ReduceLROnPlateau,
    # TensorBoard or other metrics-based callbacks.
    hvd.callbacks.MetricAverageCallback(),
```

```

    # Horovod: using `lr = 1.0 * hvd.size()` from the very beginning leads to worse final
    # accuracy. Scale the learning rate `lr = 1.0` ---> `lr = 1.0 * hvd.size()` during
    # the first three epochs. See https://arxiv.org/abs/1706.02677 for details.
    hvd.callbacks.LearningRateWarmupCallback(warmup_epochs=3, verbose=1),
]

# Horovod: save checkpoints only on worker 0 to prevent other workers from corrupting them.
if hvd.rank() == 0:
    callbacks.append(tf.keras.callbacks.ModelCheckpoint('./checkpoint-{epoch}.h5'))

# Horovod: write logs on worker 0.
verbose = 1 if hvd.rank() == 0 else 0

# Train the model.
# Horovod: adjust the number of steps based on the number of GPUs.
mnist_model.fit(train_dataset, steps_per_epoch=500 // hvd.size(), callbacks=callbacks, epochs=24, verbose=verbose)
```

利用 Horovod API 的代码部分在注释中标记为 Horovod:，对代码进行适当的注释可以帮助你理解如何使用 Horovod，其他所有代码行已经在第 5 章中介绍过了。

10.8.3 在 AWS 上创建 Horovod 集群

你需要有 AWS 账户并能够登录到 AWS Web 控制台。如果没有账户，请在 https://aws.amazon.com 创建一个账户。AWS 免费提供某些类型的资源，为期一年。但是，为了在 Horovod 集群上训练模型，我们需要的资源类型可能需要启用“计费”功能。账户可能会因为用于运行分布式训练的资源而收费。你可能还需要请求增加某些资源（如 vCPU 和 GPU）的配额，有关增加配额的说明，请访问 https://aws.amazon.com/about-aws/whats-new/2019/06/introducing-service-quotas-view-and-manage-quotas-for-aws-services-from-one-location/。

1. Horovod 集群

AWS 提供了一种便利方法，只需单击几下就可以创建一个大规模可扩展的 Horovod 集群。本节练习中将创建一个由两个节点组成的集群，每个节点只有一个 GPU。我们将执行以下操作：

1）登录 AWS 账户，访问 AWS 管理控制台；参见 https://console.aws.amazon.com。

2）依次单击“Services”“EC2”“Instances”和“Launch Instance”（见图 10-23）。

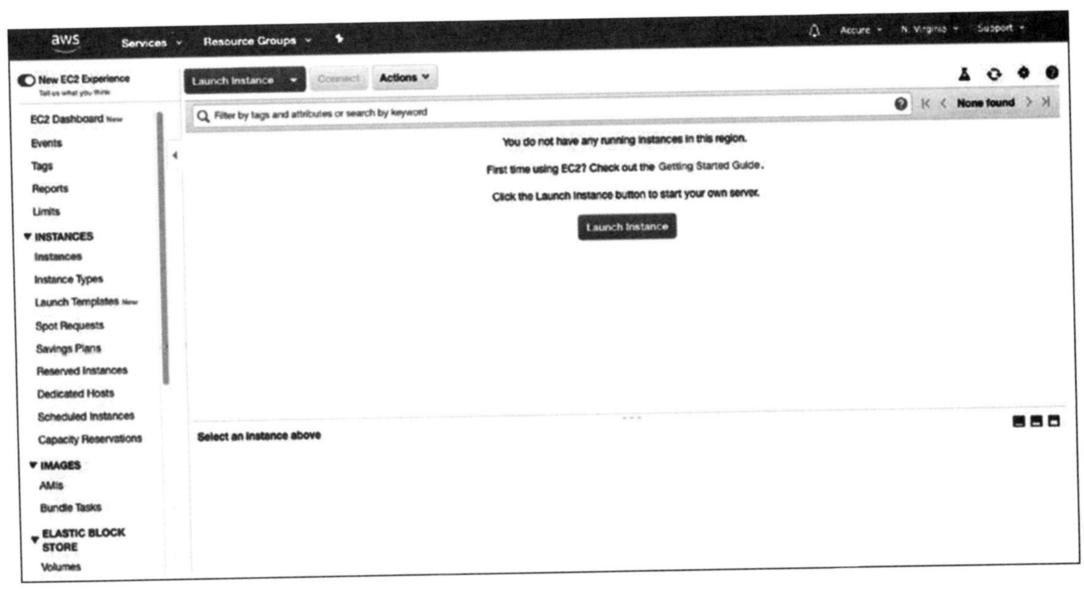

图 10-23 AWS 实例启动页面

3）在下一个页面上，搜索 deep learning 并从亚马逊机器映射（Amazon Machine Images，AMI）列表中选择“ Deep Learning AMI (Deep Learning AMI (Amazon Linux) Version 26.0 - ami-02bd97932dabc037b)”，如图 10-24 所示。

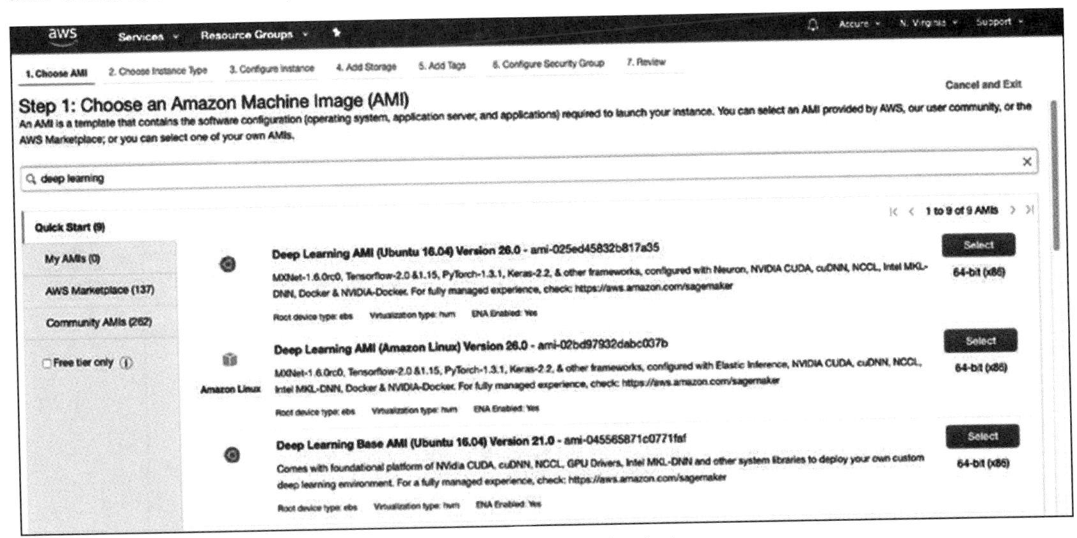

图 10-24 AMI 选择页面

4）在“选择实例类型”（Choose an Instance Type）页面上，选择 GPU 实例，输入 g2.2xlarge，将 vCPU 设置为 8，并将内存设置为 15 GB（见图 10-25）。你可以选择任何基于 GPU 的实例以满足训练要求。单击屏幕底部的“下一步：配置实例详情”（Next：Configure Instance Details）按钮。

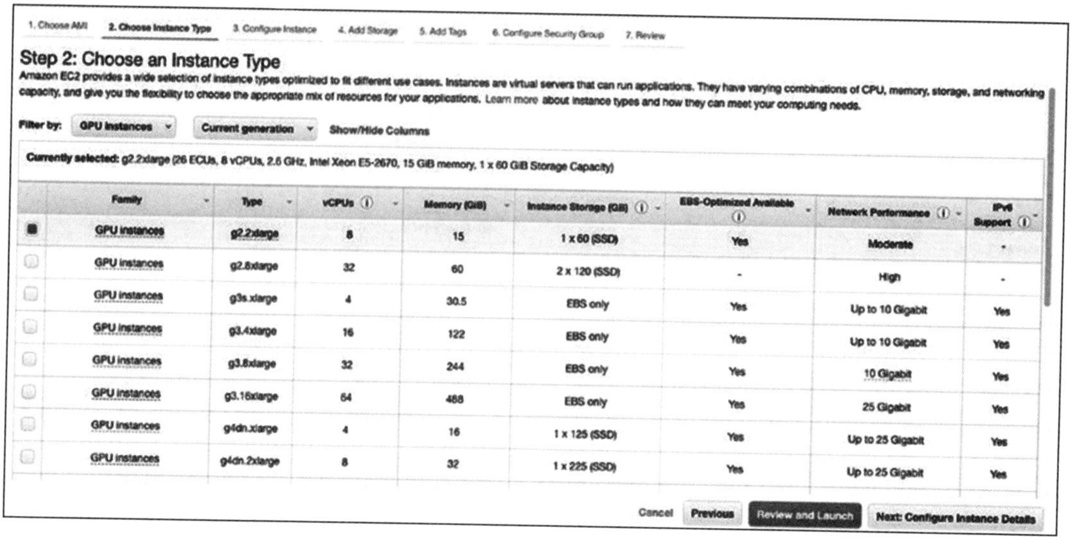

1. Choose AMI　2. Choose Instance Type　3. Configure Instance　4. Add Storage　5. Add Tags　6. Configure Security Group　7. Review

Step 2: Choose an Instance Type

Amazon EC2 provides a wide selection of instance types optimized to fit different use cases. Instances are virtual servers that can run applications. They have varying combinations of CPU, memory, storage, and networking capacity, and give you the flexibility to choose the appropriate mix of resources for your applications. Learn more about instance types and how they can meet your computing needs.

Filter by: GPU instances　Current generation　Show/Hide Columns

Currently selected: g2.2xlarge (26 ECUs, 8 vCPUs, 2.6 GHz, Intel Xeon E5-2670, 15 GiB memory, 1 x 60 GiB Storage Capacity)

	Family	Type	vCPUs	Memory (GiB)	Instance Storage (GB)	EBS-Optimized Available	Network Performance	IPv6 Support
■	GPU instances	g2.2xlarge	8	15	1 x 60 (SSD)	Yes	Moderate	-
□	GPU instances	g2.8xlarge	32	60	2 x 120 (SSD)	-	High	-
□	GPU instances	g3s.xlarge	4	30.5	EBS only	Yes	Up to 10 Gigabit	Yes
□	GPU instances	g3.4xlarge	16	122	EBS only	Yes	Up to 10 Gigabit	Yes
□	GPU instances	g3.8xlarge	32	244	EBS only	Yes	10 Gigabit	Yes
□	GPU instances	g3.16xlarge	64	488	EBS only	Yes	25 Gigabit	Yes
□	GPU instances	g4dn.xlarge	4	16	1 x 125 (SSD)	Yes	Up to 25 Gigabit	Yes
□	GPU instances	g4dn.2xlarge	8	32	1 x 225 (SSD)	Yes	Up to 25 Gigabit	Yes

Cancel　Previous　Review and Launch　Next: Configure Instance Details

图 10-25 “选择实例类型”的选择页面

5）填写“配置实例详情”(Configure Instance Details）页面（见图 10-26）。在“实例数目”（Number of Instances）字段中，我们输入 2，从而在集群中创建两个节点。你可以根据需要创建任意多个节点来扩展训练。

对于“归置组”（Placement group），选中“将实例添加到归置组”（Add Instance to placement group）复选框并创建新组或添加到现有组。选择“集群”(cluster）作为归置组策略。我们将保留此页上的所有其他默认设置。单击“下一步：添加存储器”(Next：Add Storage）按钮。

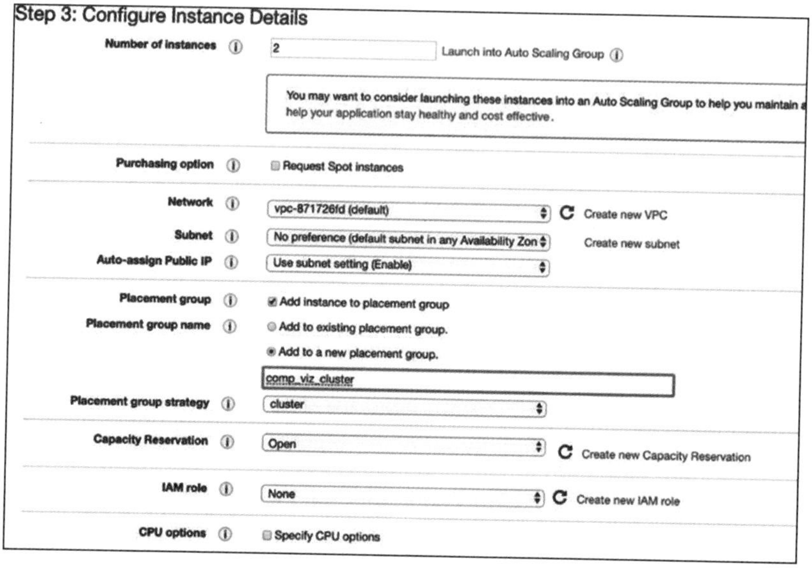

Step 3: Configure Instance Details

Number of instances ⓘ　2　Launch into Auto Scaling Group ⓘ

You may want to consider launching these instances into an Auto Scaling Group to help you maintain a
help your application stay healthy and cost effective.

Purchasing option ⓘ　□ Request Spot instances

Network ⓘ　vpc-871726fd (default)　Create new VPC

Subnet ⓘ　No preference (default subnet in any Availability Zon　Create new subnet

Auto-assign Public IP ⓘ　Use subnet setting (Enable)

Placement group ⓘ　☑ Add instance to placement group

Placement group name ⓘ　○ Add to existing placement group.

● Add to a new placement group.

comp_viz_cluster

Placement group strategy ⓘ　cluster

Capacity Reservation ⓘ　Open　Create new Capacity Reservation

IAM role ⓘ　None　Create new IAM role

CPU options ⓘ　□ Specify CPU options

图 10-26 “配置实例详情”页面

6）在“添加存储器”页面（见图10-27），根据需要提供表示磁盘大小的数字。在这个例子中，我们将保持一切原样。单击“下一步：添加标签”（Next：Add Tags）按钮，然后单击“下一步：配置安全组”（Next：Configure Security Groups）按钮。

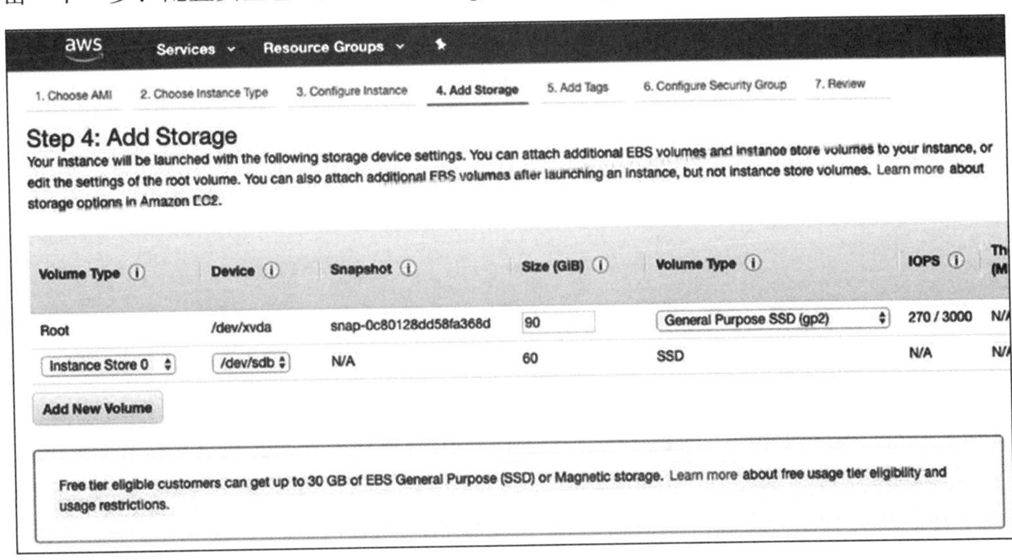

图10-27　“添加存储器”页面

7）如果你想要一个安全组，则可以创建一个新的安全组，也可以单击“选择现有安全组”（Select an existing security group）（见图10-28）。单击“检查并启动”（Review and Launch），然后点击“启动”（Launch）按钮。这将显示一个创建或选择密钥对的弹窗。此密钥对用于使用SSH登录虚拟机。按照页面上的说明进行操作（见图10-29）。

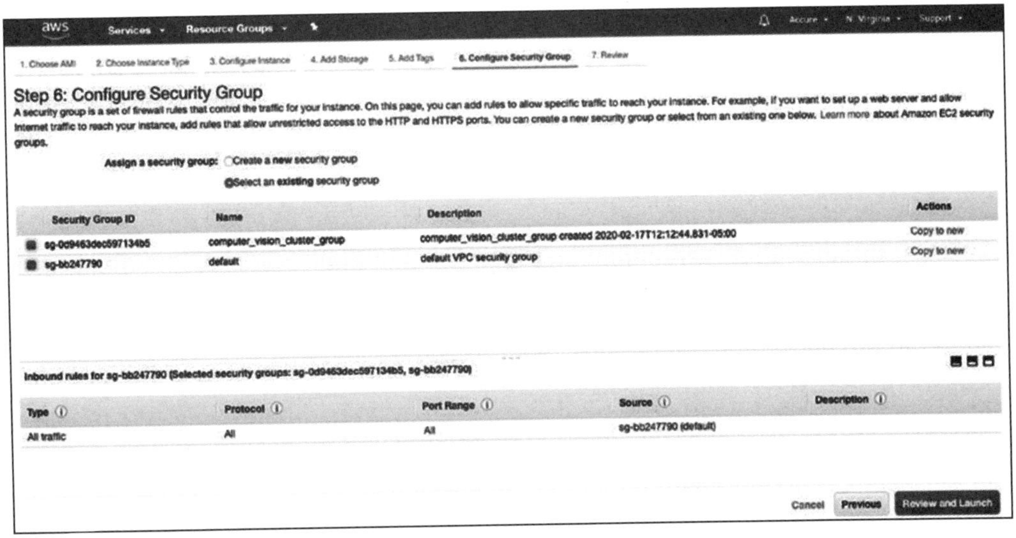

图10-28　创建或选择安全组的页面

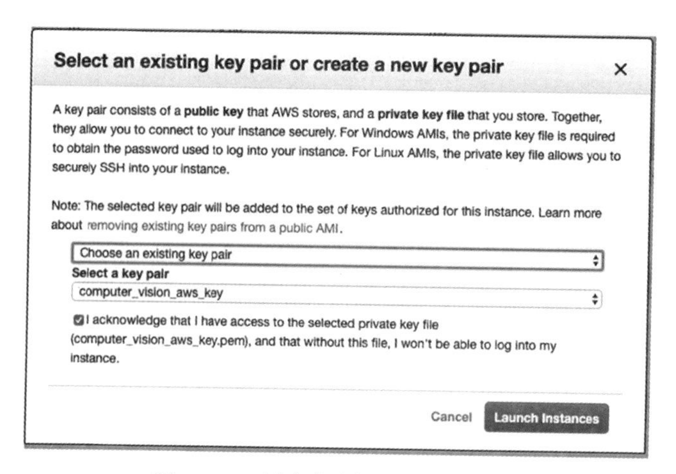

图 10-29 创建或选择密钥对的弹窗

8）成功启动实例之后，我们需要创建无密码 SSH，以使每个节点都能相互通信。我们在一台计算机上创建一个 RSA 密钥，并将公钥从 rsa_id.pub 文件复制到所有节点的 authorized_keys 文件。步骤如下：

a）通过 SSH 连接到计算机 1，并从其主目录执行命令 ssh-keygen。每次提示都按 <Enter> 键，直到屏幕上打印出图谱。终端输出应如图 10-30 所示。

```
[ec2-user@ip-172-31-23-129 ~]$ ssh-keygen
Generating public/private rsa key pair.
Enter file in which to save the key (/home/ec2-user/.ssh/id_rsa):
Enter passphrase (empty for no passphrase):
Enter same passphrase again:
Your identification has been saved in /home/ec2-user/.ssh/id_rsa.
Your public key has been saved in /home/ec2-user/.ssh/id_rsa.pub.
The key fingerprint is:
SHA256:874jdAh5vnSgV+gkvCJ85lrxVtHWaXPSZsZFS27IjDs ec2-user@ip-172-31-23-129
The key's randomart image is:
+---[RSA 2048]----+
|               oo|
|         . .+++..|
|     . ...o.*+B+ |
|      = =o...B.  |
| .  .  XS+ E     |
|  o +oo.Boo .    |
|   =..o+ +.      |
|    ...  o..     |
| ..      .oo     |
+----[SHA256]-----+
[ec2-user@ip-172-31-23-129 ~]$
```

图 10-30 ssh-keygen 输出

b）将 ~/.ssh/id_rsa.pub 的内容复制到 ~/.ssh/authorized_keys，如图 10-31 和图 10-32 所示。

```
[ec2-user@ip-172-31-23-129 ~]$ cat ~/.ssh/id_rsa.pub
ssh-rsa AAAAB3NzaC1yc2EAAAADAQABAAABAQC3UrShdR+B0RGOa91nW6zgb6NL2vvaN2pRQALInuvQiYQtn9Oz7P+hq/sBuItz95JRv2
hT61Hg0ntmhRX7onFgVQ00Zht/IAj+WoVKlOS2ozPiypgwiW9ORdiNG5BXwxwBGvhkjsMBh7IXKG31U92+sSxBoAZkfHTGuRWd3m9gzsb6
lKTxpohB2fhbr9MzXnSINV72jgzkAaqZDrgoruh6/0rDdp6Q5C81FBsDfG6dBKSXk2zcBjITYz7joJgMmXXA2tJmLyhBGMEFOFqfIdaBZy
YQahCNmTcnhV/0T6lauGzjjOAYyNfRpiBYbi2MNJnWTm8Cvz8jlb1brlljo+/H ec2-user@ip-172-31-23-129
[ec2-user@ip-172-31-23-129 ~]$ vi ~/.ssh/authorized_keys
[ec2-user@ip-172-31-23-129 ~]$
```

图 10-31 cat ~/.ssh/id_ras.pub 输出，从 ssh-rsa 开始复制整个文本

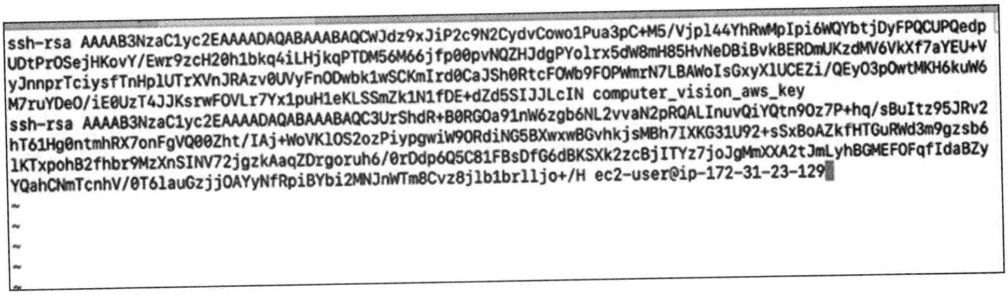

```
ssh-rsa AAAAB3NzaC1yc2EAAAADAQABAAABAQCWJdz9xJiP2c9N2CydvCowo1Pua3pC+M5/Vjpl44YhRwMpIpi6WQYbtjDyFPQCUPQedp
UDtPrOSejHKovY/Ewr9zcH20h1bkq4iLHjkqPTDM56M66jfp00pvNQZHJdgPYolrx5dW8mH85HvNeDBiBvkBERDmUKzdMV6VkXf7aYEU+V
yJnnprTciysfTnHplUTrXVnJRAzv0UVyFnODwbk1wSCKmIrd0CaJSh0RtcFOWb9FOPWmrN7LBAWoIsGxyXlUCEZi/QEyO3pOwtMKH6kuW6
M7ruYDeO/iE0UzT4JJKsrwFOVLr7Yx1puH1eKLSSmZk1N1fDE+dZd5SIJJLcIN computer_vision_aws_key
ssh-rsa AAAAB3NzaC1yc2EAAAADAQABAAABAQC3UrShdR+B0RGOa91nW6zgb6NL2vvaN2pRQALInuvQiYQtn9Oz7P+hq/sBuItz95JRv2
hT61Hg0ntmhRX7onFgVQ00Zht/IAj+WoVKlOS2ozPiypgwiW9ORdiNG5BXwxwBGvhkjsMBh7IXKG31U92+sSxBoAZkfHTGuRWd3m9gzsb6
lKTxpohB2fhbr9MzXnSINV72jgzkAaqZDrgoruh6/0rDdp6Q5C81FBsDfG6dBKSXk2zcBjITYz7joJgMmXXA2tJmLyhBGMEFOFqfIdaBZy
YQahCNmTcnhV/0T6lauGzjjOAYyNfRpiBYbi2MNJnWTm8Cvz8jlb1brlljo+/H ec2-user@ip-172-31-23-129
~
~
~
~
```


图 10-32　将 id_rsa.pub 的内容粘贴到 authorized_keys 文件的结尾

c）将一台计算机的 id_rsa.pub 的内容复制到所有节点的 authorized_keys 文件的结尾。

d）重复此过程，在其余的计算机上创建 ssh-keygen 并将 id_rsa.pub 的内容复制到每个节点的 authorized_keys 的结尾。

e）通过 SSH 从一台计算机登录到另一台计算机来进行验证。你应该被允许不使用任何密码登录。如果 SSH 提示输入密码，则意味着你没有从一台计算机到另一台计算机的无密码通信能力。为了使 Horovod 工作，所有计算机必须能够在无密码的情况下与其他计算机通信。

2. 执行分布式训练

本例中使用的 AMI 包含以分布式模式启动训练的脚本。有一个位于 /home/ec2-user/examples/horovod/tensorflow 的 train_synthetic.sh shell 脚本。你可以修改此脚本以指向自己的代码并启动训练。

这个示例脚本在刚刚创建的 Horovod 集群上启动了一个基于 ResNet 的训练。只需执行以下操作：

```
sh /home/ec2-user/examples/horovod/tensorflow/train_synthetic.sh 2
```

参数 2 表示集群中 GPU 的数量。

如果一切顺利，你将有一个训练过的模型，可以将其下载到利用此模型预测结果的计算机上。

我们使用的 AMI 已经安装了 Horovod。如果想使用没有 Horovod 的虚拟机，请按照 10.8.4 节中的安装说明进行操作。

10.8.4　安装 Horovod

Horovod 依靠 OpenMPI 运行，我们需要使用代码清单 10-19 所示的命令安装 OpenMPI。

代码清单 10-19　安装 OpenMPI

```
# Download Open MPI
$ wget https://download.open-mpi.org/release/open-mpi/v4.0/openmpi--
4.0.2.tar.gz
# Uncompress
$ gunzip -c openmpi-4.0.2.tar.gz | tar xf -
$ cd openmpi-4.0.2
```

```
$ ./configure --prefix=/usr/local
$ make all install
```

安装 OpenMPI 需要几分钟。成功安装 OpenMPI 后，使用 pip 命令安装 Horovod，如代码清单 10-20 所示。

代码清单 10-20　安装 Horovord

```
$ pip install horovord
```

代码清单 10-19 和代码清单 10-20 必须在集群的所有计算机上执行。

10.8.5　运行 Horovod 执行分布式训练

要在有四个 GPU 的计算机上运行，请运行以下命令：

```
$ horovodrun -np 4 -H localhost:4 python horovod_tensorflow_mnist.py
```

要在四台计算机（每台有四个 GPU）上运行，请运行以下命令：

```
$ horovodrun -np 16 -H host1:4,host2:4,host3:4,host4:4 python horovod_
tensorflow_mnist.py
```

也可以在主机文件中指定主机节点，例如：

```
$ cat horovod_cluster.conf
host1 slots=2
host2 slots=2
host3 slots=2
```

此示例列出了主机名（host1、host2 和 host3）以及每个主机有多少个“插槽”。插槽数表示训练可以在一个节点上使用多少个 GPU。

要在名为 horovod_cluster.conf 的文件所指定的主机上运行，请运行以下命令：

```
$ horovodrun -np 6 -hostfile horovod_cluster.conf python horovod_
tensorflow_mnist.py
```

带有 GPU 的虚拟机费用较高。因此，如果虚拟机不再使用，建议将其终止。图 10-33 显示了如何终止实例。

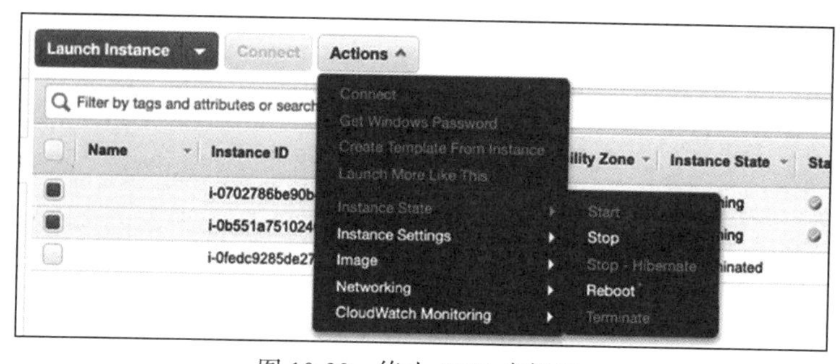

图 10-33　终止 AWS 虚拟机

10.9　总结

本章首先介绍了计算机视觉模型的分布式训练，探讨了TensorFlow支持的各种分布策略，以及如何针对分布式训练编写代码。

在GCP、Azure和AWS云基础设施上，我们训练了基于MNIST数据集的手写数字识别模型，探索了三种不同的训练模型的方法。本章的训练示例基于TensorFlow支持的分布策略：参数服务器策略和镜像策略。本章还介绍了如何使用Horovod进行大规模计算机视觉模型的训练。

推荐阅读

神经网络与深度学习

作者：邱锡鹏 ISBN：978-7-111-64968-7 定价：149.00元

深度学习进阶：卷积神经网络和对象检测

作者：Umberto Michelucci ISBN：978-7-111-66092-7 定价：79.00元

TensorFlow 2.0神经网络实践

作者：Paolo Galeone ISBN：978-7-111-65927-3 定价：89.00元

深度学习：基于案例理解深度神经网络

作者：Umberto Michelucci ISBN：978-7-111-63710-3 定价：89.00元